计算机"十三五"规划教材

模具 CAD/CAM——UG 7.0 案例教程

主　编　曹秀中　黄学荣　麦宙培　江　健

副主编　单　云　吴泊良　李香燕　贵祥生

于会义　李廷国　张立斌　申祖辉

江苏大学出版社

JIANGSU UNIVERSITY PRESS

镇　江

内 容 提 要

本书从 UG NX 7.0 软件的基础应用入手，遵循学生学习和使用 UG 软件的一般规律，以实例为引导，按照由浅入深、循序渐进的方式来讲解产品零件从三维模型设计到数控加工的整个产品设计及制造过程。

本书采用"任务驱动"的项目教学方式，全书共有八个项目，分别为 UG NX 基础入门、绘制二维草图、UG NX 实体建模、曲面建模、装配体、工程图、注塑模设计，以及模具零件数控加工。

本书结构新颖、内容丰富、实例讲解详细，可以作为高等院校，中、高等职业技术院校模具设计与制造、机械制造等专业的 CAD/CAM 课程教材，同时也可供广大初、中级电脑爱好者自学使用。

图书在版编目（ＣＩＰ）数据

模具 CAD/CAM：UG 7.0 案例教程 / 曹秀中等主编
. -- 镇江：江苏大学出版社，2013.10（2019.6 重印）
ISBN 978-7-81130-563-0

Ⅰ. ①模… Ⅱ. ①曹… Ⅲ. ①模具－计算机辅助设计－应用软件－教材 Ⅳ. ①TG76-39

中国版本图书馆 CIP 数据核字(2013)第 239484 号

模具 CAD/CAM —— UG 7.0 案例教程
Moju CAD/CAM —— UG 7.0 Anli Jiaocheng

主　　编 / 曹秀中　黄学荣　麦宙培　江　健
责任编辑 / 吴昌兴　徐　婷
出版发行 / 江苏大学出版社
地　　址 / 江苏省镇江市梦溪园巷 30 号（邮编：212003）
电　　话 / 0511-84446464（传真）
网　　址 / http://press.ujs.edu.cn
排　　版 / 北京金企鹅文化发展有限公司
印　　刷 / 北京谊兴印刷有限公司
开　　本 / 787 mm×1 092 mm　1/16
印　　张 / 16.75
字　　数 / 387 千字
版　　次 / 2013 年 10 月第 1 版　2019 年 6 月第 3 次印刷
书　　号 / ISBN 978-7-81130-563-0
定　　价 / 48.00 元

如有印装质量问题请与本社营销部联系（电话：0511-84440882）

编者的话

CAD/CAM 是一种基于计算机技术发展起来的新兴技术，随着计算机技术的发展，CAD/CAM 技术也日趋成熟。模具 CAD/CAM 作为 CAD/CAM 技术的一个分支，已成为现代模具技术的重要发展方向。UG NX 软件集设计、制造、分析、管理于一体，是目前应用最为广泛的模具 CAD/CAM 软件。

本书从 UG NX 7.0 软件的基础应用入手，结合作者从事 CAD/CAM 多年教学和研究经验编写而成。内容涵盖了 UG 在模具设计与制造中所需要的各个领域，包括 UG NX 入门知识、二维草图、实体建模、曲面建模、装配体、工程图、注塑模设计及数控加工等。本书在教学设计和内容组织上具有以下特点：

（1）满足教学需要

本书采用"任务驱动"的项目教学方式，将每个项目分解为多个任务，每个任务都包含"相关知识"和"任务实施"两个部分。其中，相关知识讲解软件的基本知识和实施该任务所需要的重要命令，对于难理解的功能采用小例子的方式讲解，从而方便教师上课时演示；任务实施则是通过完成一个实例，使学生熟悉并掌握相关知识中的重要命令。

（2）结构合理，满足就业需要

本书本着基础知识的学习以"必须、够用"为度，基本技能的培养以"实际、实用"为目标，对学生的建模和模具设计能力的培养采用低起点逐步提高要求的教学方法。在编写过程中，作者站在"课程"必须为"专业"服务的角度，在每个任务中都精心挑选与实际应用相关的知识点和实例，从而使学生在学完本任务内容后，能马上在实践中应用从本任务中所学到的技能。

（3）增强学生的学习兴趣，让学生能轻松学习

严格控制每个任务的难易程度和篇幅，尽量让老师在较短的时间内将任务中的"相关知识"讲完，然后让学生自己动手完成相关实例，从而提高学生的学习兴趣，让学生轻松掌握相关技能。

（4）提供素材、课件和视频

本书中用到的所有实例都配有相关素材，老师在讲课时只需打开该素材就能讲解与之对应的相关操作。此外，本书还配有精美的教学课件和视频，读者可登录网站（http://www.bjjqe.com）下载。

　　本书在编写过程中参考了部分教材、网站等文献，由于联系不便没能事先与原作者沟通，在此深表谢意。由于编者学识和水平所限，书中不妥和错漏之处在所难免，恳请广大读者批评指正。

编　者

2019 年 5 月

目　录

项目一　UG NX 基础入门

UG NX 7.0 是集产品设计、制造和分析（即 CAD/CAM/CAE）于一体的三维参数化软件，被广泛应用于机械、家电、玩具、航空、汽车等领域。本项目主要讲解 UG NX 7.0 的操作界面、文件操作、视图操作以及图层和图形对象操作等内容。

【学习目标】

◇　了解 UG NX 7.0 的功能与特点，并熟悉其操作界面。
◇　掌握新建、保存、打开和关闭 UG NX 7.0 文件的方法。
◇　掌握 UG NX 7.0 的视图、图层、坐标系和图形对象等的基本操作。
◇　能够绘制所需草图，并为其添加合理的几何约束和尺寸约束。

任务一　定制 UG NX 7.0 工作环境

一、任务目标

（1）了解 UG NX 7.0 的功能与特点，并熟悉其操作界面。
（2）掌握 UG NX 7.0 文件的新建、保存、打开和关闭。

二、任务设置

打开本书配套素材文件 "SC" > "ch01" > "1-1.prt"，然后根据绘图需要和个人习惯设置其工作环境。例如，设置工作区的背景色，在操作界面中显示所需工具条，隐藏和显示工具条中的工具按钮以及修改草图曲线和尺寸标注的颜色等。

三、相关知识

（一）UG NX 7.0 的功能模块及特点

UG NX 7.0 是当今最流行的计算机辅助设计、制造和分析软件，可应用于产品的整个开发过程，包括产品的概念设计、建模、分析和加工等方面。它不但具有强大的实体造型、曲面造型、虚拟装配和生成工程图等设计功能，而且可以对产品的实际运动情况和干涉情况进行分析，还可以使用有限元分析模块对零件模型进行受力、受热等分析，有助于提高产品设计的可靠性。

提示

> UG NX 7.0 由建模、装配、制图、钣金、注塑模向导和数控加工等诸多功能模块组成，每个模块都有自己独立的功能。在进行产品设计、加工时，只有进入所需模块，才能进行与之对应的操作。

UG NX 7.0 在建模方面，具有如下几个特点。

- ➤ **基于特征的建模方法**：UG 将一些具有代表性的几何形状定义为"特征"，比如拉伸、回转、孔、实例、抽壳等，用户可根据模型的形成过程将这些特征按照其形成顺序进行叠加，以此创建模型。例如，图 1-1 所示模型按照"草图曲线 → 回转特征 → 孔特征 → 实例特征"的顺序叠加而成。

- ➤ **参数化设计**：在 UG 中，所建模型的形状是由特征尺寸驱动的，用户可以随时通过修改尺寸值来快速地修改模型，如图 1-2 所示。

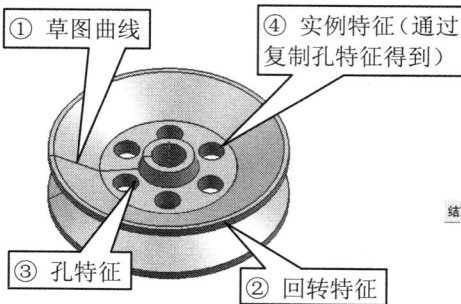

图 1-1　利用特征叠加的方式创建模型

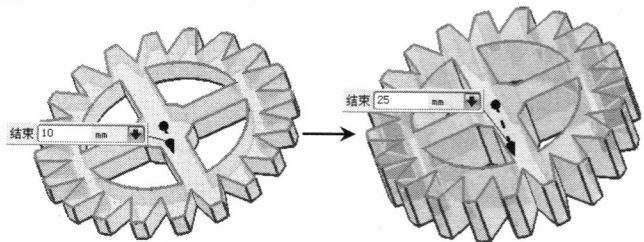

图 1-2　通过修改尺寸调整模型的形状

- ➤ **数据相关性**：UG 软件的所有模块都是相关联的。例如，在"建模"模块中更改模型的某一尺寸值，在"制图"模块中该模型的尺寸也会随之改变。

- ➤ **统一的数据库**：从建模、装配、仿真到加工等整个产品开发周期中，所有相关的数据都由统一的数据库管理，便于设计人员调用产品数据及协同工作。

（二）UG NX 7.0 操作界面

启动 UG NX 7.0 后，系统将显示图 1-3 所示的欢迎界面，在该界面中可新建文件或打开一个已经存在的 UG 文件。

例如，在欢迎界面中选择"文件">"新建"菜单或单击"新建"按钮，打开"新建"对话框，采用默认选中的"模型"选项及设置，然后单击 确定 按钮，即可进入基本建模模块，该模块是其他应用模块的基础平台，如图 1-4 所示。

这两个按钮分别用于新建和打开 UG 文件

此处列出了最近访问过的 UG 文件，单击某个文件可将其打开

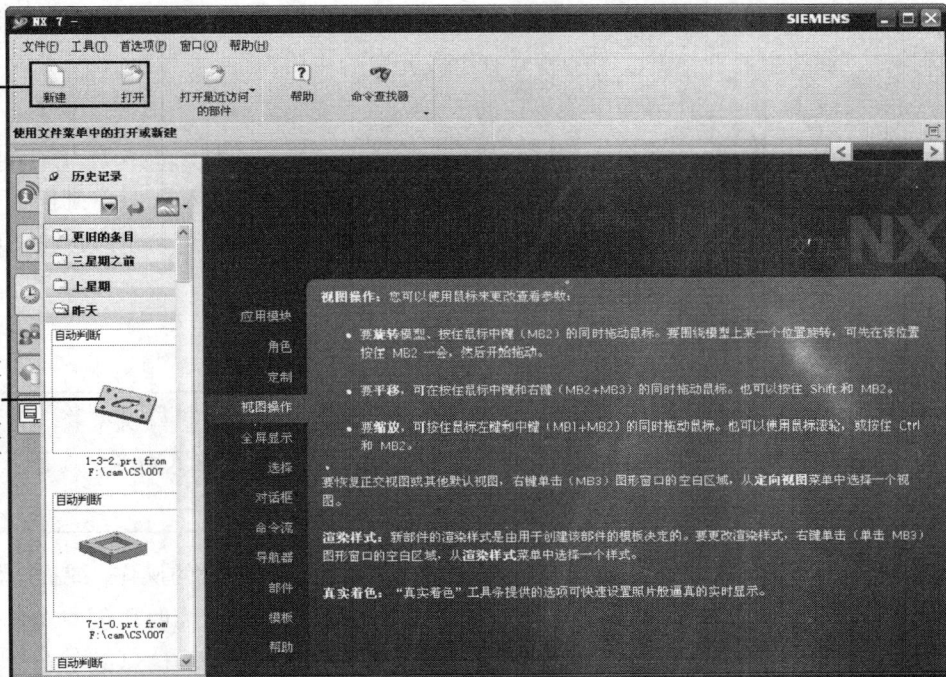

图 1-3　UG NX 7.0 的欢迎界面

标题栏

菜单栏

工具条区

提示栏和状态栏

导航器和资源条

工作区

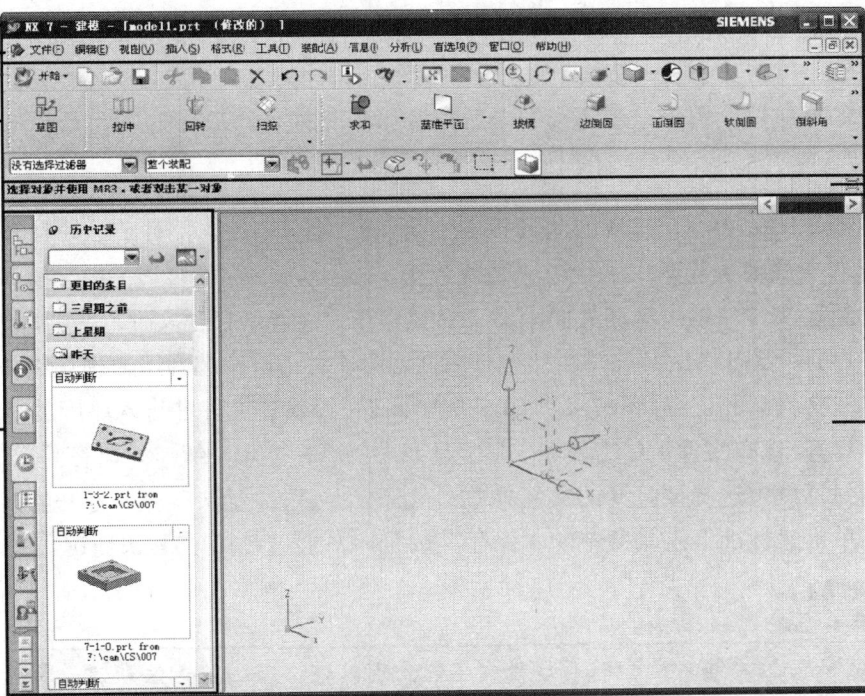

图 1-4　UG 7.0 操作界面

图 1-4 所示的操作界面中，标题栏和菜单栏的功能与其他应用程序相同，此处不再一一详述。下面将主要介绍 UG 的一些专有组成元素的作用。

> **工具条**：操作界面中菜单栏的下方为工具条区，列出了诸多工具条，单击某个工具按钮，可快速执行相应的命令。绘图时，用户可根据需要打开、关闭某个工具条，或者添加、移除工具条中的工具按钮，还可以拖动工具条到操作界面的任何位置。此外，将光标置于某个工具按钮上时，光标附近将出现该按钮的功能提示信息。

提示

　　UG 各应用模块间可实时相互切换，不同的模块会显示相应模块的工具条。读者可单击"标准"工具条中的"开始"按钮⊙开始，在弹出的下拉菜单中选择所需命令，进入与之对应的模块后，查看工具条的变化。

> **提示栏和状态栏**：提示栏用来提示用户当前可以进行的操作，或提示用户下一步该怎么做。状态栏位于提示栏的右侧，主要用于显示当时所创建对象的状态。例如，保存某一文件后，状态栏中将显示"部件已保存"信息；在为草图添加几何约束时，状态栏中将显示草图是否完全约束。
> **工作区**：用于显示模型及相关对象的区域，用户可在工作区绘制和编辑模型。
> **导航器和资源条**：该区域中有装配导航器、部件导航器、历史记录等多个功能按钮，单击其中某一按钮，将显示相应的窗口。其中，部件导航器是建模中最常用的导航器，用于显示建模的先后顺序和特征的父子关系等。

（三）UG NX 7.0 文件操作

启动 UG NX 7.0，在出现的欢迎界面中可新建或打开文件。对于已经打开的多个文件，也可选择性地关闭其中某个，具体操作方法如下。

> **新建文件**：单击欢迎界面中的"新建"按钮□或选择"文件"＞"新建"菜单，可打开图 1-5 所示的"新建"对话框。在该对话框中选择所需模块类型，然后设置文件名和保存路径，最后单击 确定 按钮可新建文件并进入相应的功能模块。
> **打开/保存文件**：单击"标准"工具条中的"打开"按钮☑，可在弹出的"打开"对话框中选择要打开的文件并单击 OK 按钮；要保存已经打开的某文件，可单击"标准"工具条中的"保存"按钮█或按【Ctrl＋S】快捷键。

注意

　　UG 文件的文件名称和保存路径中不能出现汉字，否则将无法新建、打开和保存文件。

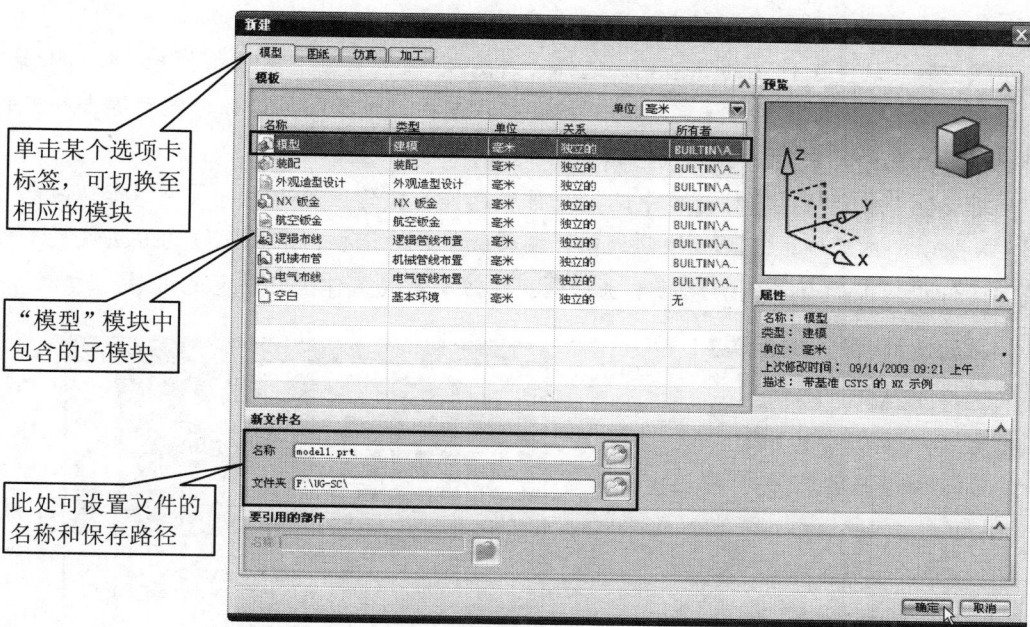

单击某个选项卡标签，可切换至相应的模块

"模型"模块中包含的子模块

此处可设置文件的名称和保存路径

图 1-5 "新建"对话框

> **关闭文件**：单击标题栏右下侧的"关闭"按钮 ⊠，可关闭打开的所有文件；选择"文件" > "关闭" > "选定的部件"菜单，可利用打开的"关闭部件"对话框关闭指定文件，如图 1-6 所示。

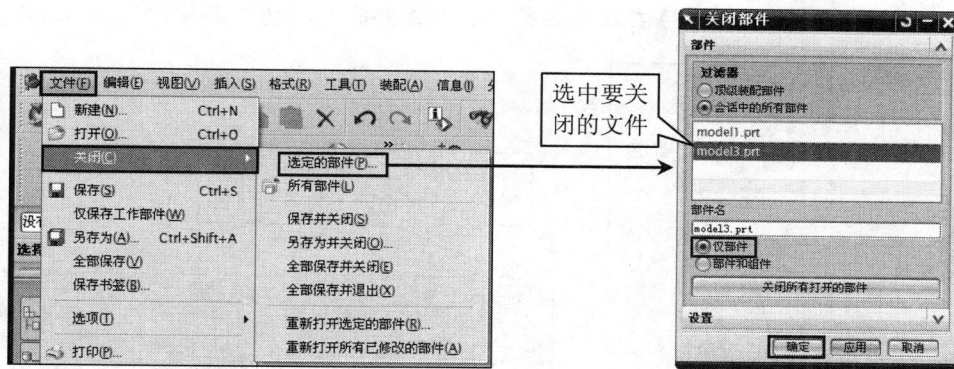

选中要关闭的文件

图 1-6 关闭指定文件

四、任务实施

要修改工作区的背景色、显示所需工具条、隐藏和显示工具条中的工具按钮，以及修改草图曲线和尺寸标注的颜色等，可按以下方法进行操作。

步骤 1▶ 启动 UG NX 7.0，选中本书配套素材文件 "SC" > "ch01" > "1-1.prt"，

并将其拖至工作区，松开鼠标后即可打开该文件。

步骤2▶ 调整工作区的背景色。选择"首选项">"背景"菜单，打开"编辑背景"对话框，如图 1-7 所示；在"着色视图"标签栏中选中"渐变"单选钮，然后单击其下的"俯视图"颜色条，打开"颜色"对话框。

步骤3▶ 在"颜色"对话框中选择一种颜色作为工作区顶部的背景色，如"白色"，如图 1-8 所示，然后单击 确定 按钮返回"编辑背景"对话框。采用同样的方法设置工作区底部（仰视图）的背景色，最后单击 确定 按钮，完成工作区背景色的设置。

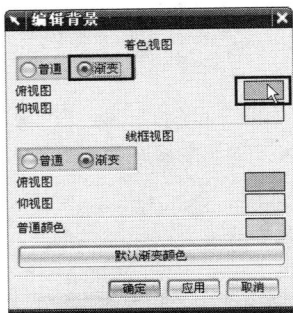

图 1-7　"编辑背景"对话框　　　　　图 1-8　为工作区选择背景色

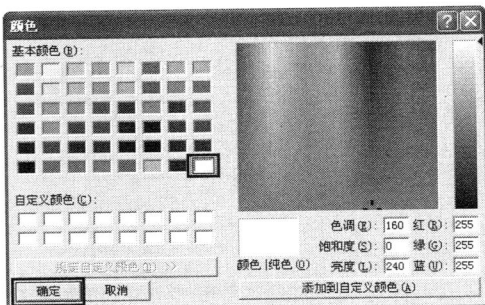

步骤4▶ 在工具条区的空白区域单击鼠标右键，在弹出的快捷菜单中选择某菜单项，如图 1-9 所示，可打开或关闭该工具条。

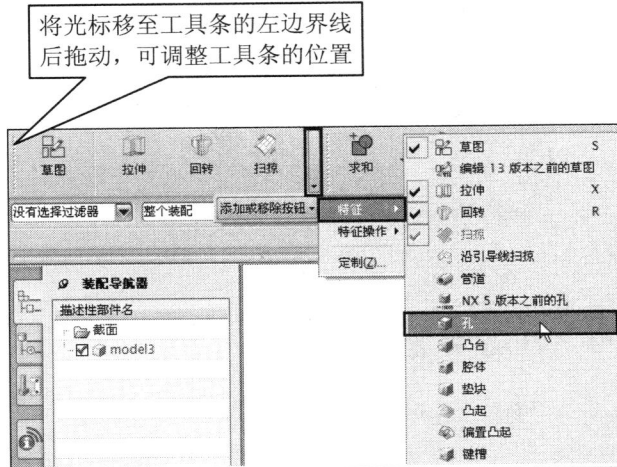

步骤5▶ 单击工具条右侧的三角按钮，在弹出的"添加或移除按钮"菜单中选择工具按钮，如图 1-10 所示，可在该工具条中添加或移除相应的工具按钮。

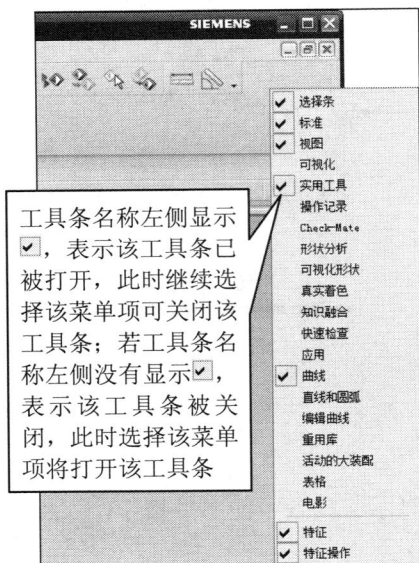

工具条名称左侧显示☑，表示该工具条已被打开，此时继续选择该菜单项可关闭该工具条；若工具条名称左侧没有显示☑，表示该工具条被关闭，此时选择该菜单项将打开该工具条

将光标移至工具条的左边界线后拖动，可调整工具条的位置

图 1-9　打开或关闭工具条　　　　　图 1-10　在工具条中添加工具按钮

步骤 6▶ 将光标移动至某工具条的左边界线上，当光标变为"✛"形状时按住鼠标左键并拖动，可调整工具条的位置。

步骤 7▶ 设置草图曲线和尺寸标注的颜色。在工作区中的任一草图曲线上连续单击鼠标左键，可进入草图绘制环境，如图 1-11 所示；选择"首选项"＞"草图"菜单，在打开的"草图首选项"对话框中选择"部件设置"选项卡，如图 1-12 所示；分别单击"曲线"和"尺寸"后的颜色按钮，可在打开的对话框中可对草图曲线和尺寸标注的颜色进行设置。

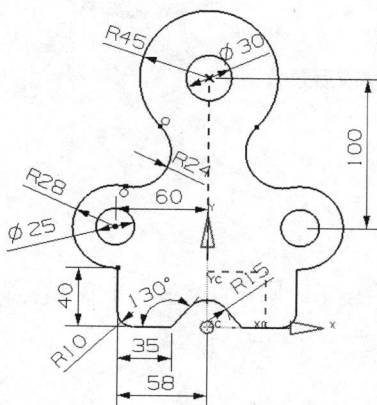

图 1-11 所绘制的草图   图 1-12 设置草图颜色

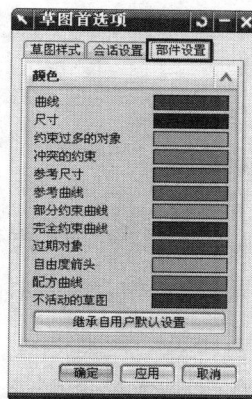

步骤 8▶ 单击"标准"工具条中的"保存"按钮🖫或按【Ctrl＋S】快捷键，保存该文件，然后单击标题栏右下侧的"关闭"按钮☒，关闭该文件。

任务二 调整手轮模型

一、任务目标

（1）掌握视图的平移、缩放、旋转，以及模型的显示方式等操作。

（2）熟悉图层和坐标系的作用及基本操作。

（3）掌握图形对象的选择、隐藏和删除。

二、任务设置

隐藏手轮模型中的曲线、草图、基准平面、坐标系及轮辐，然后删除手轮模型中的键槽，并利用剖切视图查看手轮的轮缘和轮辐是否为空心，模型调整前后效果如图 1-13 所示。

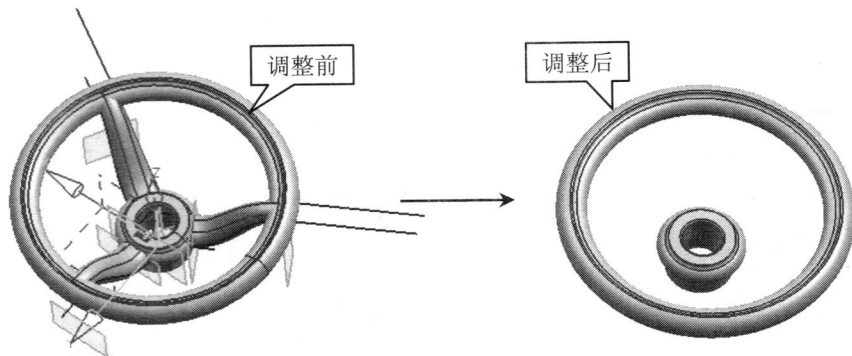

图 1-13　手轮模型调整前后效果图

三、相关知识

（一）缩放、平移和旋转视图

在建模过程中，经常需要缩放、平移和旋转视图。常用的缩放、平移和旋转视图的方法有以下三种。

1. 使用"视图"工具条

利用图 1-14 所示"视图"工具条中的相关命令按钮，可放大、缩小、平移和旋转视图。读者可打开"SC">"ch01">"2-3-1.prt"文件，练习设置视图的操作。

读者可打开本书配套素材文件"SC">"ch01">"2-3-1.prt"，练习视图的操作

图 1-14　"视图"工具条

"视图"工具条中相关命令按钮的功能如下。

➢ "适合窗口"按钮：单击此按钮，系统会自动将工作区中的所有图形对象最大化显示在工作区。

➢ "根据选择调整视图"按钮：框选或单击选中模型的某些对象后，该按钮将被激活。单击此按钮，所选对象将最大化显示在工作区。

➢ "缩放"按钮：单击此按钮，然后在工作区按住鼠标左键并拖动画一个矩形框，则矩形框内的部分将被放大显示。

➢ "放大/缩小"按钮：单击此按钮，然后在工作区按住鼠标左键并拖动，可放大或缩小视图。

➢ "旋转"按钮：单击此按钮，然后在工作区按住鼠标左键并拖动可旋转视图。

➢ "平移"按钮：单击此按钮，然后在工作区按住鼠标左键并拖动可平移视图。

2．使用鼠标和键盘

利用鼠标左键、右键和滚轮，也可以快速缩放、平移和旋转视图，具体操作方法如下。

➤ **缩放视图**：有三种方法，即①直接滚动鼠标滚轮；②按住【Ctrl】键和鼠标滚轮并拖动；③按住鼠标滚轮和左键并拖动。

➤ **平移视图**：在工作区中同时按住鼠标滚轮和鼠标右键并进行拖动，或按下【Shift】键和鼠标滚轮并行拖动。

➤ **旋转视图**：在工作区按住鼠标滚轮并拖动。

3．使用快捷菜单

在工作区单击鼠标右键，从弹出的图 1-15 所示的快捷菜单中选择所需菜单项，也可缩放、平移和旋转视图，其操作方法与"视图"工具条中的对应按钮相同。

（二）调整模型的显示样式和方位

图 1-15　右键快捷菜单

为了便于查看模型的内部结构，或选择模型内部的某些棱边或顶点，经常需要调整模型的显示样式和方位。读者可利用图 1-15 所示快捷菜单中的"渲染样式"和"定向视图"菜单下的子菜单，或利用图 1-16 和图 1-17 所示"视图"工具条中的相关命令，调整模型的显示样式和方位。

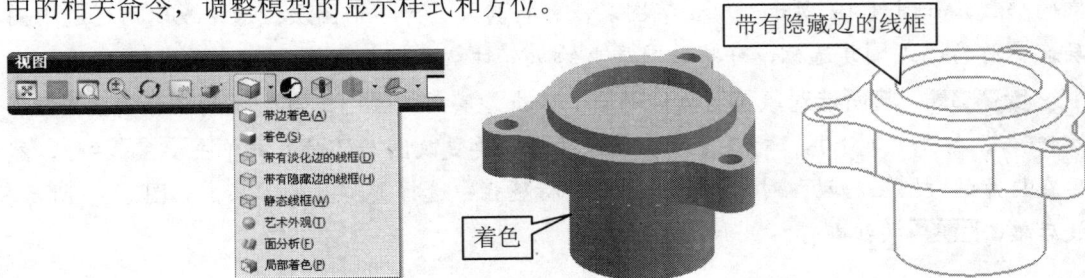

图 1-16　调整模型的显示样式

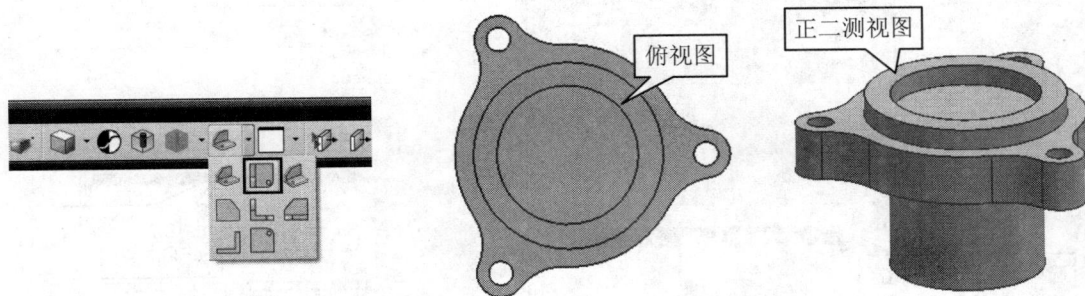

图 1-17　调整模型的显示方位

（三）图层的运用

在建模过程中，将创建大量图形对象。为了便于对不同类型对象分类管理，UG 中引入了图层的概念，用户可将不同类型的对象（如实体、曲面和草图等）分类放置在不同的图层上，然后通过控制图层的可见性来控制该图层上图形对象的显示与隐藏。每个模型文件中最多可包含 256 个图层，图层名称分别用 1～256 表示。

下面介绍新建工作图层、切换工作图层、隐藏图层、将对象移至其他图层等常用图层的操作方法。

步骤 1▶ **新建和切换工作图层。**单击"实用工具"工具条的"工作图层"编辑框后的三角按钮，可显示当前文件的所有图层。单击选择某个图层后，该图层即可成为当前工作图层（此后创建的任何图形对象都包含在当前工作图层中），如图 1-18 所示。若要新建工作图层，可直接在"工作图层"编辑框中输入图层名称并按【Enter】键。

读者可打开本书配套素材文件
"SC" > "ch01" > "2-3-1.prt"
文件，练习图层的操作

图 1-18　切换工作图层

步骤 2▶ **显示或隐藏图层。**单击"实用工具"工具条中的"图层设置"按钮，可在打开的"图层设置"对话框中新建工作图层、设置图层的可见性、查看各图层上图形对象的个数，如图 1-19 所示。双击某图层，可将其设置为当前图层；选中或取消已选中图层名称前的□或☑复选框，可将该图层上的所有对象显示或隐藏。

步骤 3▶ **将所选对象移至其他图层。**单击"实用工具"工具条中的"移动至图层"按钮，打开"类选择"对话框，在工作区选取要更改图层的对象并单击 确定 按钮，然后在打开的"图层移动"对话框的"图层"标签栏中选择要移至的图层，如图 1-20 所示，最后单击 确定 按钮即可。

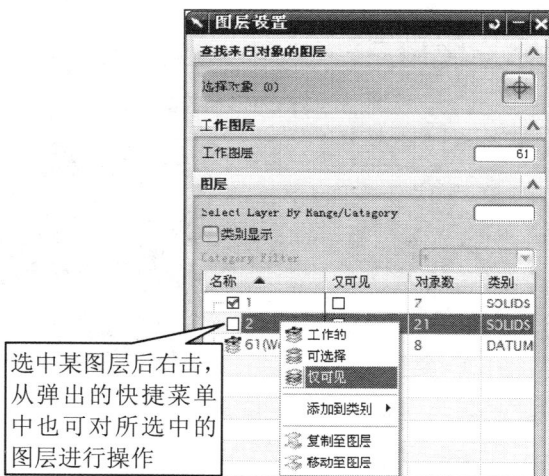

选中某图层后右击，从弹出的快捷菜单中也可对所选中的图层进行操作

单击选中要移动到的图层

图 1-19　设置图层状态

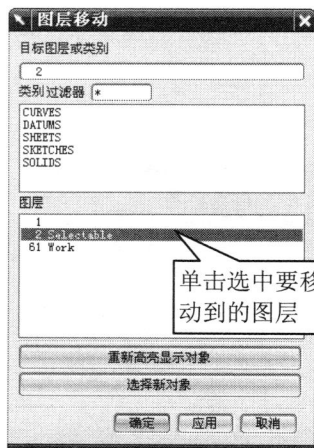

图 1-20　将所选对象移至其他图层

注意

一个文件中只能有一个工作图层，且工作图层上的图形对象不能被隐藏。

（四）坐标系的运用

在创建形状特征复杂的模型时，为了提高绘图速度，经常需要移动或旋转坐标系。UG 中的坐标系有绝对坐标系（ACS）、工作坐标系（WCS）、基准坐标系（CSYS）三种类型。它们都属于笛卡尔坐标系，可以使用右手定则来判断 X 轴、Y 轴和 Z 轴的方向。

> **绝对坐标系**：位于工作区的左下角，原点永远不变。绝对坐标系是唯一的，UG 中的任何绘图工作都以它为基准。

> **工作坐标系**：是以绝对坐标系为基准变换而来的，默认情况下与基准坐标系重合，用 XC，YC，ZC 表示，如图 1-21 所示。利用"格式" > "WCS"菜单下的相关命令，可移动或旋转工作坐标系。双击工作坐标系，可将其变成动态坐标系，如图 1-22 所示。利用该坐标系上的控制点可移动坐标系的位置或旋转坐标系。

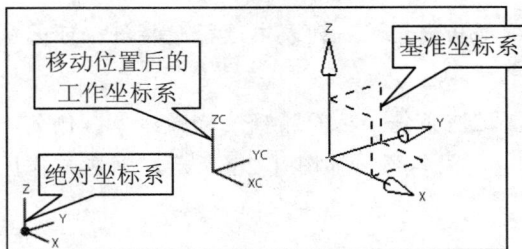

图 1-21　坐标系

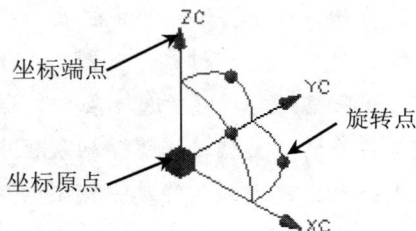

图 1-22　动态坐标系

> **基准坐标系**：创建特征时作为参考基准的坐标系，利用"插入" > "基准/点" > "基准 CSYS"菜单或单击"特征操作"工具条中的"基准 CSYS"按钮，可创建基准坐标系。

（五）对象的选择、隐藏和删除

1. 选择和取消选择对象

在建模过程中经常需要选择对象。为了能快速选择所需特征或对象，除了使用鼠标左键和部件导航器外，UG 还提供了"快速拾取"对话框、"选择条"工具条、"类选择"对话框等。接下来，通过以下操作讲解选择和取消选择对象的方法。

步骤 1▶　打开本书配套素材文件"SC" > "ch01" > "2-3-5.prt"，在要选择的对象上单击即可将其选中，此时被选中的对象会加亮显示，如图 1-23 所示。当选中多个图形对象时，按住【Shift】键在某个已选中的对象上单击，可取消该对象的选中状态；按【Esc】键可取消所有对象的选中状态。

提示

> 将光标移动到某一特征上停留一会，当光标变为"┼"形状时单击鼠标左键，系统会根据当前光标所在位置列出光标附近所有可选对象，并打开"快速拾取"对话框。在该对话框中单击要选中的对象即可，如图 1-24 所示。

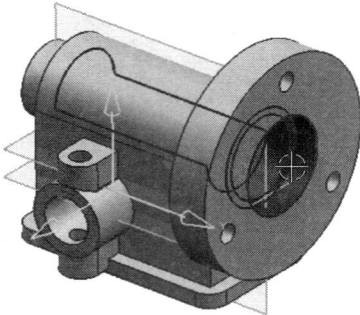

图 1-23　单击选择对象　　　　图 1-24　"快速拾取"对话框

步骤 2▶　　打开部件导航器，然后在"模型历史记录"列表中选择某特征，可选中与该特征对应的图形对象，如图 1-25 所示。

步骤 3▶　　利用"选择条"工具条可设置过滤条件，从而精确地选择对象。例如，在该工具条的"类型过滤器"列表框中选择"边"菜单项，如图 1-26 所示，则在工作区通过单击或框选方式只能选中模型的棱边。

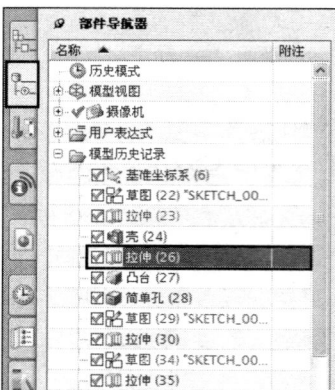

图 1-25　利用部件导航器选择对象　　　　图 1-26　"选择条"工具条

步骤 4▶　　在进行某些操作时，系统会弹出"类选择"对话框让用户选择要操作的对象。此时，用户可直接使用鼠标左键选取操作对象，也可使用过滤器分类选择对象。图 1-27 所示为使用过滤器选择模型中的所有基准，并将它们移动至指定图层的操作过程。

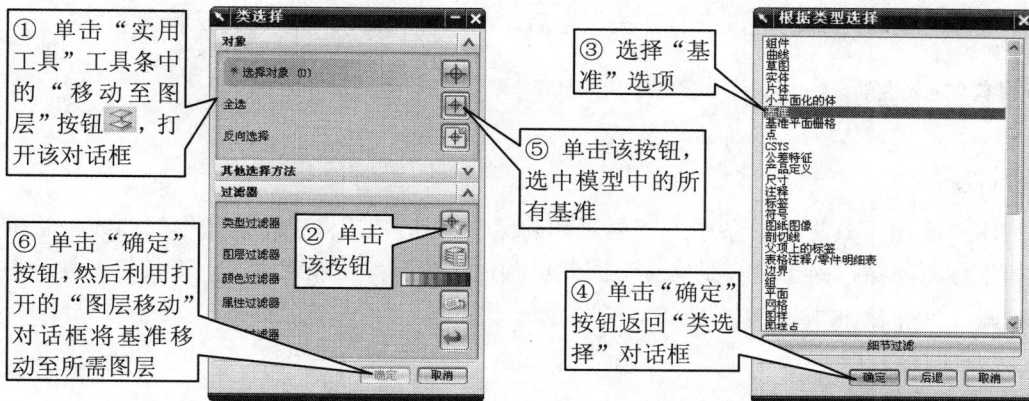

① 单击"实用工具"工具条中的"移动至图层"按钮，打开该对话框

⑥ 单击"确定"按钮，然后利用打开的"图层移动"对话框将基准移动至所需图层

② 单击该按钮

③ 选择"基准"选项

⑤ 单击该按钮，选中模型中的所有基准

④ 单击"确定"按钮返回"类选择"对话框

图 1-27　将模型中的所有基准移至指定图层

2．隐藏和显示对象

要隐藏或显示图形对象，除了利用图层功能外，还可以利用以下方法进行操作。

（1）隐藏图形对象

隐藏图形对象的方法有三种，即①选中要隐藏的对象，然后单击"实用工具"工具条中的"隐藏"按钮 ；②在部件导航器中右击要隐藏的特征，从弹出的快捷菜单中选择"隐藏"菜单项，即可将该特征隐藏，如图 1-28 所示；③单击"实用工具"工具条中的"显示和隐藏"按钮 ，可在打开的图 1-29 所示的"显示和隐藏"对话框中隐藏对象。

（2）显示图形对象

显示图形对象的方法也有三种，即①在部件导航器中右击要恢复显示的对象，然后从弹出的快捷菜单中选择"显示"菜单项；②利用图 1-29 所示的"显示和隐藏"对话框；③选择"编辑"＞"显示和隐藏"＞"全部显示"菜单，可显示所有隐藏的对象。

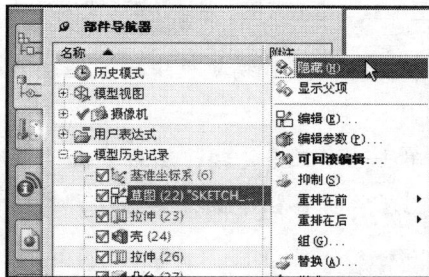

图 1-28　利用部件导航器隐藏对象

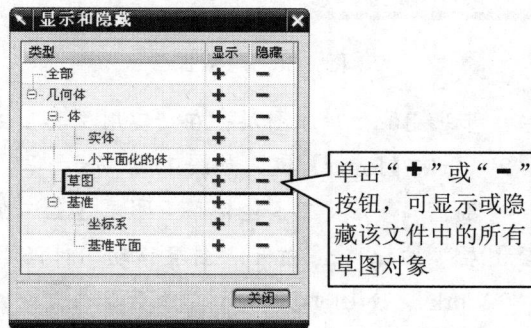

单击"＋"或"－"按钮，可显示或隐藏该文件中的所有草图对象

图 1-29　隐藏或显示对象

3．删除与恢复对象

要删除对象，可在工作区或部件导航器中选择要删除的对象，然后按【Delete】键；或选中要删除的对象后单击鼠标右键，从弹出的快捷菜单中选择"删除"菜单项。

要恢复上步所删除的对象可按【Ctrl＋Z】快捷键，连续执行此命令可撤销最近执行的多步操作。值得注意的是，当文件被保存后，已经被删除的对象将无法恢复。

四、任务实施

制作思路

利用"实用工具"工具条中的"显示和隐藏"按钮 🔯，将手轮模型中的曲线、基准平面和坐标系隐藏。由于轮辐是实体，因此可利用"图层"功能或"实用工具"工具条中的"隐藏"按钮 🔌 将其隐藏。

制作步骤

步骤1▶ 隐藏曲线。打开本书配套素材文件"SC" > "ch01" > "2-1.prt"，单击"实用工具"工具条中的"显示和隐藏"按钮 🔯，打开"显示和隐藏"对话框；单击"曲线"列表项右侧的"隐藏"按钮 ➖，可隐藏该文件中的所有曲线，结果如图 1-30 所示。

步骤2▶ 采用同样的方法，依次隐藏该文件中的所有草图、基准平面和坐标系，最后单击 关闭 按钮关闭"显示和隐藏"对话框，结果如图 1-31 所示。

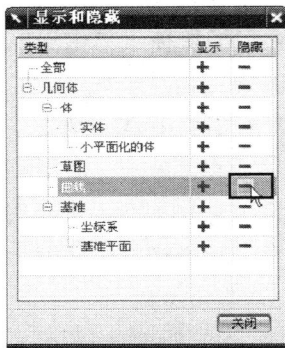

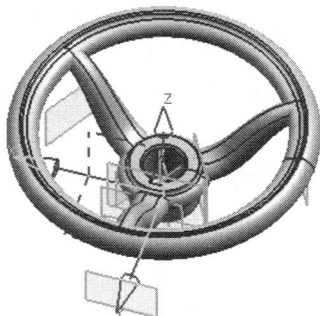

图 1-30 隐藏曲线

图 1-31 隐藏草图、基准平面和坐标系效果

步骤3▶ 新建图层。在"实用工具"工具条的"工作图层"编辑框中输入图层名称"2"并按【Enter】键，如图 1-32 所示。

步骤4▶ 将三条轮辐移至图层 2 上。在工作区单击选中三条轮辐，然后单击"移动至图层"按钮 🗃，打开"图层移动"对话框；在"图层"标签栏中选择要移动到的图层"2 Work"，如图 1-33 所示，然后单击 确定 按钮即可。

步骤5▶ 隐藏三条轮辐。单击"实用工具"工具条中的"图层设置"按钮 🗂，打开"图层设置"对话框；在"图层"标签栏中双击图层 1，将其设置为当前图层，然后单击图层 2 前的 ☑ 复选框，使其变成 □，如图 1-34 所示，最后单击 关闭 按钮。轮辐隐藏前、后效果如图 1-35 所示。

图 1-32　新建图层 2　　　图 1-33　"图层移动"对话框　　　图 1-34　隐藏图层 2 中的所有对象

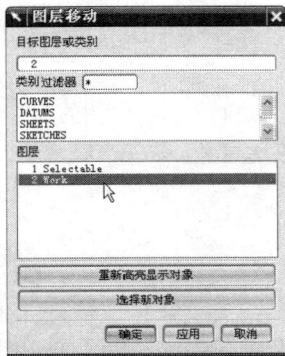

提示

> 要隐藏三条轮辐，除了上述方法外，还可以先选中这三条轮辐，然后单击"实用工具"工具条中的"隐藏"按钮 ，或在工作区右击，从弹出的快捷菜单中选择"隐藏"菜单项。

步骤 6▶ 删除键槽。在工作区单击模型中的键槽将其选中，如图 1-36 所示，然后按【Delete】键将其删除。

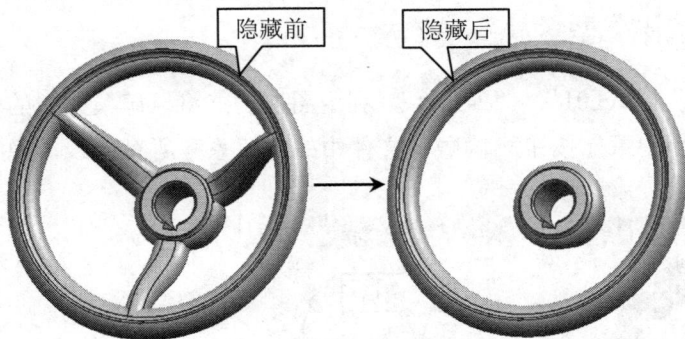

图 1-35　隐藏轮辐前后效果　　　　　　　　　　　　图 1-36　选中键槽

步骤 7▶ 显示隐藏的轮辐。单击"实用工具"工具条中的"图层设置"按钮 ，在打开的"图层设置"对话框中选中图层 2 前的□复选框，将三条轮辐显示。

步骤 8▶ 单击"实用工具"工具条中的"编辑工作截面"按钮 ，打开"查看截面"对话框，如图 1-37 所示。单击"剖切平面"标签栏中的 、 和 按钮，可切换剖切平面；拖动"偏置"标签栏中的滑块，可调整剖切平面位置，如图 1-38 所示，最后单击 确定 按钮，可显示相应的剖切视图。

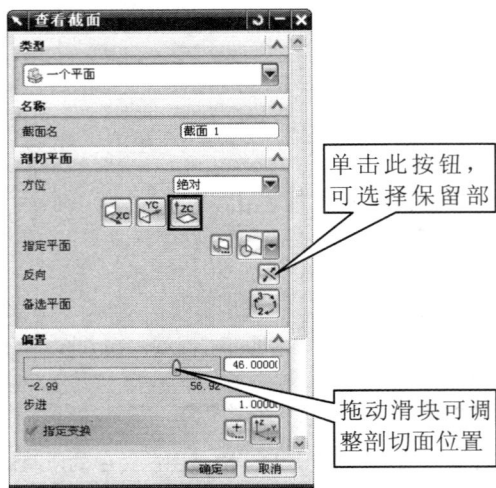

单击此按钮，可选择保留部

拖动滑块可调整剖切面位置

图 1-37 "查看截面"对话框

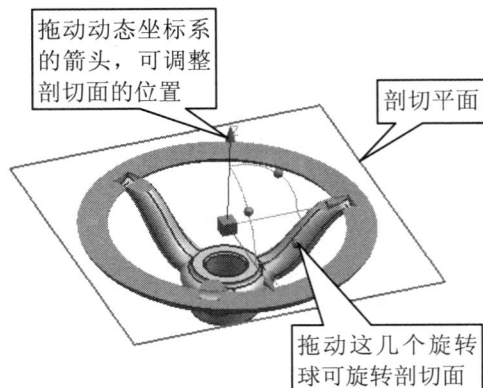

拖动动态坐标系的箭头，可调整剖切面的位置

剖切平面

拖动这几个旋转球可旋转剖切面

图 1-38 创建手轮剖切视图

提示

通过创建剖切视图可知，该手轮模型的轮辐与轮缘、轮毂没有合并成为一个整体，属于一个半成品零件。单击"实用工具"工具条中的"剪切工作截面"按钮，可取消剖切视图的状态。

五、巩固练习——调整风扇模型

打开本书配套素材文件"UG">"ch01">"2-5.prt"，利用图层功能将风扇模型中的所有曲面隐藏，然后利用"显示和隐藏"按钮 隐藏该文件中的坐标系和所有曲线，隐藏前、后效果如图 1-39 所示。

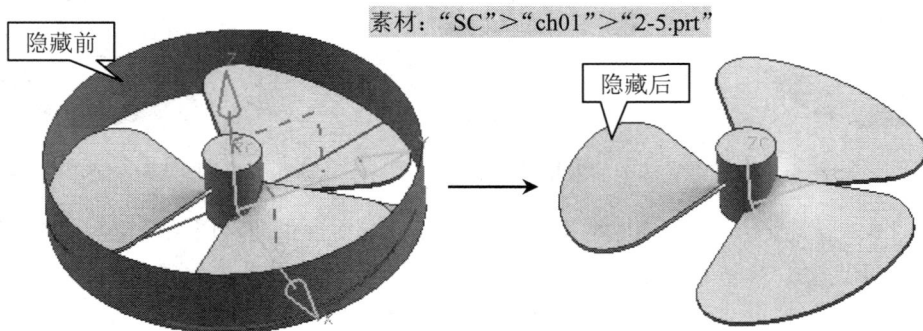

素材："SC">"ch01">"2-5.prt"

隐藏前

隐藏后

图 1-39 隐藏对象前、后效果图

项目二　绘制二维草图

　　草图是进行三维模型设计的基础，UG 中的大多数建模工作都是基于二维草图生成的。为了得到所需模型，有时候需要将草图曲线进行拉伸或旋转，有时候需要对草图曲线进行修剪、镜像或修圆角等操作。本项目主要讲解绘制、编辑和约束二维草图的方法，以及常用绘图和编辑草图命令的具体操作方法。

【学习目标】
◇　能够使用直线、圆弧、圆、矩形、圆角、修剪、镜像等命令绘制草图。
◇　能够为所绘制的草图添加合理的几何约束和尺寸约束。

任务一　绘制连接板的轮廓曲线

一、任务目标

　　（1）掌握直线、圆、圆弧和圆角等常用草图命令的基本操作方法。
　　（2）掌握为草图添加几何约束和尺寸约束的方法。

二、任务设置

　　绘制图 2-1 所示连接板的轮廓曲线，要求草图完全约束，尺寸标注正确，几何约束合理。

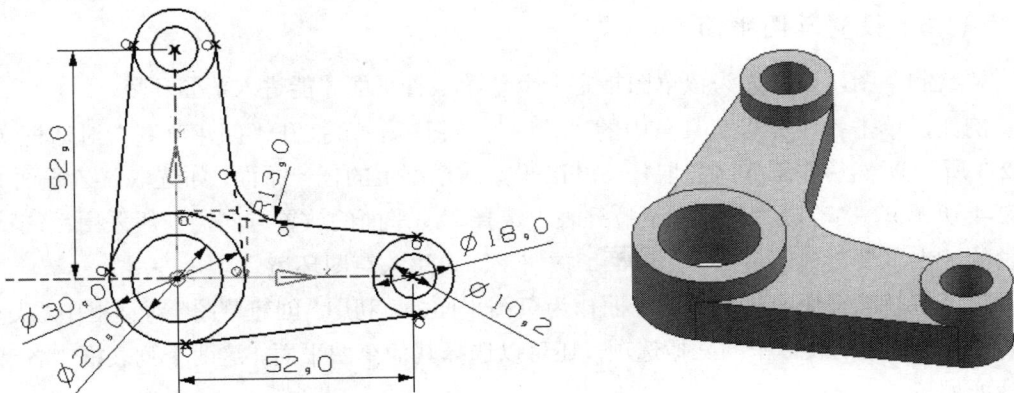

图 2-1　连接板及其截面草图

三、相关知识

（一）认识草图

草图是与实体模型相关联的二维轮廓线的集合，可通过将草图进行拉伸、旋转、扫描等方法来建立符合设计意图的三维模型，如图 2-2 所示。一旦更改草图的形状、尺寸或几何约束，实体模型也会随之改变。

图 2-2 由草图创建三维模型

在 UG 中绘制草图的步骤大致如下。

（1）执行草图命令，然后为草图指定一个草图平面并进入草图环境。

（2）绘制草图的大概形状（无需精确定义草图中每条曲线的尺寸和位置）。

（3）为草图添加尺寸约束和几何约束。

（4）完成草图绘制，退出草图绘制环境。

注意

在绘制草图的形状时，既可以先画出草图的完整形状，然后依次为其添加几何约束和尺寸约束，也可以先画一部分草图轮廓，然后为其添加几何约束和尺寸约束，接着再画其他部分。读者可根据草图的形状和复杂程度来选择。

（二）设置草图平面

要绘制草图，必须先为该草图指定一个草图放置平面才能进入草图环境。

例如，单击"特征"工具条中的"草图"按钮 ，可打开"创建草图"对话框（如图 2-3 所示），然后在工作区选取任一基准平面或模型上的任一平面，如选取 Y-Z 平面（如图 2-4 所示），接着在"参考"下拉列表中选择草图平面的放置方向，一般采用系统默认选中的"水平"选项，最后单击 确定 按钮，即可进入草图环境。

除了将基准平面或模型上的平面作为草图平面外，利用"创建草图"对话框中"类型"和"平面选项"列表框中的其他选项，还可以选择其他草图平面。这两个列表框中各选项的功能如下。

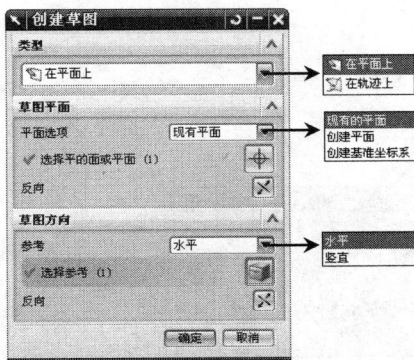

图 2-3　"创建草图"对话框　　　　图 2-4　选择草图平面

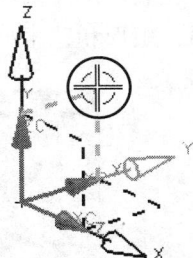

➢ **在轨迹上**：创建与所选轨迹平行或垂直的草图平面。例如，选择该选项后，在工作区选取图 2-5 所示的圆弧，然后在"平面位置"标签栏中设置草图平面的位置，即可创建与该曲线垂直的草图平面。

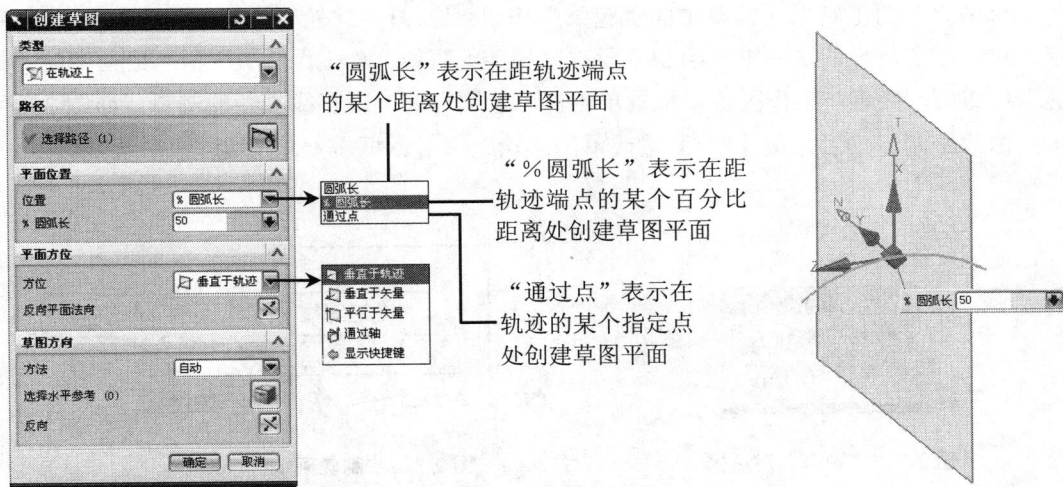

"圆弧长"表示在距轨迹端点的某个距离处创建草图平面

"%圆弧长"表示在距轨迹端点的某个百分比距离处创建草图平面

"通过点"表示在轨迹的某个指定点处创建草图平面

图 2-5　在 50%圆弧长处创建草图平面

➢ **创建平面**：以现有的平面、曲线、点等作为参照，创建新的草图平面。
➢ **创建基准坐标系**：以指定的点、矢量等作为参考，创建一个新的坐标系，然后可将该坐标系的坐标平面作为草图平面。

提示

　　绘制完草图后，可单击"草图生成器"工具条中的"完成草图"按钮退出草图环境。在三维建模环境下双击工作区中的草图曲线，或双击部件导航器中的草图名称，可重新进入该草图的绘制环境，此时可编辑、修改该草图。

（三）绘制草图曲线

进入草图环境后，便可利用图 2-6 所示"草图工具"工具条中的相关命令按钮，绘制直线、圆弧、圆、矩形和艺术样条等草图对象。

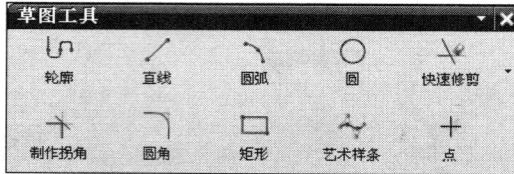

图 2-6　"草图工具"工具条

1．绘制轮廓

使用"轮廓"命令将以线串方式创建一系列直线和圆弧，上一条曲线的终点自动成为下一条曲线的起点，且可以在直线和圆弧间自由切换。

单击"草图工具"工具条中的"轮廓"按钮 ∪，打开"轮廓"对话框，如图 2-7 所示。此时在工作区依次单击可绘制多段首尾相连的直线；单击图 2-7 所示对话框中的"圆弧"按钮 ◠，接着在工作区合适位置单击，可绘制与前一段直线相切的圆弧，如图 2-8 所示；曲线绘制完毕后，按【Esc】键或单击"轮廓"对话框右上角的 ⊠ 按钮，结束该命令。

图 2-7　"轮廓"对话框

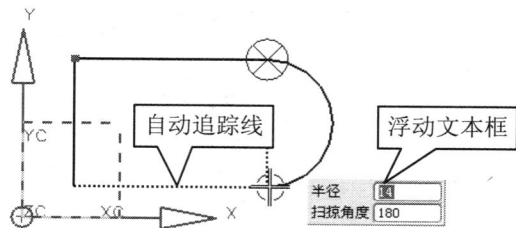

图 2-8　绘制轮廓线

提示

在 UG 中绘制曲线时，光标附近会出现浮动文本框，在其中输入坐标值或曲线参数，可精确控制曲线的位置、长度、半径或角度（与 X 轴的夹角）等。按【Tab】键可在不同的值之间切换，按【Enter】键可确认所输入的值。

2．绘制直线

单击"草图工具"工具条中的"直线"按钮 ∕，打开"直线"对话框，然后在工作区依次单击两点即可绘制一条直线，如图 2-9 所示，绘制完毕后单击 ⊠ 按钮关闭对话框。

图 2-9　绘制直线

3．绘制圆弧和圆

单击"圆弧"按钮 ⌒，打开"圆弧"对话框。该对话框提供了"三点定圆弧"和"中心和端点定圆弧"两种绘制圆弧的方法，如图 2-10 所示。

➢ "三点定圆弧"按钮 ⌒：在工作区依次单击，以确定圆弧的起点、终点和圆弧上一点。

➢ "中心和端点定圆弧"按钮 ⌒：在工作区依次单击，以确定圆弧的中心、圆弧的起点和圆弧的终点。

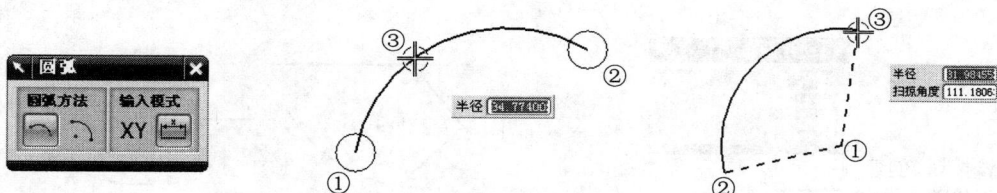

图 2-10　绘制圆弧

单击"圆"按钮 ○，可利用弹出的"圆"对话框中的"圆心和直径定圆"按钮 ◎ 和"三点定圆"按钮 ◎ 绘制圆，其方法与绘制圆弧类似，此处不再赘述。

4．绘制矩形

单击"矩形"按钮 ▢，打开"矩形"对话框。该对话框中有"按 2 点" ▢、"按 3 点" ▧ 和"从中心" ▧ 三种绘制矩形的方法，单击选取所需按钮，然后在工作区的合适位置依次单击即可绘制矩形，如图 2-11 所示。

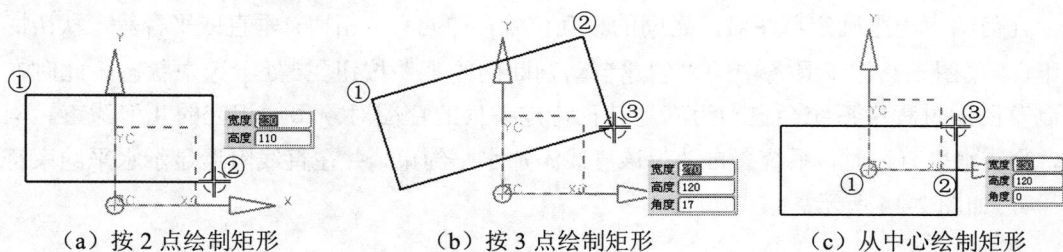

（a）按 2 点绘制矩形　　　（b）按 3 点绘制矩形　　　（c）从中心绘制矩形

图 2-11　绘制矩形的三种方法

5．绘制艺术样条

单击"艺术样条"按钮 〜，在打开的"艺术样条"对话框中单击"通过点"按钮 〜 或"根据极点"按钮 ⬉，然后在工作区依次单击选取若干点，最后单击 确定 按钮即可生成样条曲线，如图 2-12 所示。

根据极点

通过点

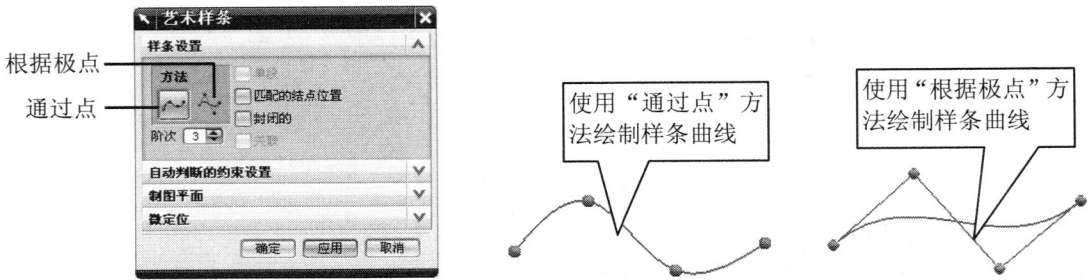

图 2-12 创建样条曲线

6．制作圆角

使用"圆角"命令可以在两条曲线之间创建圆角。单击"草图工具"工具条中的"圆角"按钮□，打开"创建圆角"对话框，采用默认选中的"修剪"按钮□，在要制作圆角的两条曲线上单击，然后移动鼠标并在合适位置单击即可生成圆角，如图 2-13 所示。

选中该按钮，创建圆角后不修剪原曲线

依次单击这两条曲线

图 2-13 制作圆角

（四）草图约束

绘制出草图的大概形状后，还需要对草图的形状和大小进行精确控制，才能获得理想的二维草图。草图约束分为几何约束和尺寸约束两类。

1．几何约束

（1）自动添加几何约束

几何约束用来确定草图对象之间的相互位置，如同心、相切、垂直或平行等。默认情况下，"草图工具"工具条中的"创建自动判断的约束"按钮 处于选中状态，此时在绘制草图的过程中系统会自动为满足某种特定条件的草图对象添加相应的几何约束。例如，绘制水平直线时，系统会自动为该直线添加水平约束，并在直线附近显示水平约束符号 ，如图 2-14 所示。

提示

单击"草图工具"工具条中的"自动判断的约束"按钮，在打开的"自动判断的约束"对话框中勾选需要自动添加的约束类型，如图 2-15 所示，然后单击 确定 按钮，则在以后的绘图过程中，当"创建自动判断的约束"按钮 处于选中状态时，系统会自动判断并添加相应的几何约束。

图 2-14　自定添加的水平约束

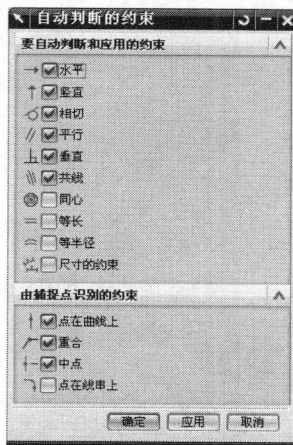

图 2-15　"自动判断的约束"对话框

若未显示自动添加的约束，可单击"草图工具"工具条中的"显示所有约束"按钮；单击"不显示约束"按钮，可隐藏草图中的所有约束

（2）手动添加几何约束

单击"草图工具"工具条中的"约束"按钮，在工作区依次单击选取要约束的草图对象，然后在打开的"约束"对话框中单击所需约束按钮，如"同心"，即可为所选对象添加相应的几何约束，如图 2-16 所示。

自由度符号

图 2-16　同心约束

提示

单击"约束"按钮后，若草图中未显示自由度符号，则说明该草图被完全约束。所谓完全约束，是指草图曲线的形状、位置和尺寸大小被唯一确定。

2. 尺寸约束

利用尺寸约束功能可以为草图对象添加尺寸标注，并通过更改尺寸值可精确设置图形对象的大小。

为草图添加尺寸约束的常用方法为：单击"草图工具"工具条中的"自动判断的尺寸"按钮，打开"尺寸"对话框，单击选取要添加尺寸约束的对象，然后移动光标，系统会根据光标位置和选定的对象自动判断可添加的尺寸约束，在适当的位置单击放置尺寸标注，然后在弹出的浮动编辑框中输入所需尺寸值并按【Enter】键即可，如图 2-17 所示。

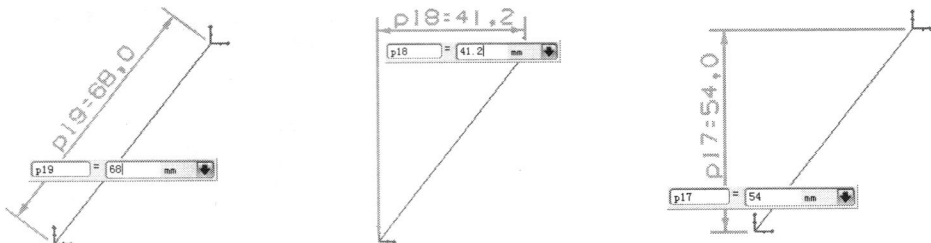

图 2-17 自动判断并添加尺寸约束

> **提示**
>
> 利用"自动判断的尺寸"按钮 标注尺寸时，光标移动的方位不同，所标注的尺寸就有可能不同，如图 2-17 所示。

此外，单击"自动判断的尺寸"按钮 右侧的三角按钮，在弹出的下拉列表中选择水平、竖直、直径、半径等命令，也可为图形添加尺寸。例如，选择"角度"命令，然后依次单击直线 AB 和 AC，移动光标在合适位置单击，最后输入角度值并按【Enter】键，即可标注角度尺寸，如图 2-18 所示。

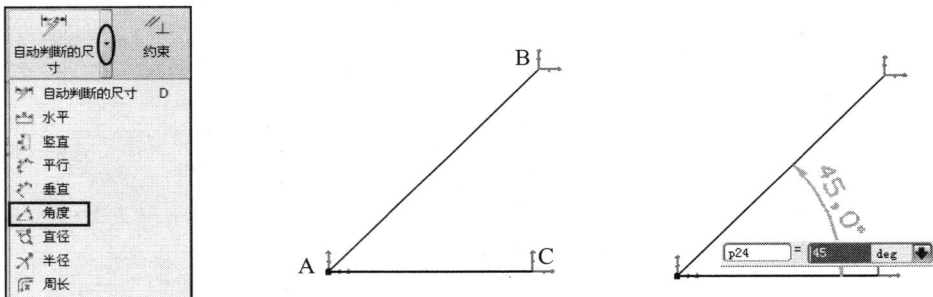

图 2-18 添加角度约束

3. 设置尺寸标注样式

默认情况下，草图尺寸以表达式方式显示，如图 2-19 所示，要使其以图 2-20 所示的形式表达，可在进入草图环境前先选择"首选项">"草图"菜单，然后在打开的对话框中选择"草图样式"选项卡，将"尺寸标签"列表框设置为"值"选项即可，如图 2-21 所示。

> **技巧**
>
> 要使尺寸以"值"形式显示，除了上述方法外，选择"文件">"实用工具">"用户默认设置"菜单，打开"用户默认设置"对话框。在该对话框中选择"草图生成器"选项，然后选中"值"单选钮，如图 2-22 所示。关闭该软件后将其重新打开，则以后所标注的所有草图尺寸均以"值"形式显示。
>
> 为了使草图尺寸清楚明了，本书中的所有草图尺寸标注均以"值"形式显示。

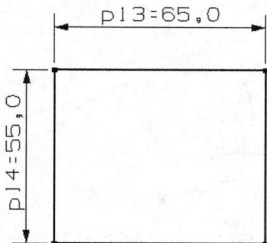

图 2-19 尺寸标注（1）　　图 2-20 尺寸标注（2）　　图 2-21 "草图首选项"对话框

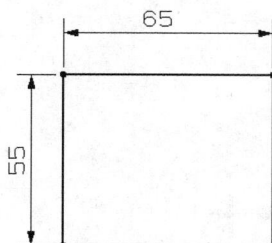

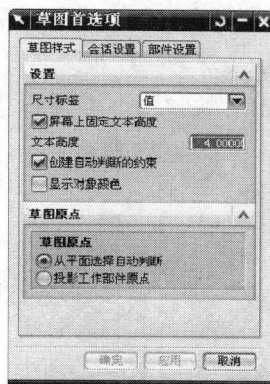

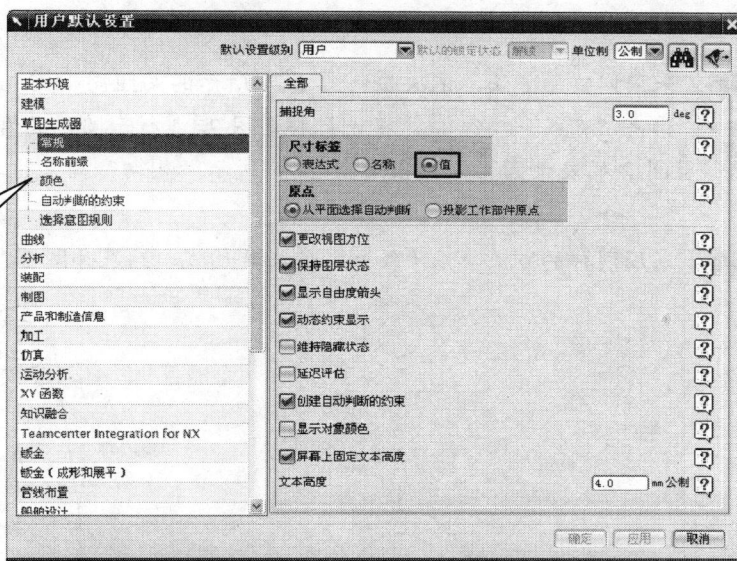

利用该对话框还可以设置草图曲线的颜色

图 2-22 "用户默认设置"对话框

四、任务实施

制作思路

图 2-1 所示连接板的轮廓曲线由三组同心圆、两组切线和一个圆弧构成。因此，可先使用"圆"和"自动判断的约束"命令绘制三组同心圆，然后利用"直线"命令绘制两组切线，接着使用"圆角"命令绘制圆弧，最后添加几何约束和尺寸约束。

制作步骤

步骤 1▶ 新建一个模型文件，并设置其名称（如"2-1"）和存储路径，然后单击"草图"按钮![icon]，在工作区选择 Y-Z 平面作为草图平面，单击 **确定** 按钮进入草图环境。

步骤 2▶ 打开"草图工具"工具条中的"创建自动判断的约束"按钮![icon]，然后单击"圆"按钮〇，接着以坐标原点为圆心绘制一个圆；再次捕捉圆心并单击，绘制第二个圆，如图 2-23 所示。

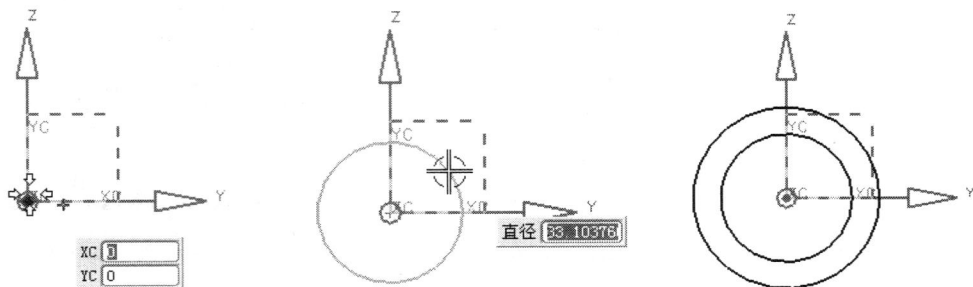

图 2-23 绘制同心圆（1）

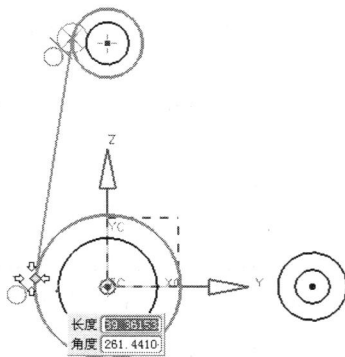

步骤 3▶ 采用同样的方法，依次绘制图 2-24 所示的两组同心圆。

步骤 4▶ 单击"直线"按钮╱，将光标移至图 2-24 所示圆 1 的右侧圆周上并单击，接着将光标移至圆 2 的左侧圆上，待出现图 2-25 所示"相切"约束时单击，完成一条切线的绘制。

步骤 5▶ 采用同样的方法，依次绘制其他三条切线，结果如图 2-26 所示。

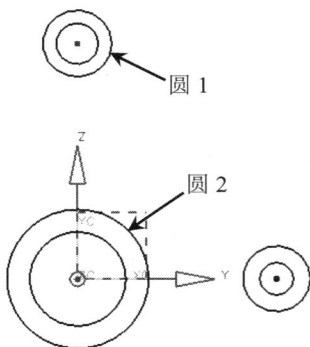

图 2-24 绘制同心圆（2）　　　图 2-25 绘制切线（1）　　　图 2-26 绘制切线（2）

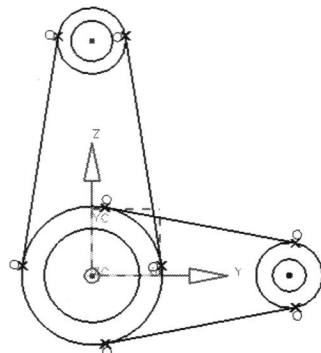

步骤 6▶ 单击"草图工具"工具条中的"圆角"按钮![icon]，采用默认的"修剪"模式，绘制图 2-27 所示的圆角。

步骤 7▶ 单击"约束"按钮![icon]，在工作区选择图 2-27 所示圆 1 和圆 2，在弹出的"约束"对话框中单击"等半径"按钮![icon]；选择圆 3 和圆 4，为其添加"等半径"约束。采用同样的方法，分别为 Y 轴和圆 3 的圆心，Z 轴和圆 4 的圆心添加"点在曲线上"约束![icon]，结果如图 2-28 所示。

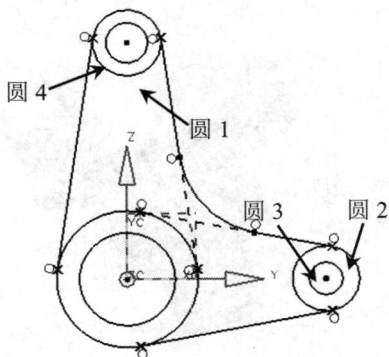

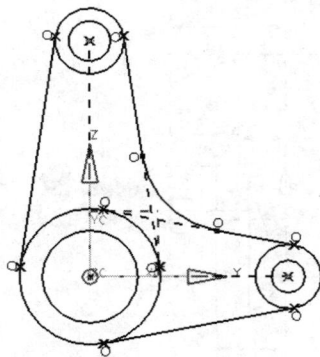

图 2-27 绘制圆角   图 2-28 添加几何约束

步骤 8▶ 单击 "自动判断的尺寸" 按钮，分别单击两组同心圆的圆心，然后向左移动光标并在合适位置单击，输入尺寸 "52" 并按【Enter】键，如图 2-29 所示。

步骤 9▶ 采用同样的方法标注图 2-30 所示的尺寸 52；依次单击要标注的图形对象，在合适位置单击放置尺寸标注，然后输入尺寸值并按【Enter】键，标注完尺寸后按两次【Esc】键退出尺寸标注命令，结果如图 2-30 所示。

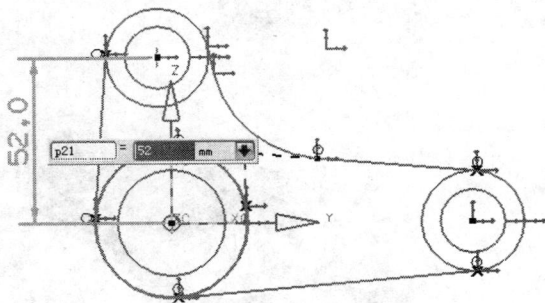

图 2-29 绘制圆角   图 2-30 标注尺寸

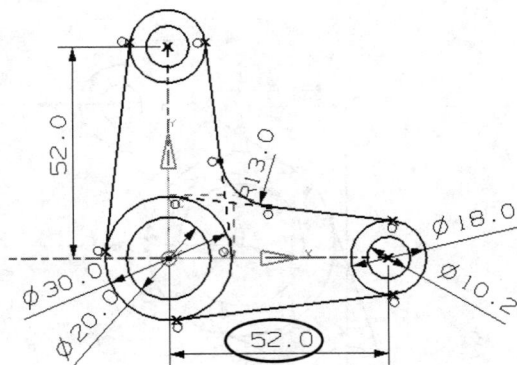

步骤 10▶ 单击 "草图生成器" 工具条中的 "完成草图" 按钮，退出草图绘制环境，接着单击 "保存" 按钮，可将该文件以步骤 1 中所设置的名称和路径保存。

五、巩固练习——绘制草图（上）

（1）绘制图 2-31 所示的零件的截面草图。

提示：

单击 "草图" 按钮，选择 Y-Z 平面为草图的放置平面，然后利用 "轮廓" 按钮绘制直线，利用 "圆弧" 按钮按 "三点定圆弧" 方式绘制图中所示圆弧，接着为图形标注尺寸，最后为圆弧添加几何约束，使圆弧的圆心与坐标系的原点重合。

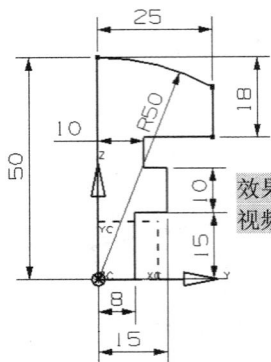

效果："SC">"ch02">"1-5-1.prt"
视频："SP">"ch02">"1-5-1.exe"

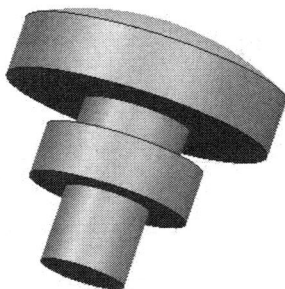

图 2-31　绘制零件的截面草图

（2）绘制图 2-32 所示零件的轮廓草图。

提示：

将 X-Y 平面作为草图的放置平面，利用"圆"按钮○绘制三组同心圆，然后利用"直线"按钮／绘制两条切线，接着利用"圆弧"按钮╲绘制两个相切圆弧，最后为草图添加几何约束和尺寸约束即可。

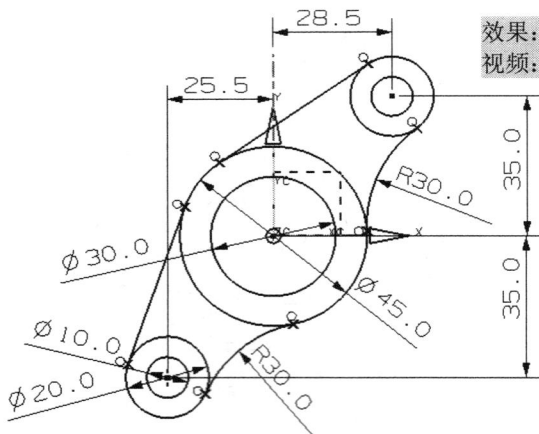

效果："SC">"ch02">"1-5-2.prt"
视频："SP">"ch02">"1-5-2.exe"

图 2-32　绘制零件的轮廓草图

任务二　绘制支座的截面草图

一、任务目标

（1）掌握曲线的修剪、偏置、镜像等命令的基本操作方法。

（2）能够根据绘图需要更改草图尺寸和草图的放置平面。

二、任务设置

以 X-Y 平面作为草图的放置平面，绘制图 2-33 所示支座的截面草图，要求草图完全约束，尺寸标注正确，几何约束合理。

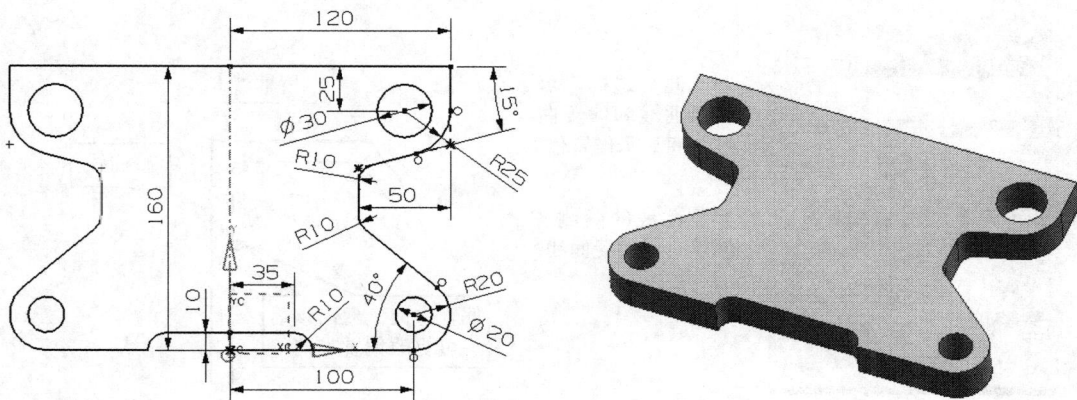

图 2-33 支座及其截面草图

三、相关知识

（一）快速修剪

单击"草图工具"工具条中的"快速修剪"按钮 ，打开"快速修剪"对话框，如图 2-34 所示，在工作区单击要修剪的曲线即可将该曲线修剪掉，如图 2-35 所示。如果希望一次修剪多条曲线，可按住鼠标左键并拖动，让蜡笔划过要修剪掉的曲线。

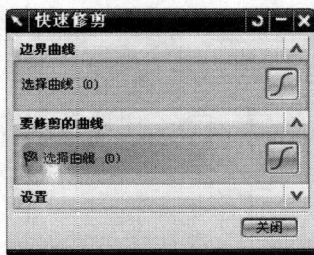

图 2-34 "快速修剪"对话框

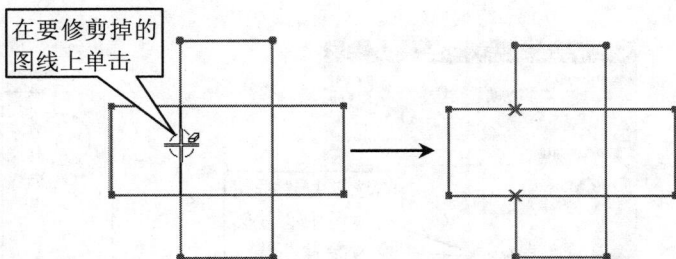

图 2-35 修剪曲线

（二）偏置曲线

偏置曲线是指在距原曲线一定距离处生成原曲线的副本曲线。单击"草图工具"工具条中的"偏置曲线"按钮 ，打开"偏置曲线"对话框，在工作区选取要偏置的曲线，然后在对话框中设置偏置距离、副本数等参数，最后单击 确定 按钮即可生成偏置曲线，如图 2-36 所示。

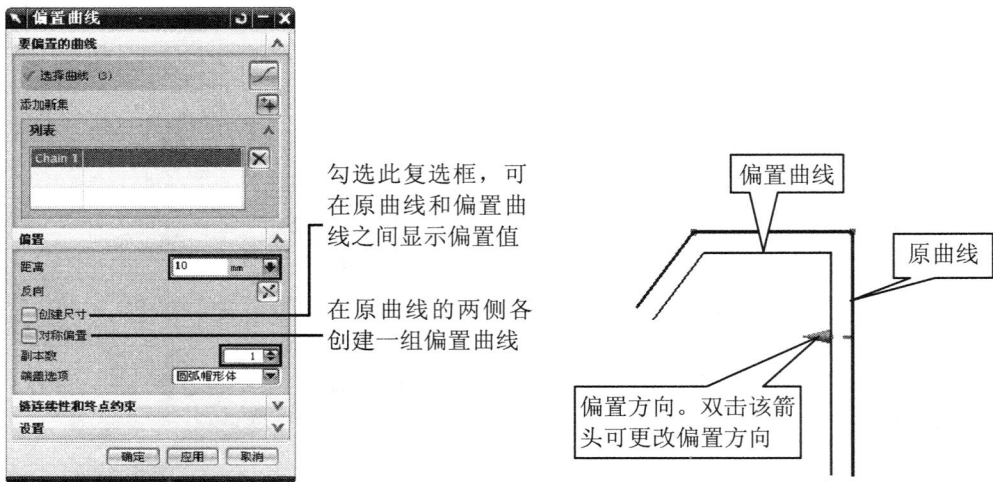

勾选此复选框，可在原曲线和偏置曲线之间显示偏置值

在原曲线的两侧各创建一组偏置曲线

偏置曲线

原曲线

偏置方向。双击该箭头可更改偏置方向

图 2-36　偏置曲线

（三）镜像曲线

使用"镜像曲线"命令可将草图曲线以一条直线或坐标轴作为对称中心线（镜像中心线）进行镜像复制，以生成新的曲线，并且当原曲线改变时镜像曲线也随之改变，即两者保持相关性。

单击"草图工具"工具条中的"镜像曲线"按钮，打开"镜像曲线"对话框，在工作区依次选取镜像中心线和要镜像的曲线，然后单击 确定 按钮即可生成镜像曲线，如图 2-37 所示。

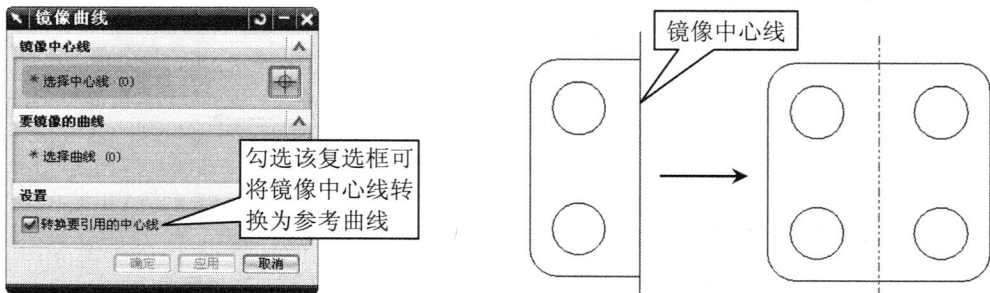

镜像中心线

勾选该复选框可将镜像中心线转换为参考曲线

图 2-37　镜像曲线

（四）草图编辑

对于已经绘制的草图，可根据绘图需要编辑修改草图曲线的参数和草图的放置平面，其具体的操作方法如下。

➤ **修改曲线的参数**：在导航器中选择要修改的草图并右击，从弹出的快捷菜单中选择"编辑参数"菜单项，然后在打开的"编辑草图尺寸"对话框中修改草图曲线的参数，如图 2-38 所示；或双击工作区中的草图曲线进入草图绘制界面，然后在要修改的尺寸标注上双击，输入所需参数并按【Enter】键即可。

素材："SC">"ch02">"2-3-4.prt"

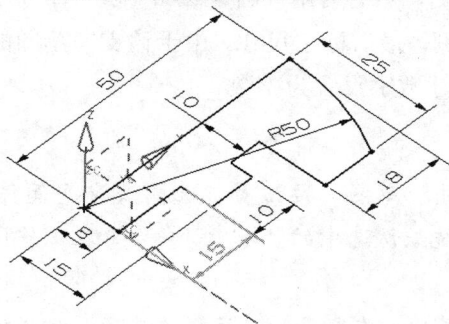

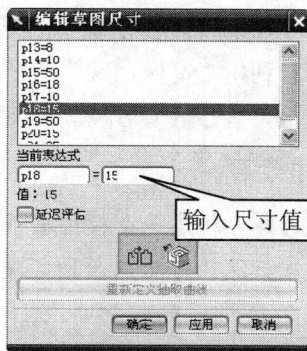

图 2-38 修改曲线的参数

➤ **修改草图的放置平面**：双击要修改的草图进入草图环境，然后单击"草图生成器"工具条中的"重新附着"按钮 ，打开"重新附着草图"对话框，如图 2-39 所示。此时，可在工作区选择要重新附着的草图平面即可。

提示

在绘制草图的过程中，若不小心将视图旋转了一定角度，可通过单击"草图生成器"工具条中的"定向视图到草图"按钮 ，可将视图定向至草图平面，如图 2-40 所示。

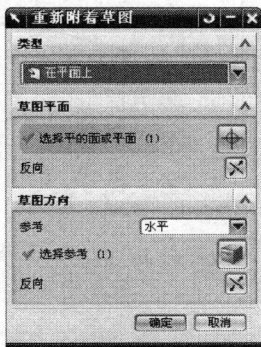

图 2-39 重定义草图平面

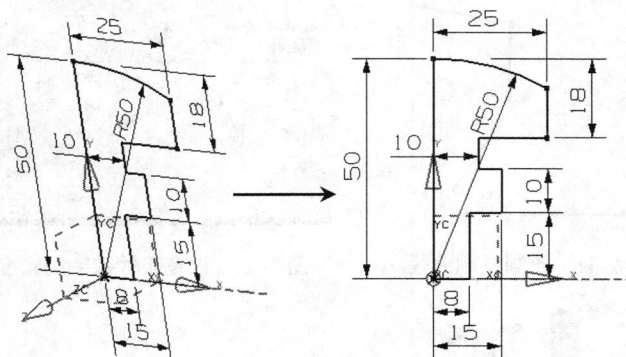

图 2-40 定向视图到草图

四、任务实施

制作思路

由图 2-33 可以看出，该支座草图是由直线、圆弧、圆和圆角构成的对称图形。因此，可先使用"轮廓"命令绘制草图外轮廓的一侧，然后使用"圆角"和"圆"命令绘制圆角和圆，接着利用"镜像曲线"命令得到另一侧，最后标注尺寸。由于该支座草图的尺寸数字均为整数，为了使草图更加清楚，可将尺寸数字设置为整数。

制作步骤

步骤 1▶ 新建一个模型文件，然后单击"草图"按钮📷，选择 X-Y 平面作为草图平面，按鼠标滚轮可进入草图环境。采用系统默认选中的"轮廓"命令，在工作区依次单击绘制图 2-41 所示的轮廓曲线。

步骤 2▶ 选择"首选项" > "注释"菜单，在打开的"注释首选项"对话框中选择"尺寸"选项卡，然后在"精度和公差"标签栏中设置尺寸数字的精度为 0，如图 2-42 所示。

步骤 3▶ 单击"自动判断的尺寸"按钮，参照图 2-43 所示标注草图的尺寸。

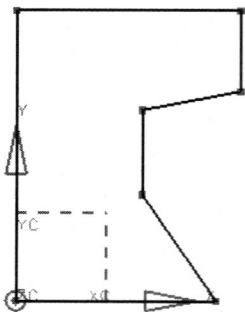

图 2-41　绘制轮廓曲线　　图 2-42　设置尺寸数字的精度　　图 2-43　标注尺寸

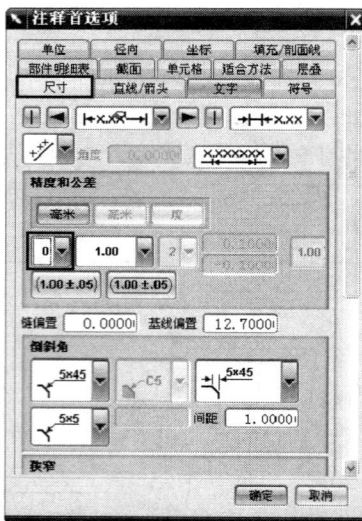

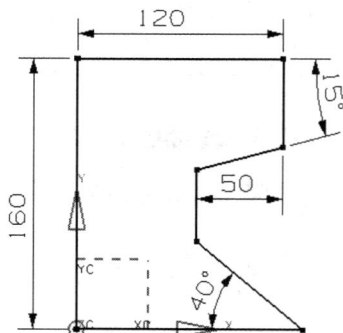

提示

图 2-43 所示草图未完全约束，因此在标注该草图过程中，可选中某些草图对象并拖动，以调整草图的形状。

步骤4▶ 利用"圆角"按钮◯绘制圆角，然后单击"圆"按钮◯，以上步所绘制圆角的圆心为圆心绘制圆，最后利用"自动判断的尺寸"按钮┈标注其尺寸，结果如图2-44所示。

步骤5▶ 采用同样方法，利用"圆角"、"圆"和"自动判断的尺寸"命令绘制图2-45所示草图。

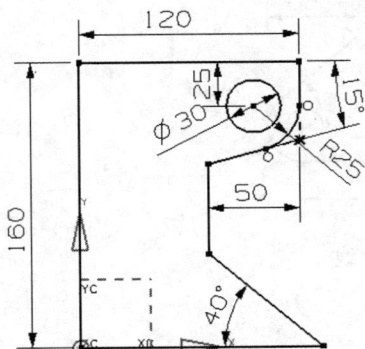

图 2-44　绘制圆角和圆（1）

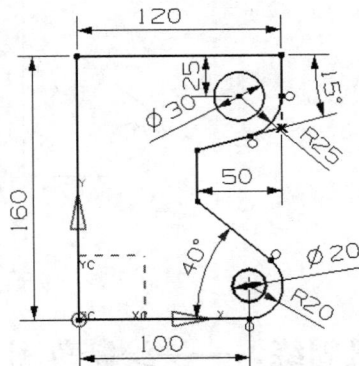

图 2-45　绘制圆角和圆（2）

步骤6▶ 绘制图2-46所示的圆角（共两处）并标注。

步骤7▶ 利用"直线"按钮╱、"圆弧"按钮⌒、"自动判断的尺寸"按钮┈和"快速修剪"按钮┿，绘制图2-47所示草图。

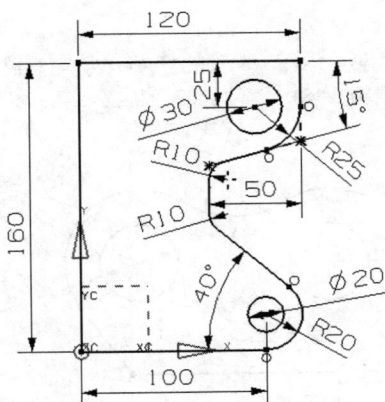

图 2-46　绘制圆角

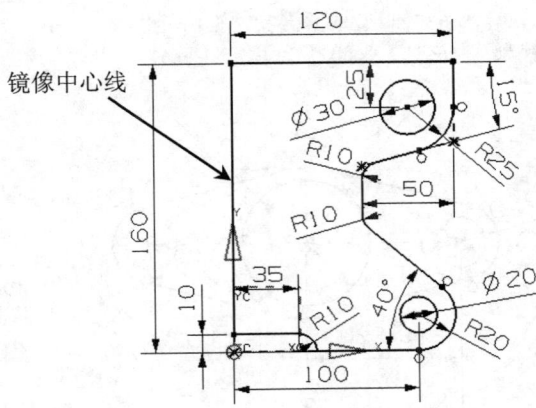

图 2-47　绘制直线和圆弧

步骤8▶ 单击"镜像曲线"按钮▦，选择图2-47所示镜像中心线，然后选择其余所有草图曲线为要镜像的曲线，并将镜像中心线设置为参考对象，单击"镜像曲线"对话框中的 确定 按钮，完成草图的镜像，结果如图2-48所示。

步骤9▶ 单击"草图生成器"工具条中的"完成草图"按钮▨，退出草图绘制环境。选择"文件">"另存为"菜单，在弹出的对话框中设置文件的保存路径和文件名，本例

输入文件名 "2-2"，单击 OK 按钮，将文件以新名称保存。

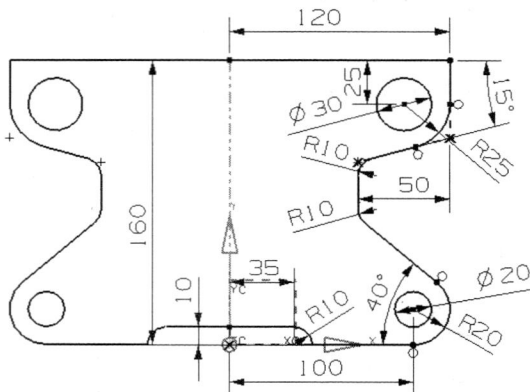

图 2-48　镜像草图曲线

五、巩固练习——绘制草图（下）

（1）绘制图 2-49 所示草图，其效果请参考本书配套素材 "UG" > "ch02" > "2-5-1.prt" 文件。

（2）绘制图 2-50 所示草图，其效果请参考本书配套素材 "UG" > "ch02" > "2-5-2.prt" 文件。

效果："SC" > "ch02" > "2-5-1.prt"
视频："SP" > "ch02" > "2-5-1.exe"

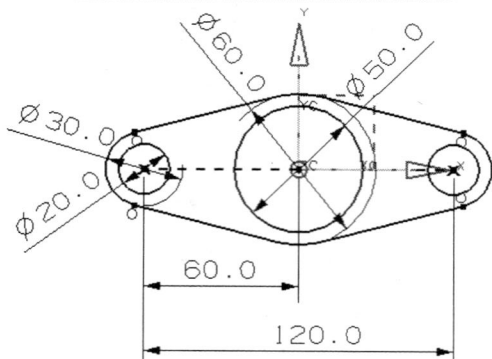

效果："SC" > "ch02" > "2-5-2.prt"
视频："SP" > "ch02" > "2-5-2.exe"

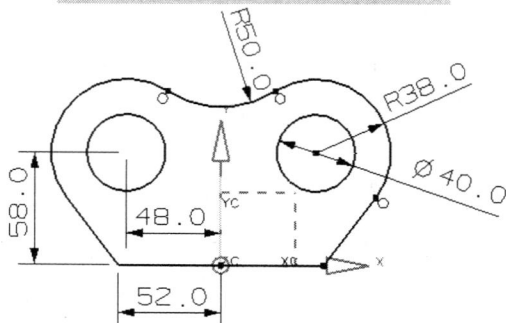

图 2-49　绘制草图（1）

图 2-50　绘制草图（2）

提示：

首先使用 "轮廓" 命令绘制草图一侧的两条直线和圆弧，然后以圆弧的圆心为圆心画圆，接着利用 "镜像曲线" 命令镜像该草图（镜像中心线为 Y 轴），如图 2-51 所示，最后利用 "圆弧" 命令绘制圆弧。

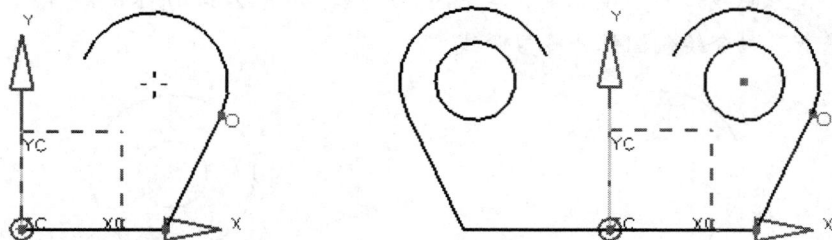

图 2-51　绘制草图并镜像

综合实训

（一）绘制推块固定板草图

绘制图 2-52 所示推块固定板草图，其效果请参考本书配套素材"UG"＞"ch02"＞"sx-1.prt"文件。

提示：

绘制好草图中心处的一个带圆角的槽口后，可使用"偏置曲线"命令创建另一个槽口，其偏置尺寸为 3，图中具有对称结构的圆使用"镜像曲线"命令镜像得到。

（二）绘制垫片轮廓草图

绘制图 2-53 所示垫片轮廓草图，其效果请参考本书配套素材"UG"＞"ch02"＞"sx-2.prt"文件。

效果："SC"＞"ch02"＞"sx-1.prt"
视频："SP"＞"ch02"＞"sx-1.exe"

效果："SC"＞"ch02"＞"sx-2.prt"
视频："SP"＞"ch02"＞"sx-2.exe"

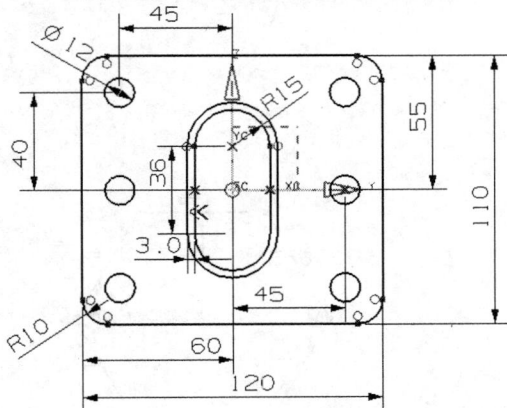

图 2-52　推块固定板草图

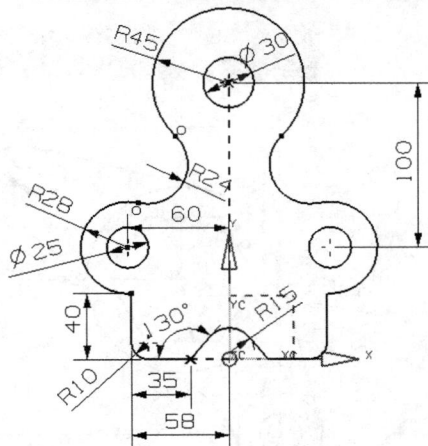

图 2-53　垫片轮廓草图

提示：

使用"轮廓"、"圆弧"、"圆"、"约束"和"快速修剪"等命令绘制草图外轮廓的一侧，然后利用"镜像曲线"命令镜像生成草图的另一侧，如图 2-54 所示，最后利用"圆弧"和"快速修剪"命令绘制圆弧并修剪曲线。

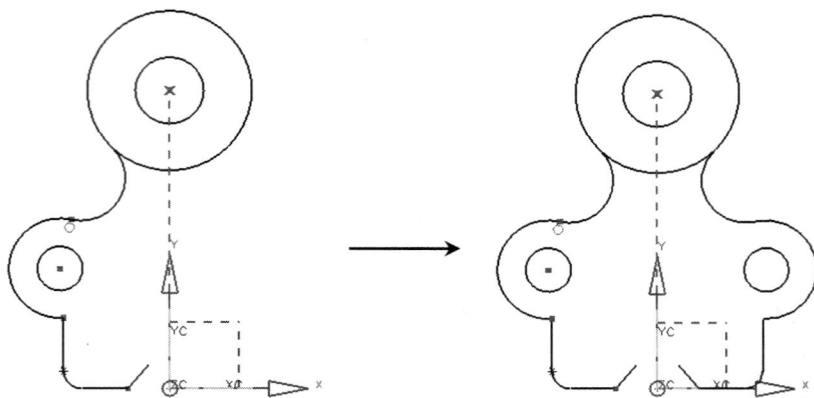

图 2-54　垫片轮廓草图的绘制过程

（三）绘制扳手轮廓草图

绘制图 2-55 所示扳手轮廓草图，其效果请参考本书配套素材"UG">"ch02">"sx-3.prt"文件。

提示：

使用"轮廓"和"约束"命令绘制一个等边六边形，然后使用"圆"命令绘制圆，并使用"约束"命令约束六边形与圆，使其每条边线与圆相切，接着选取圆并右击，从弹出的快捷菜单中选择"转换至/自参考对象"菜单项，如图 2-56 所示，最后使用"圆"、"直线"、"圆弧"等命令绘制其他曲线。

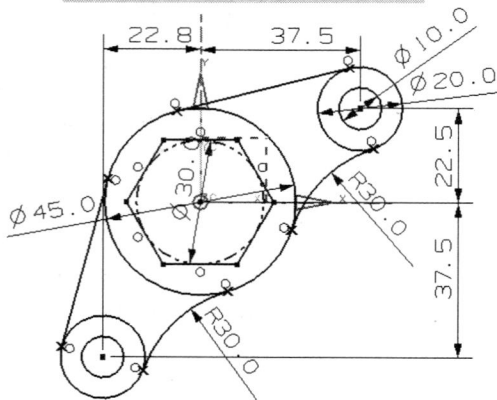

图 2-55　扳手轮廓草图

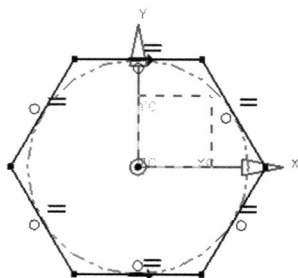

图 2-56　绘制正六边形

项目三　UG NX 实体建模

特征建模是设计零件模型最主要的方法。在 UG 中，可以先利用体素特征（长方体、圆柱体等）或扫描特征（拉伸、回转、扫掠等）创建零件模型的雏形，然后按照该零件的结构形状和设计意图在实体雏形上创建孔、凸台、螺纹、圆角、斜角等特征，从而使原本粗糙的模型变成符合实际需要的模型。

【学习目标】

◆　掌握建模需要的体素特征和扫描特征命令。
◆　掌握创建基准轴、基准坐标系和基准平面的方法。
◆　熟悉产品建模的一般思路，能够按照零件图创建其三维模型。

任务一　创建导套

一、任务目标

（1）了解产品建模的一般思路。
（2）掌握"长方体"、"圆柱"、"倒斜角"和"边倒圆"命令的操作方法。

二、任务设置

绘制图 3-1 所示导套零件图的三维模型。

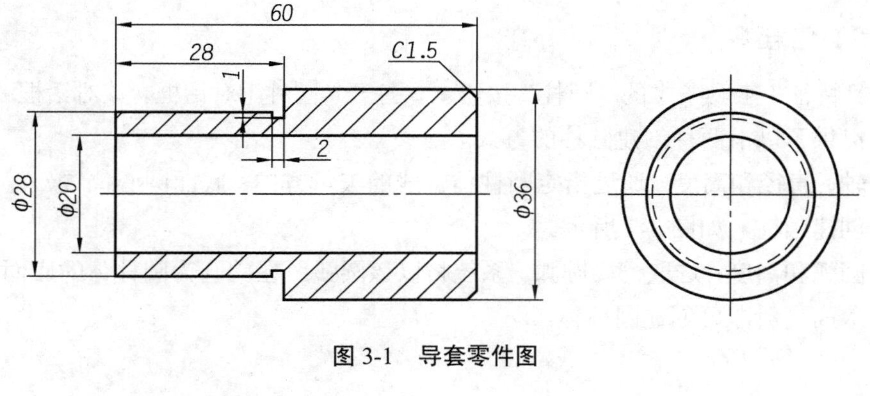

图 3-1　导套零件图

三、相关知识

（一）长方体

单击"特征"工具条中的"长方体"按钮![按钮]，可打开"长方体"对话框。在该对话框的"类型"列表框中选择一种创建方式，然后在工作区单击指定相应点，接着在"长方体"对话框中设置参数值并单击 ![确定] 按钮，即可创建长方体。图 3-2 所示为通过"原点和边长"方式创建长方体。

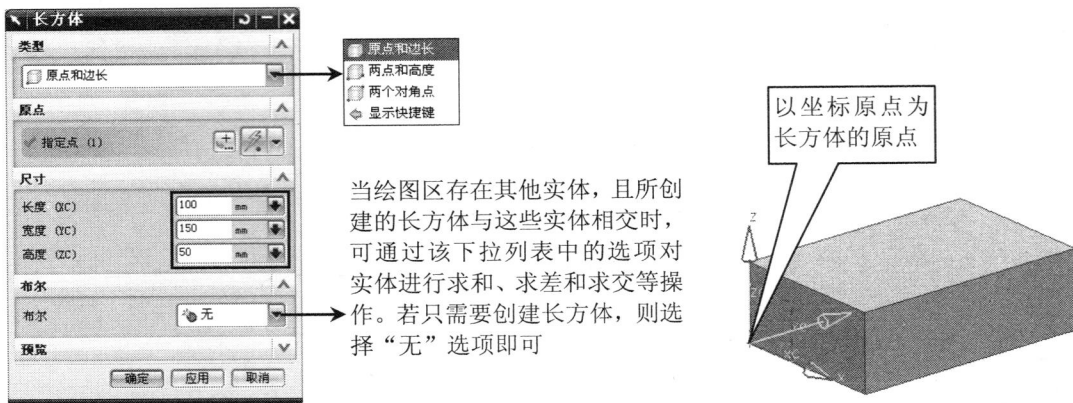

图 3-2 通过"原点和边长"方式创建长方体

图 3-2 所示"长方体"对话框的"类型"列表框中，各选项的功能如下。

> **原点和边长**：通过指定长方体的一个顶点和其长、宽、高方向上的尺寸值来创建长方体。值得注意的是，各边的长度是沿坐标轴的正向延伸的。

> **两点和高度**：通过指定长方体底面的两个对角点和长方体的高度值来创建长方体。

> **两个对角点**：通过指定长方体上不在同一平面上的两个对角点来创建长方体。值得注意的是，所指定的第二个点的高度不能为零。

（二）圆柱体

单击"特征"工具条中的"圆柱"按钮![按钮]，打开"圆柱"对话框。该对话框的"类型"列表框中提供了以下两种创建圆柱的方式。

> **轴、直径和高度**：通过指定圆柱体轴线的矢量方向、底面圆心位置、直径和高度创建圆柱，如图 3-3 所示。

> **圆弧和高度**：选取一段圆弧，系统将以该圆弧所在的圆为圆柱体的底面，然后输入高度值即可创建圆柱体。

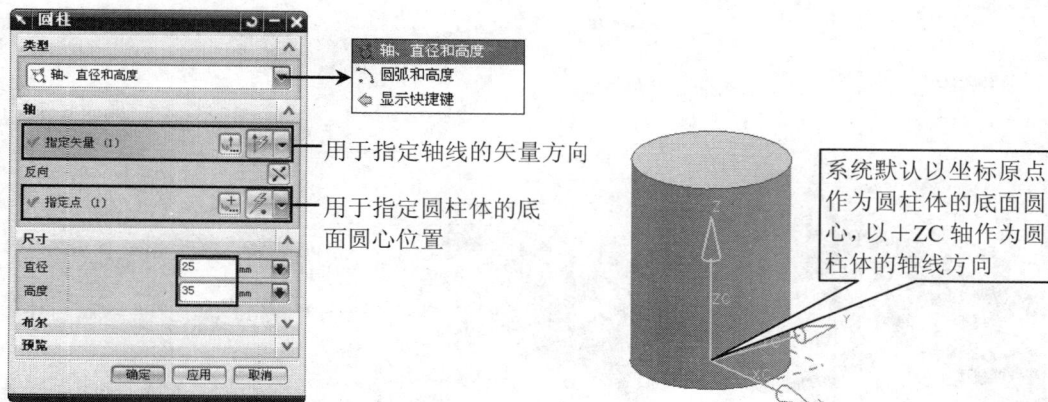

图 3-3 通过"轴、直径和高度"方式创建圆柱体

（三）边倒圆

使用"边倒圆"命令可将模型的棱边倒圆。根据建模需要，用户可使用该命令创建恒定半径的圆角和可变半径的圆角。

1. 恒定半径的圆角

单击"特征操作"工具条中的"边倒圆"按钮，打开"边倒圆"对话框，选取要倒圆角的棱边，然后在"Radius 1"文本框中输入半径值，最后单击 确定 按钮即可创建圆角，如图 3-4 所示。

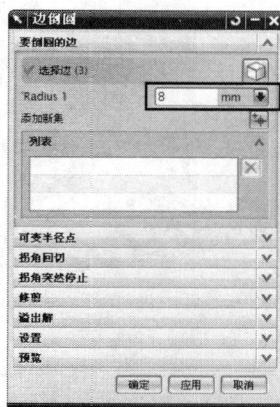

素材："SC"＞"ch03"＞"1-3-3.prt"

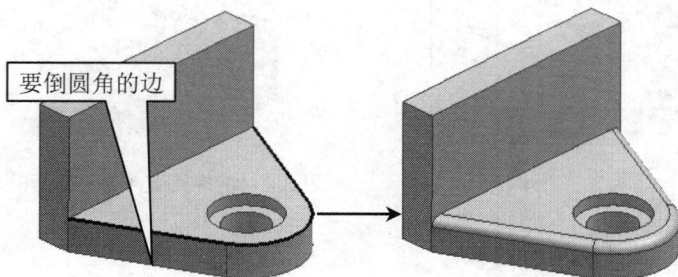

图 3-4 创建恒定半径的圆角

提示

使用"圆角"命令还可以一次性对多条棱边创建半径值不同的圆角。例如，要对图 3-5 所示的棱边 AB 和 CD 创建圆角，可在执行"边倒圆"命令后选择其中一条棱边，如选择棱边 AB，然后输入半径值 12，接着单击鼠标滚轮后选择棱边 CD，然后输入半径值 8，单击鼠标滚轮可依次创建其他圆角，最后单击 确定 按钮即可。

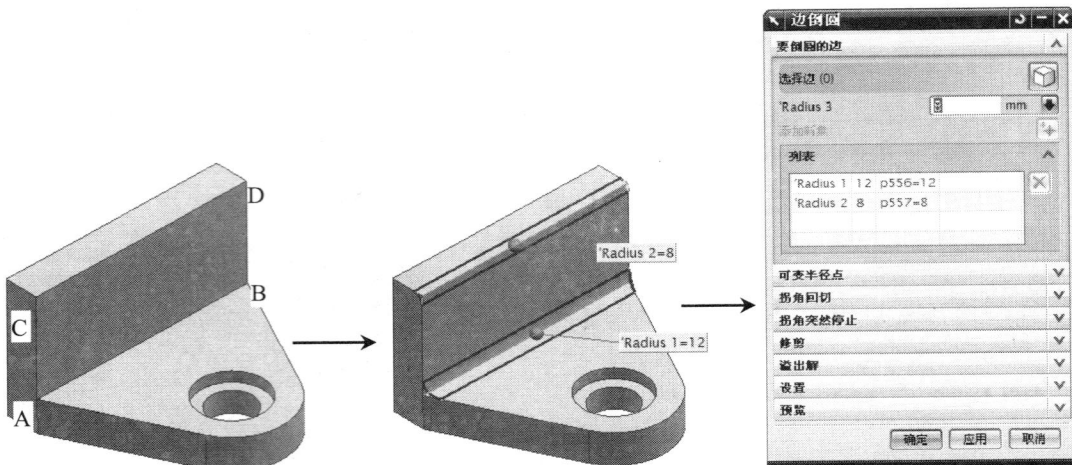

图 3-5　对多条棱边创建半径值不同的圆角

2．可变半径的圆角

单击"边倒圆"按钮🛢，选取要倒圆角的棱边，然后在"边倒圆"对话框中单击"可变半径点"标签栏中的"指定新的位置"选项，接着在要倒圆角的棱边上单击选取一点，在出现的浮动文本框中设置该点的半径值和位置；选择棱边上的第二点，指定该点的半径值和位置，如此重复操作，最后单击 确定 按钮即可，如图 3-6 所示。

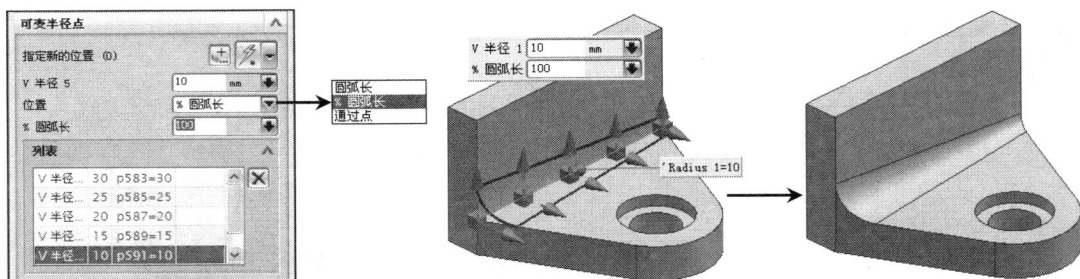

图 3-6　创建可变半径的圆角

（四）倒斜角

使用"倒斜角"命令可对实体的棱边进行倒斜角操作。单击"特征操作"工具条中的"倒斜角"按钮🛢，打开"倒斜角"对话框，选取要倒斜角的棱边，然后在"偏置"标签栏中选择偏置方式并输入距离值，最后单击 确定 按钮即可完成倒斜角操作，如图 3-7 所示。

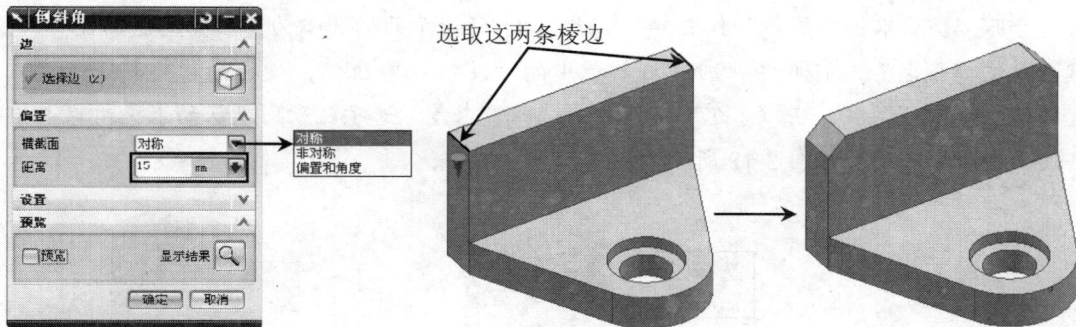

选取这两条棱边

图 3-7 倒斜角

四、任务实施

制作思路

由图 3-1 所示的零件图可知，该零件由三个直径不同的圆柱体构成。因此，可利用"圆柱"命令及其布尔求和、布尔求差等功能创建该模型，最后利用"倒斜角"命令创建斜角。

制作步骤

步骤 1▶ 新建一个模型文件，然后单击"特征"工具条中的"圆柱"按钮██，采用默认的轴线方向和底面圆心，创建直径为 36、高为 32 的圆柱体，如图 3-8 所示。

步骤 2▶ 单击"圆柱"按钮██，采用默认的 +ZC 轴为轴线方向，单击"轴"标签栏中的"点构造器"按钮██，捕捉图 3-9 所示圆柱顶面圆心并单击，然后单击 确定 按钮；在"圆柱"对话框中输入直径值 26、高度值 2，并在"布尔"标签栏中选择"求和"选项，单击 确定 按钮完成圆柱体的创建。

图 3-8 创建圆柱体（1）

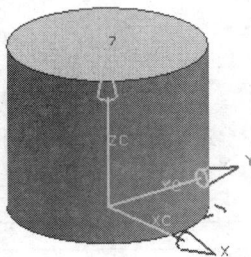

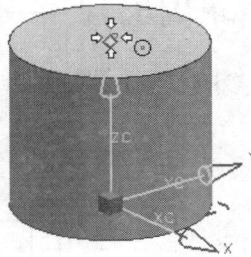

图 3-9 指定圆柱的圆心

步骤 3▶ 单击"圆柱"按钮██，以图 3-10 所示圆心为圆柱体的底面圆心，创建直径为 28、高为 26 的圆柱体，并使该圆柱体与其他实体合并，如图 3-11 所示。

步骤4▶ 单击"圆柱"按钮 ，以图 3-11 所示平面的圆心为圆柱体的底面圆心，然后单击"圆柱"对话框中"轴"标签栏中的"反向"按钮 ，使方向箭头朝下；输入直径值 20、高为 100；在"布尔"标签栏中选择"求差"选项，采用默认的求差对象并单击 确定 按钮，结果如图 3-12 所示。

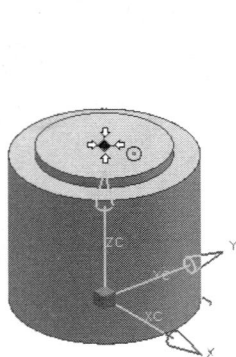

选择该平面的圆心

图 3-10 指定圆柱体的圆心　　图 3-11 创建圆柱体（2）　　图 3-12 创建圆柱体（3）

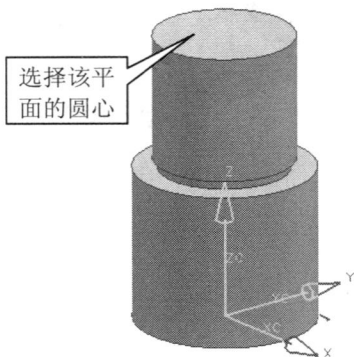

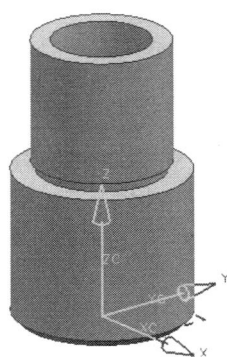

步骤5▶ 单击"特征操作"工具条中的"倒斜角"按钮 ，创建图 3-13 所示斜角。

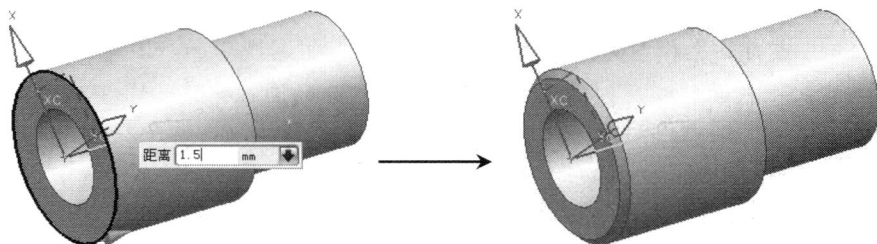

距离 1.5　mm

图 3-13 倒斜角

步骤6▶ 选择"文件"＞"另存为"菜单，将该文件保存。

五、巩固练习——创建打料杆

参照图 3-14 所示打料杆的零件图，利用本任务所学知识创建其三维模型。

效果："SC"＞"ch03"＞"1-5-1.prt"
视频："SP"＞"ch03"＞"1-5-1.exe"

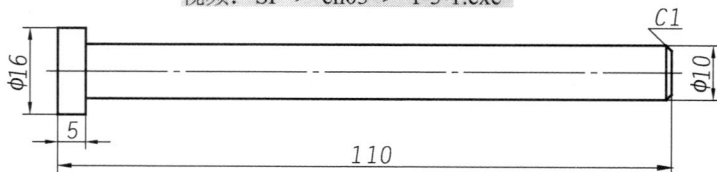

图 3-14 打料杆零件图

任务二 创建凸模固定板

一、任务目标

掌握"拉伸"、"回转"和"孔"命令的操作方法。

二、任务设置

参照图 3-15 所示凸模固定板零件示意图中的参数，绘制其三维模型。

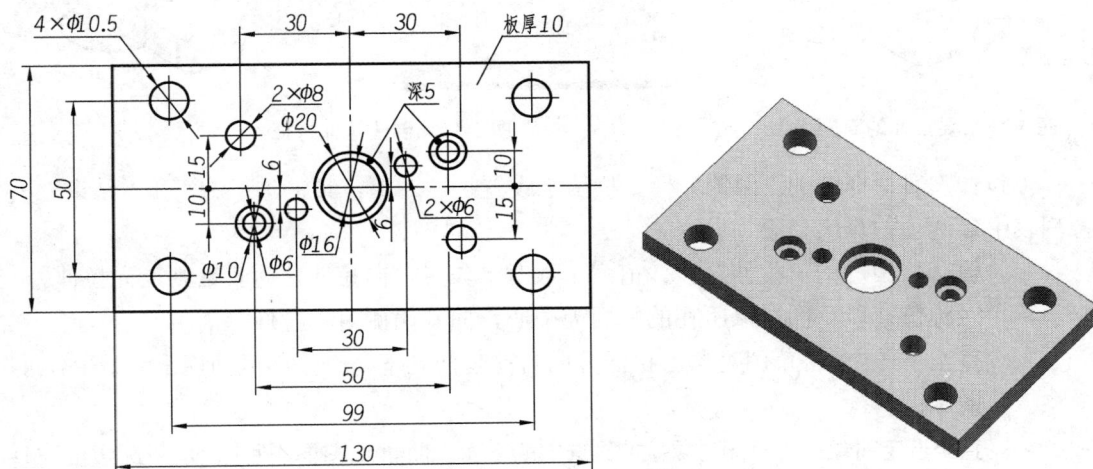

图 3-15 零件图示意图及三维模型

三、相关知识

（一）拉伸

拉伸特征是将某个截面曲线沿着指定的方向拉伸一定距离而生成的特征。需要注意的是，相交曲线不能作为截面曲线被拉伸。创建拉伸特征的操作步骤如下。

步骤 1▶ 打开本书配套素材文件 "SC" > "ch03" > "2-3-1-01.prt" 文件，如图 3-16 所示。单击"特征"工具条中的"拉伸"按钮，打开"拉伸"对话框。

步骤 2▶ 选取要拉伸的草图，此时系统默认以草图的法向为拉伸方向，在"限制"标签栏中设置拉伸值，最后单击 确定 按钮完成拉伸特征的创建，如图 3-17 所示。

提示

> 选择"插入" > "设计特征" > "拉伸"菜单，也可执行"拉伸"命令。UG 的大部分绘图命令和创建特征的命令都可以在"插入"菜单中找到。

单击此按钮,可进入草图
环境修改要拉伸的草图

素材:"SC">"ch03">"2-3-1-01.prt"

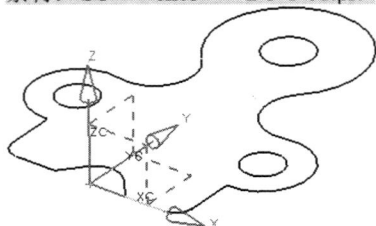

图 3-16　要拉伸的草图

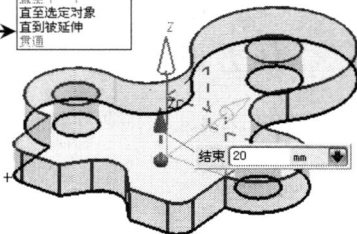

图 3-17　创建拉伸特征

"拉伸"对话框中的"限制"标签栏用于设置拉伸距离,其中"开始"和"结束"下拉列表中各选项的作用如下。

➢ **值**:按指定的值拉伸对象。值为正数时沿矢量方向拉伸,为负数则反向拉伸。

➢ **对称值**:以草图对象所在的平面为中心,向其两侧对称拉伸。

➢ **直至下一个**:将草图对象沿拉伸方向自动延伸到下一个平面或曲面上,如图 3-18a 所示。

➢ **直至选定对象**:将草图对象拉伸到选定的平面、曲面或基准平面上,但所选定的这些面必须能完整覆盖拉伸对象,否则将无法生成拉伸特征,如图 3-18b 所示。

➢ **直到被延伸**:将草图对象拉伸至选定的平面、曲面或基准平面上,如果所选定的这些面不能完整覆盖拉伸对象,也能生成拉伸特征,如图 3-18c 所示。

➢ **贯通**:使草图对象通过拉伸方向上的所有几何对象,如图 3-18d 所示。

素材:"SC">"ch03">"2-3-1-02.prt"

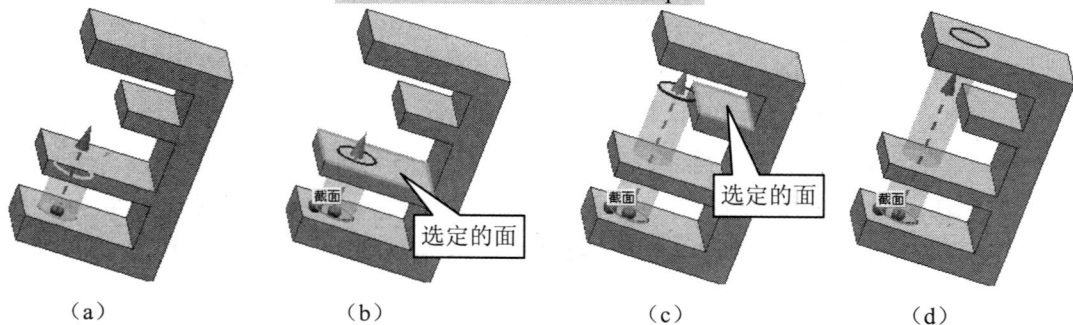

（a）　　　　　　　　（b）　　　　　　　　（c）　　　　　　　　（d）

图 3-18　"开始"和"结束"下拉列表中各选项的作用

此外,利用"拉伸"对话框中的"拔模"标签栏,可在创建拉伸特征的同时实现拔模操作，如图 3-19 所示。

图 3-19　创建拔模特征

（二）回转

回转特征是将草图截面绕一条中心线旋转一定角度而生成的特征。创建回转特征的操作步骤如下。

步骤 1▶　打开本书配套素材文件 "SC" > "ch03" > "2-3-2.prt"，如图 3-20 所示。单击 "特征" 工具条中的 "回转" 按钮 ，打开 "回转" 对话框。

步骤 2▶　单击选取要旋转的草图，然后单击 "轴" 标签栏中的 "指定矢量" 选项，在工作区选择旋转轴，如选择 Z 轴。

步骤 3▶　在 "限制" 标签栏中设置旋转的开始角度和结束角度，最后单击 确定 按钮，即可完成回转操作，如图 3-21 所示。

素材："SC" > "ch03" > "2-3-2.prt"

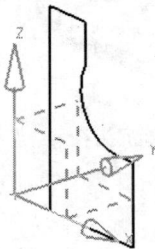

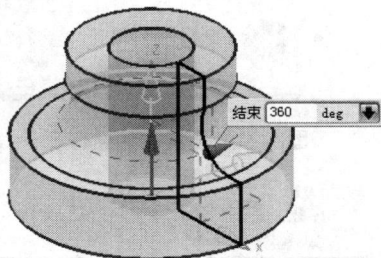

图 3-20　要旋转的草图

图 3-21　创建旋转特征

注意

　　"回转" 命令与 "拉伸" 命令对草图曲线的要求相同，都不允许草图曲线存在相交现象，且在回转操作时要求截面曲线始终处于旋转轴的同一侧。

（三）孔

"孔"命令用于为零件添加简单孔、螺纹孔、沉头孔、埋头孔和锥形孔等孔特征。具体操作步骤如下。

步骤 1▶ 打开本书配套素材文件 "SC" > "ch03" > "2-3-3.prt"，如图 3-22 所示。单击"特征操作"工具条中的"孔"按钮 📖，打开"孔"对话框。

步骤 2▶ 在"类型"下拉列表中选择孔的类型，如"常规孔"；在"成形"下拉列表中选择孔的成形类型，如"沉头孔"；在"孔方向"下拉列表中指定孔的生成方向，即孔的中心轴线，一般采用默认设置；在"尺寸"设置区中设置孔的尺寸值，如图 3-22 所示。

步骤 3▶ 捕捉模型上的某一点并单击，以指定孔的位置，单击 应用 或 确定 按钮即可创建沉头孔，如图 3-23 所示。

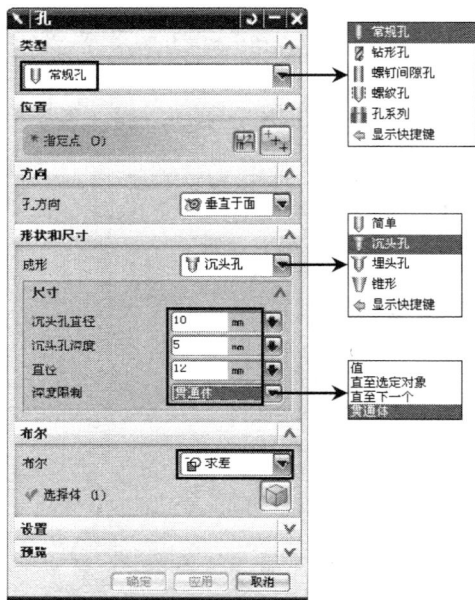

图 3-22 设置孔的类型及参数

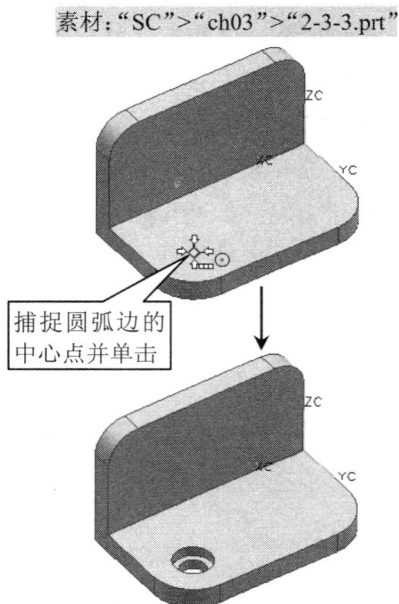

图 3-23 创建沉头孔

提示

图 3-23 所示是在模型圆角的中心处创建孔特征。若要在模型的某一非特殊位置创建孔特征，可在设置好孔的类型和尺寸等参数后，在要放置孔的平面上单击，此时系统自动进入草图环境并绘制一点，接着通过添加几何约束或尺寸约束来指定该点具体位置，最后退出草图绘制环境，即可在指定点处创建孔特征。

四、任务实施

制作思路

由图 3-15 所示的零件示意图可知,该零件是由厚度为 10 mm 的长方体及多个孔组成。因此,可先利用"拉伸"命令创建长方体及四个直径为 10.5 mm 的孔,然后再利用"孔"命令依次创建三个沉头孔,最后利用"孔"或"拉伸"命令创建其余孔。

制作步骤

步骤 1▶　新建一个模型文件,在 X-Y 平面上绘制图 3-24 所示的草图,然后单击"特征"工具条中的"拉伸"按钮 ,创建高度为 10 的长方体,如图 3-25 所示。

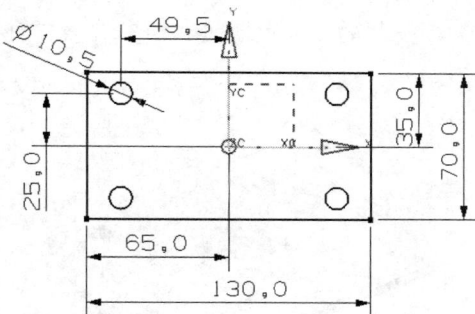

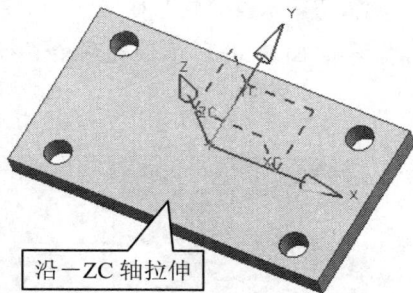

图 3-24　绘制草图　　　　　图 3-25　创建拉伸特征

步骤 2▶　单击"特征操作"工具条中的"孔"按钮 ,打开"孔"对话框,在"类型"标签栏中选择"常规孔"选项,"形状和尺寸"标签栏中的设置如图 3-26 所示,其他采用默认设置,捕捉坐标系的原点并单击,最后单击 应用 按钮,创建图 3-27 所示的沉头孔。

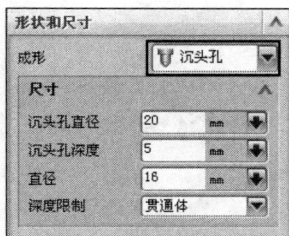

图 3-26　设置孔的类型及参数　　　　图 3-27　创建沉头孔特征

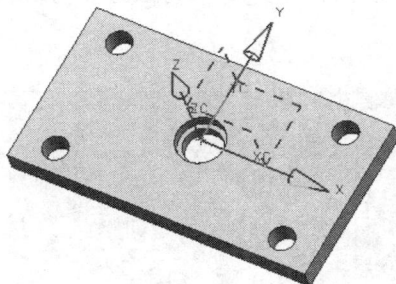

步骤 3▶　将"沉头孔直径"设置为 10,"直径"设置为 6,其他采用默认设置,在模型的上表面单击,进入草图绘制环境并打开"点"对话框;在合适位置单击,以指定点的位置,接着单击"点"对话框中的 应用 按钮;再次在模型的合适位置单击,指定另一点的位置并单击 应用 按钮;最后为这两个点添加尺寸以确定其位置,如图 3-28 所示。

步骤 4▶ 退出草图环境，然后单击"孔"对话框中的 应用 按钮，完成沉头孔特征的创建，结果如图 3-29 所示。

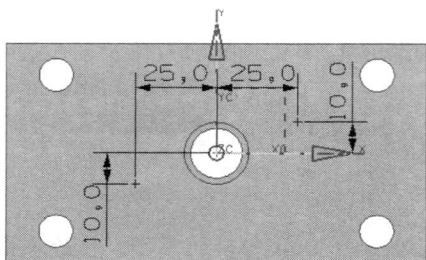

图 3-28　绘制点

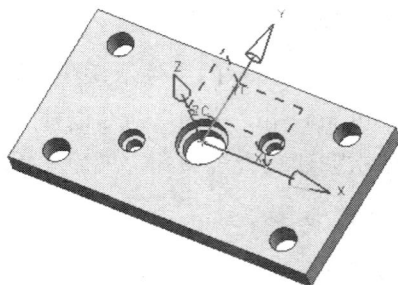

图 3-29　创建沉头孔特征

步骤 5▶ 在"孔"对话框的"形状和尺寸"标签栏的"成形"列表框中选择"简单"选项，参照图 3-30 所示创建两个直径为 6 的通孔。

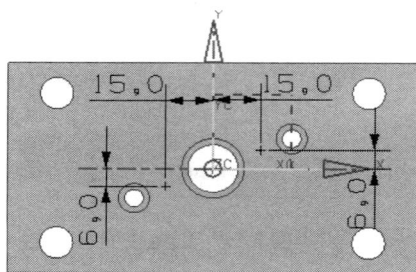

图 3-30　创建孔特征

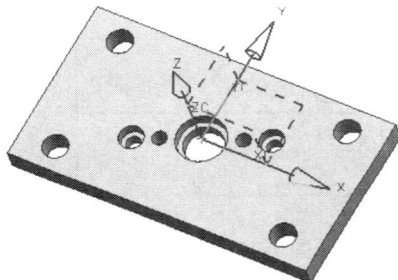

步骤 6▶ 在模型的上表面绘制图 3-31 所示的两个圆，然后单击"拉伸"按钮，参照图 3-32 所示创建两个直径为 8 的通孔。

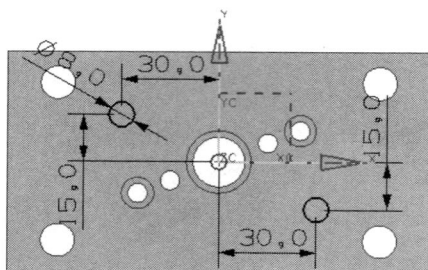

图 3-31　绘制草图

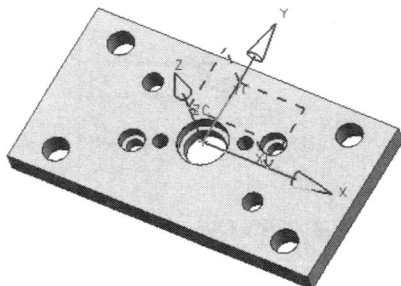

图 3-32　创建拉伸特征

步骤 7▶ 至此，该凸模固定板已经创建完毕，选择"文件" > "另存为"菜单，将该文件保存。

五、知识拓展——螺纹特征

单击"特征操作"工具条中的"螺纹"按钮 ，利用打开的"螺纹"对话框可在指定的圆柱或圆锥面上创建符号螺纹或详细螺纹。

1．创建符号螺纹

单击"螺纹"按钮 ，打开"螺纹"对话框，采用默认选中的"符号"单选钮 符号，然后根据命令行提示选择圆柱面。此时，系统会自动生成螺纹的各项参数，用户可根据需要修改部分参数，最后单击 确定 按钮即可，如图 3-33 所示。

2．创建详细螺纹

单击"螺纹"按钮 ，选中"螺纹"对话框中的"详细"单选钮 详细，然后选择圆柱面，接着在"螺纹"对话框中输入螺纹的参数并单击 确定 按钮即可，如图 3-34 所示。

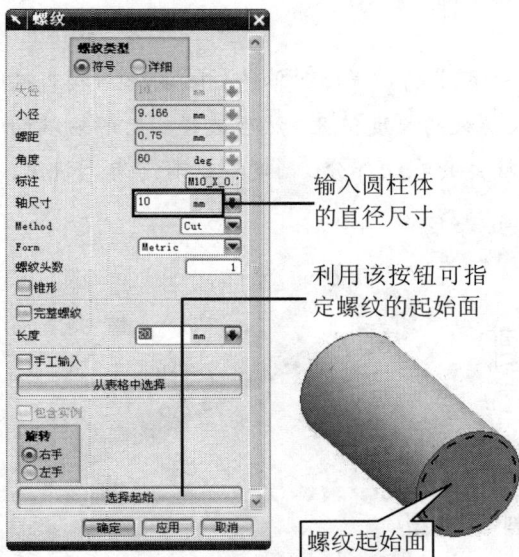

图 3-33 创建符号螺纹   图 3-34 创建详细螺纹

提示

符号螺纹不显示螺纹实体，仅用虚线表示螺纹，但在工程图中可自动生成制图标准规定的螺纹符号。详细螺纹是把螺纹的细节特征都显示出来，其实体效果比较强，但创建过程消耗内存且速度慢。因此，通常情况下用符号螺纹表达螺纹。

六、巩固练习——创建垫板和卸料螺钉

（1）利用"拉伸"和"孔"命令创建图 3-35 所示垫板模型。

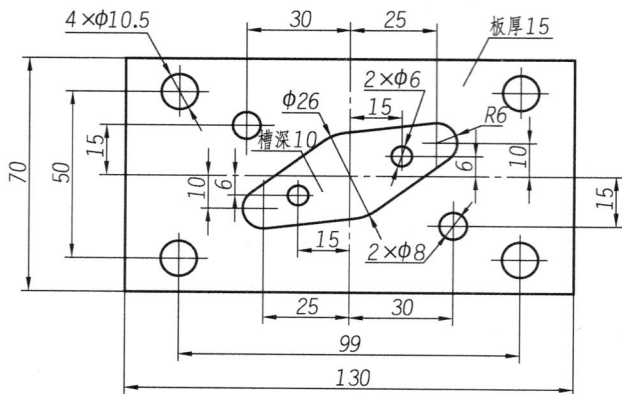

效果："SC" > "ch03" > "2-6-1.prt"
视频："SP" > "ch03" > "2-6-1.exe"

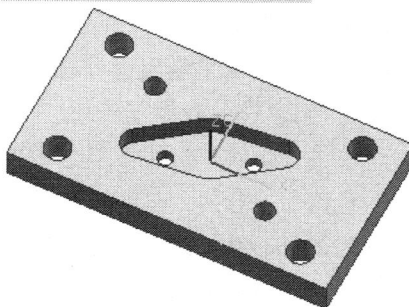

图 3-35　创建垫板模型

（2）利用本任务所学知识创建图 3-36 所示卸料螺钉模型。

提示：

单击"螺纹"按钮▥，然后选中"螺纹"对话框中的"详细"单选钮◉详细，接着选择螺纹的附着圆柱面，在"螺纹"对话框中输入螺纹的长度值 8，然后选择螺钉的右端面为螺纹的起始面，其他采用默认设置，即可创建螺钉的螺纹部分。创建螺纹前需先倒斜角。

效果："SC" > "ch03" > "2-6-2.prt"
视频："SP" > "ch03" > "2-6-2.exe"

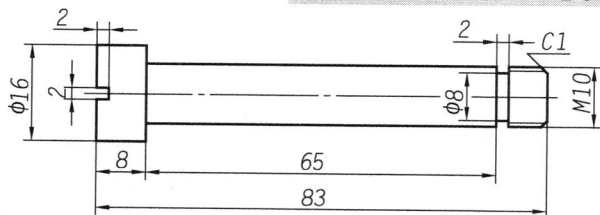

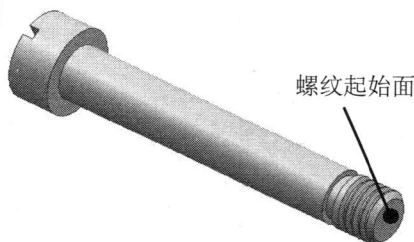

螺纹起始面

图 3-36　创建卸料螺钉模型

任务三　创建塑料口杯

一、任务目标

（1）掌握创建基准轴、基准平面和基准坐标系的方法。
（2）掌握"扫掠"、"拔模"和"抽壳"命令的操作方法。

二、任务设置

参照塑料口杯的示意图，利用本任务所学知识创建图 3-37 所示塑料口杯模型。

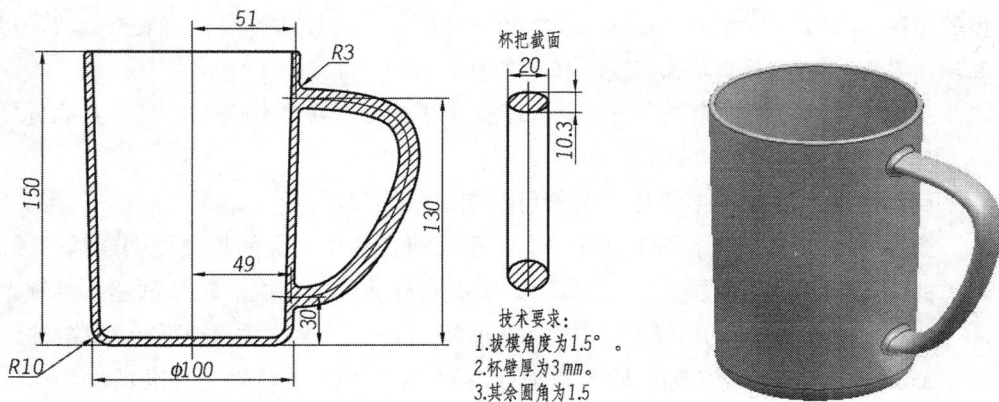

图 3-37 塑料口杯示意图及三维模型

三、相关知识

（一）基准特征

在创建模型时，经常需要用到一些参考平面或参考轴，以辅助建模。常用的基准特征有基准轴、基准平面和基准坐标系。

1．基准轴

基准轴主要用作创建其他特征的参考方向或辅助轴线。例如，要在图 3-38 所示长方体的上表面中心处创建基准轴，其创建方法如下。

步骤 1▶ 单击"特征操作"工具条"基准平面"右侧的三角按钮，从弹出的下拉列表中选择"基准轴"选项，打开"基准轴"对话框。

步骤 2▶ 在"类型"列表框中选择"点和方向"选项，然后单击"通过点"标签栏中的"点构造器"按钮 ⬚，然后在打开的对话框中选择"两点之间"选项，依次单击图3-38 所示长方体的两个对角点。

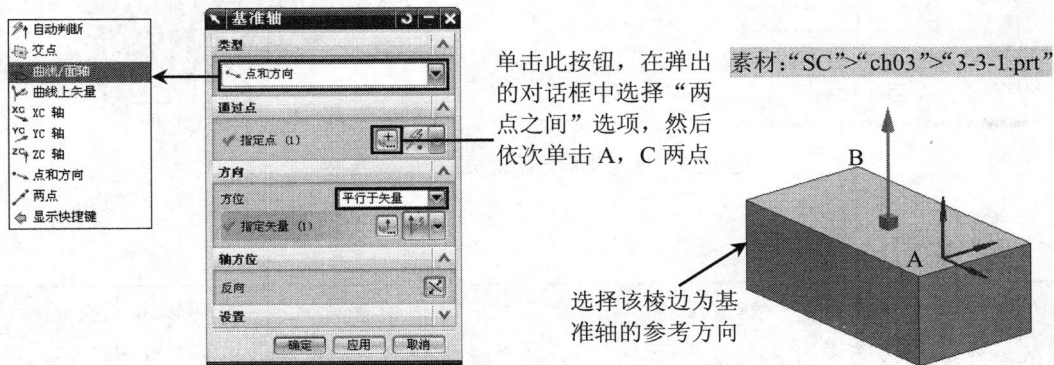

单击此按钮，在弹出的对话框中选择"两点之间"选项，然后依次单击 A，C 两点

素材："SC">"ch03">"3-3-1.prt"

选择该棱边为基准轴的参考方向

图 3-38 在矩形的中心处创建基准轴

步骤 3▶ 单击 确定 按钮返回"基准轴"对话框，然后选取模型的某条棱边，以指定基准轴的参照方向，最后单击 确定 按钮即可。

"基准轴"对话框的"类型"下拉列表中提供了创建基准轴的各种方式，其具体作用如下。

➢ **自动判断**：系统根据选择的对象自动创建基准轴。

➢ **交点**：依次选择两个不平行的平面，系统将在两个平面的相交处创建基准轴。

➢ **曲线/面轴**：沿直线、实体的棱边、所选圆柱面或圆锥面的轴线创建基准轴。

➢ **曲线上矢量**：创建与曲线上某点相切、垂直，或与另一对象垂直或平行的基准轴。

➢ **XC 轴、YC 轴、ZC 轴**：以工作坐标系的 XC，YC，ZC 轴为基准轴。

➢ **点和方向**：选择一个点，然后指定一个矢量，系统自动生成通过点且平行或垂直于矢量方向的基准轴。

➢ **两点**：指定两点，系统将以两点的连线作为基准轴。

2．基准平面

基准平面可以作为创建其他特征的辅助平面，也可以作为草图的绘制平面。例如，要创建与某一平面成 60°的基准平面，具体操作方法如下。

单击"特征操作"工具条中的"基准平面"按钮，打开"基准平面"对话框，在"类型"下拉列表中选择"成一角度"选项，然后在工作区选取图 3-39 所示的参考平面及参考轴，接着在"基准平面"对话框中输入角度值 60，最后单击 确定 按钮即可。

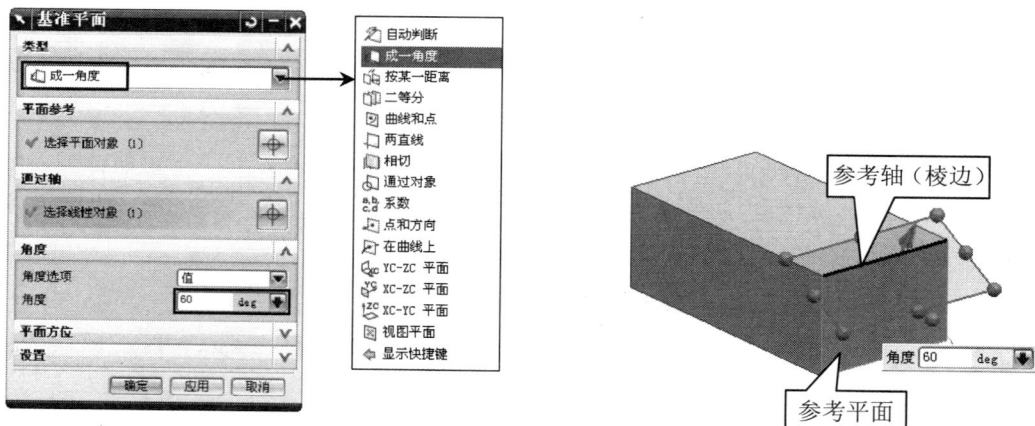

图 3-39　创建与指定平面成 60°的基准平面

提示

利用"基准平面"对话框的"类型"下拉列表中的相关选项，既可以将模型的棱边或平面作为参考对象创建平面，也可以基于曲线创建基准平面，如图 3-40 和图 3-41 所示。

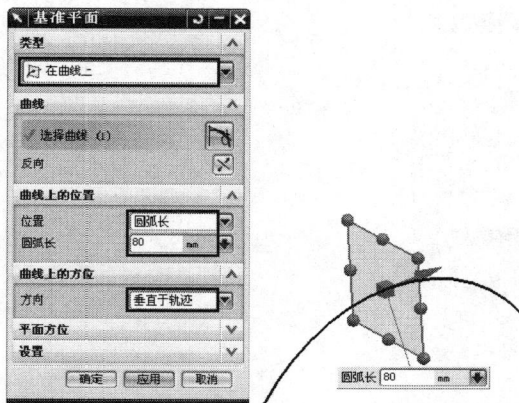

图 3-40 创建垂直于曲线上某点的基准平面

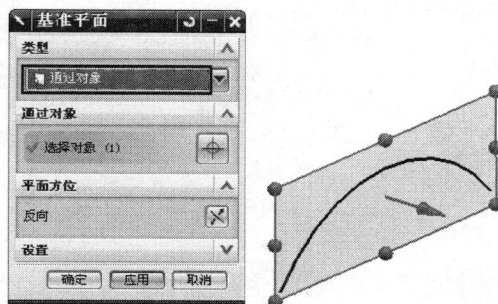

图 3-41 创建通过曲线的基准平面

3．基准坐标系

基准坐标系是用户根据实际建模需要创建的坐标系，主要用于辅助定位，在复杂零件的设计中非常有用。基准坐标系不是唯一的，用户可以任意创建、调整和删除。

单击"特征操作"工具条中的"基准 CSYS"按钮，打开"基准 CSYS"对话框，其创建方法与创建基准轴和基准平面类似，此处不再赘述。

（二）扫掠

使用"扫掠"命令可将一个或多个截面曲线沿指定的引导线方向延伸，以生成实体或片体，具体操作步骤如下。

步骤 1▶ 打开本书配套素材文件"SC" > "ch03" > "3-3-2.prt"，如图 3-42 所示。单击"特征"工具条中的"扫掠"按钮，打开"扫掠"对话框。

步骤 2▶ 选择草图中的圆 1，然后单击"截面"标签栏中的"添加新集"按钮或单击鼠标中键，接着选择圆 2，以指定两条扫掠截面；单击"引导线"标签栏中的"选择曲线"选择，选择图 3-42 所示的引导线。此时，"扫掠"对话框如图 3-43 所示。

步骤 3▶ 若所创建的模型不是光滑过渡，则可双击草图中的方向箭头以调整模型，最后单击"扫掠"对话框中的 确定 按钮，完成扫掠特征的创建，结果如图 3-44 所示。

提示

执行"扫掠"命令后，既可以选择一条截面曲线和一条引导线创建特征，也可以选择多条截面曲线和多条引导线。

（三）拔模

为了让塑件和铸件能够顺利从模具中脱落，往往需要在模型上设计出一些斜面。在 UG 中，这些斜面可使用"拔模"命令来处理，其具体操作方法如下。

素材："SC">"ch03">"3-3-2.prt"

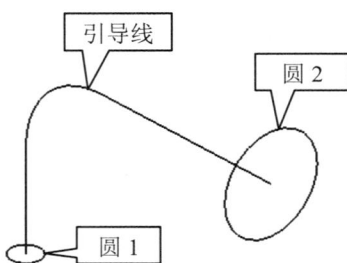

图 3-42 草图曲线   图 3-43 "扫掠"对话框   图 3-44 创建扫掠特征

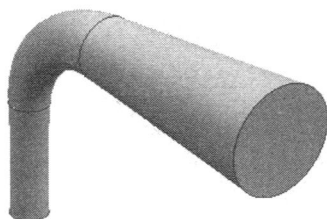

步骤 1▶   打开本书配套素材文件"SC" > "ch03" > "3-3-1.prt",然后单击"特征操作"工具条中的"拔模"按钮 🔲,打开"拔模"对话框,采用默认选中的"从平面"选项,如图 3-45 所示。

步骤 2▶   选取 ^{ZC}轴为拔模方向,依次选取图 3-46 所示平面 1 作为固定面(即拔模时固定不变的面),选取平面 2 作为要拔模的面,然后输入拔模角度值 10,最后单击 确定 按钮完成拔模操作。

单击此按钮,可调整拔模方向

素材:"SC">"ch03">"3-3-1.prt"

平面 1

拔模效果

平面 2

图 3-45 "拔模"对话框   图 3-46 创建拔模特征

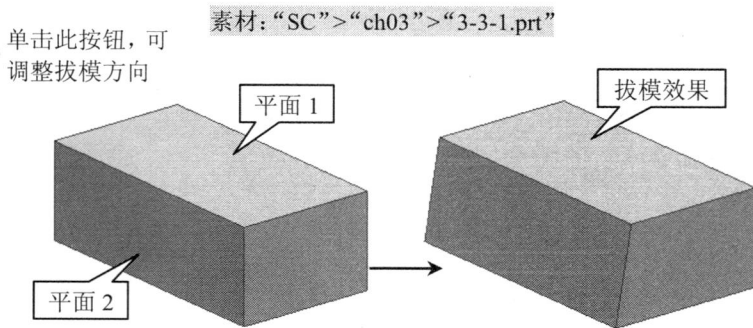

（四）抽壳

使用"抽壳"命令可以将实体的内部挖空，使其形成一定厚度的薄壁体。单击"特征操作"工具条中的"抽壳"按钮，打开"壳"对话框，在"类型"列表框中选择"移除面，然后抽壳"选项，然后选取抽壳时要移除的面，设置壳体的厚度后单击 确定 按钮即可，如图 3-47 所示。

素材："SC">"ch03">"3-3-4.prt"

要移除的平面

图 3-47　创建抽壳特征

提示

在"类型"标签栏的下拉列表中选择"对所有面抽壳"选项，则可对所选实体的内部进行抽壳，但不移除实体的面。

利用"抽壳"对话框中的"备选厚度"标签栏，可对实体的不同面设置不同的厚度值，从而生成厚度不同的壳体。

四、任务实施

制作思路

先使用"圆柱体"、"边倒圆"、"抽壳"命令创建口杯的杯身，然后利用"扫掠"命令创建口杯杯把，即可得到最终模型。

制作步骤

步骤 1▶ 新建一个模型文件，利用"圆柱"按钮创建以坐标原点为底面圆心，以+ZC 轴为轴，直径为 100、高为 150 的圆柱体，如图 3-48 所示。

步骤 2▶ 单击"拔模"按钮，以圆柱体的底面为拔模固定平面，以回转面为要拔模的面，输入拔模角度 1.5，以默认的 + ZC 轴为脱模方向，单击"脱模方向"标签栏中的"反向"按钮，最后单击 确定 按钮完成拔模特征的创建，如图 3-49 所示。

图 3-48　创建圆柱体

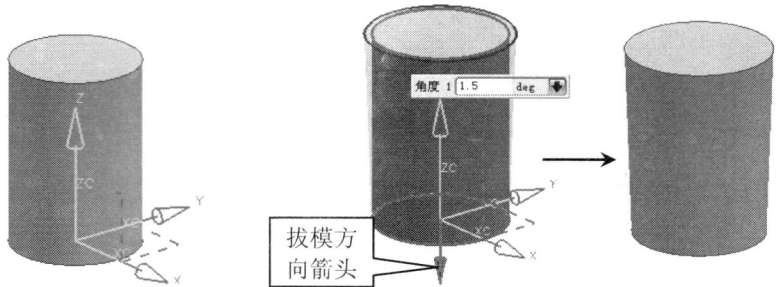

图 3-49　创建拔模特征

步骤 3▶ 利用"边倒圆"按钮🔘对圆柱体的底边进行圆角处理，其圆角半径为 10，如图 3-50 所示。

步骤 4▶ 单击"抽壳"按钮🔘，在打开的"抽壳"对话框中选择"移除面，然后抽壳"选项，然后选取圆柱体的顶面作为要移除的面，创建厚度为 4 的壳体，如图 3-51 所示。

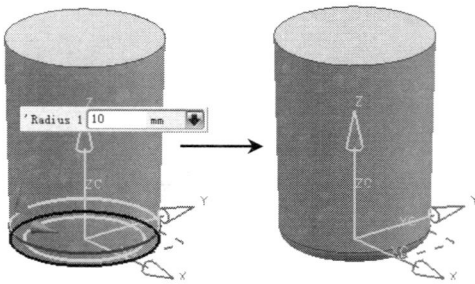

图 3-50　创建圆角特征

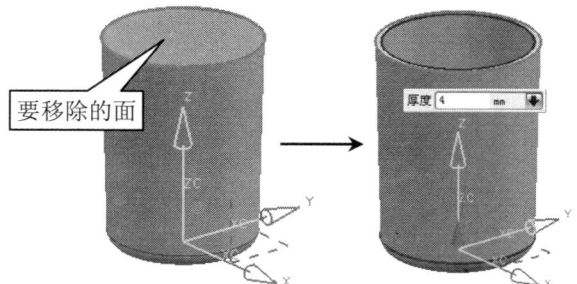

图 3-51　创建抽壳特征

步骤 5▶ 利用"边倒圆"按钮🔘对圆柱体顶面的两条棱边进行圆角处理，其圆角半径值均为 2，如图 3-52 所示。

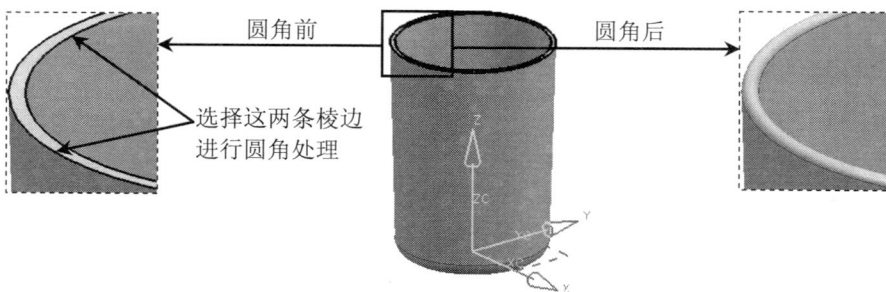

图 3-52　创建圆角特征

步骤 6▶ 将视图以"静态线框"模式显示，然后单击"草图"按钮，以 Z-X 平面作为草图平面进入草图环境，再单击"艺术样条"按钮，于打开的"艺术样条"对话框中单击"根据极点"按钮，绘制图 3-53 所示的草图并标注尺寸，最后利用曲线上的极点调整曲线的形状，绘制完成后退出草图绘制环境。

步骤 7▶ 单击"基准平面"按钮 ☐，在打开的对话框中选择"自动判断"类型，然后在上步所创建曲线的端点处单击以创建基准平面，如图 3-54 所示。

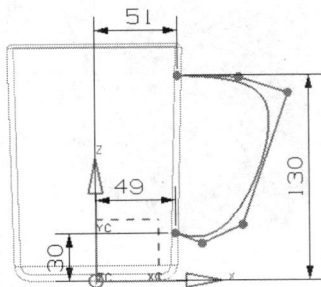

图 3-53　绘制曲线

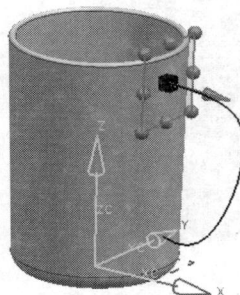

图 3-54　创建基准平面

步骤 8▶ 单击"草图"按钮 🖼，以上步所创建的基准平面作为草图平面，进入草图环境后选择"插入">"曲线">"椭圆"菜单，在"椭圆"对话框中输入椭圆的参数，然后在曲线的端点处绘制图 3-55 所示的椭圆，最后退出草图环境。

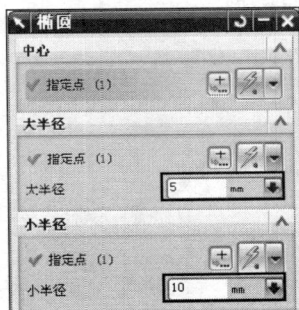

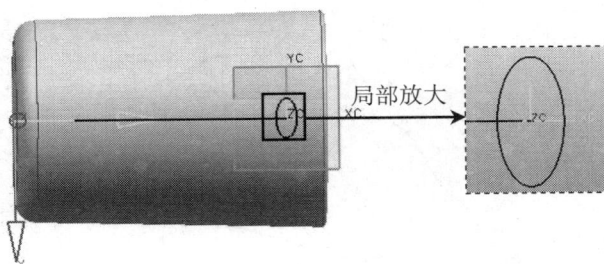

图 3-55　绘制椭圆

步骤 9▶ 单击"扫掠"按钮 🗒，选择椭圆为扫掠截面，选择艺术曲线为引导线，创建图 3-56 所示的扫掠特征。

注意

　　若扫掠形成的杯把超出杯身的内壁，或杯把与杯身的外表面未完全接触，可双击图 3-53 所示的草图曲线，调整其形状，直到杯把与杯身完全接触但未超出杯身内壁即可。

步骤 10▶ 单击"特征操作"工具条中的"求和"按钮 🔴，然后选择杯身和杯把，将其合并为一个整体。

步骤 11▶ 利用 "边倒圆" 按钮 对杯把和杯身连接处的两条棱边进行圆角处理,其圆角半径为 3,如图 3-57 所示。

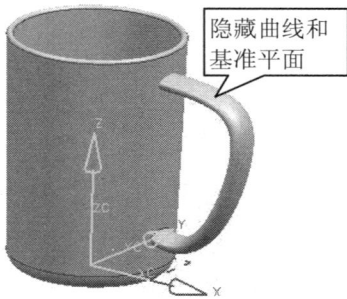

图 3-56　创建扫掠特征

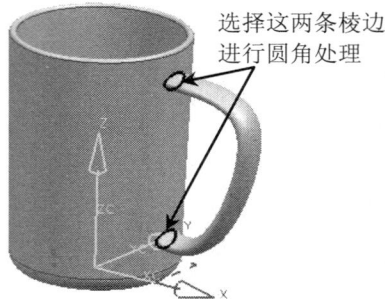

图 3-57　创建圆角特征

步骤 12▶ 至此,塑料口杯模型已经创建完毕,选择 "文件" > "另存为" 菜单,将该文件保存。

五、巩固练习——创建衣架和铸造支撑架

(1) 利用 "扫掠" 和 "求和" 命令创建图 3-58 所示的衣架模型。

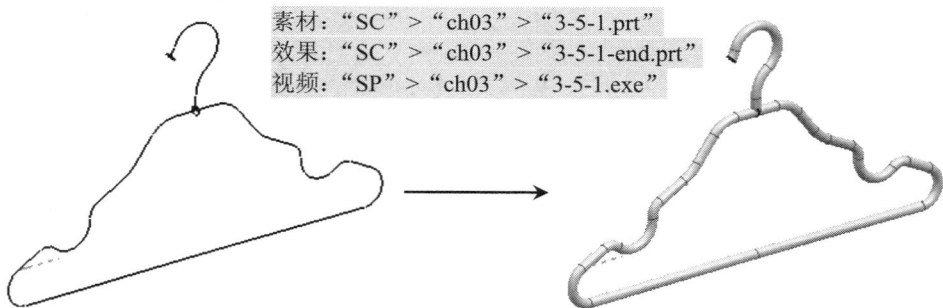

素材:"SC" > "ch03" > "3-5-1.prt"
效果:"SC" > "ch03" > "3-5-1-end.prt"
视频:"SP" > "ch03" > "3-5-1.exe"

图 3-58　创建衣架模型

提示:

先利用 "扫掠" 命令创建衣架的主体和挂钩部分,然后利用 "求和" 命令将主体部分和挂钩部分合并,使其成为一个整体。

(2) 参照图 3-59 所示铸造支撑架的零件图,利用本任务所学知识创建其三维模型。

提示:

先利用 "拉伸" 命令创建支撑板部分,然后再使用 "扫掠" 命令创建支撑把,接着使用 "求和" 命令将这两部分合并,最后使用 "回转" 命令和 "孔" 命令创建其余部分。

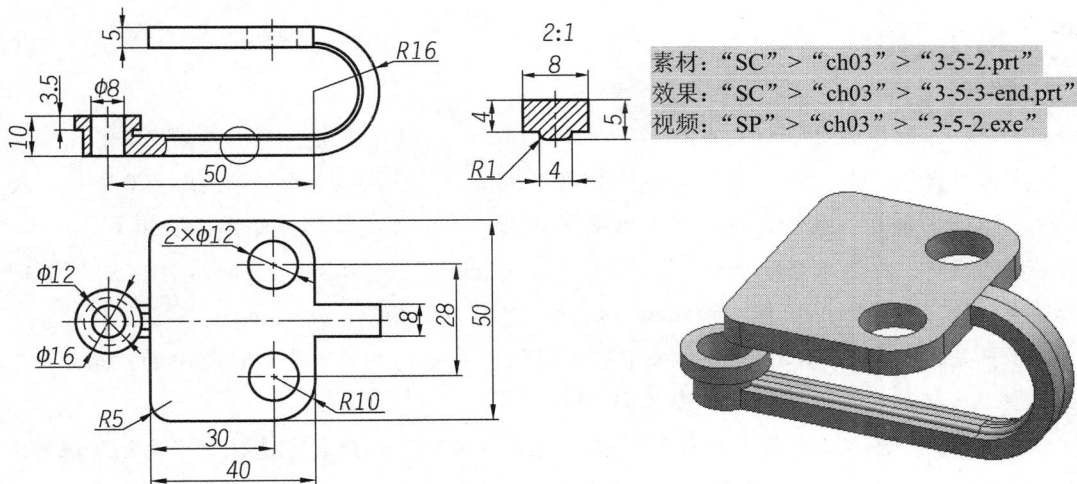

图 3-59 创建铸造支撑架模型

素材："SC" > "ch03" > "3-5-2.prt"
效果："SC" > "ch03" > "3-5-3-end.prt"
视频："SP" > "ch03" > "3-5-2.exe"

任务四　创建旋钮

一、任务目标

（1）掌握"三角形加强筋"、"镜像"和"实例特征"命令的操作方法。

（2）掌握编辑特征参数、特征重排序、抑制等特征编辑方法。

二、任务设置

参照图 3-60 所示旋钮的零件示意图，创建其三维模型。

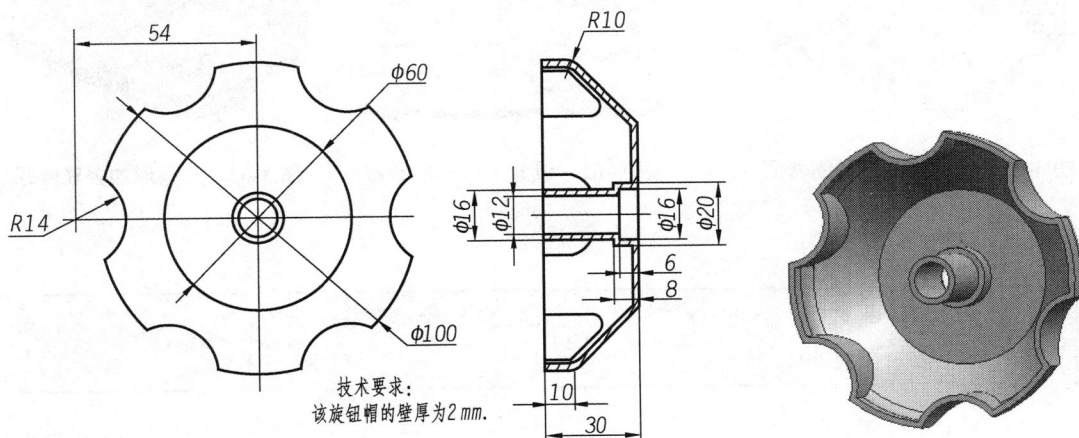

技术要求：
该旋钮帽的壁厚为2 mm.

图 3-60 旋钮零件示意图及三维模型

三、相关知识

（一）三角形加强筋

在设计塑料产品时，经常需要利用加强筋提高产品的结构强度。在 UG 7.0 中，可使用"三角形加强筋"命令在两组平面或曲面间创建该特征，其具体操作方法如下。

步骤 1▶ 打开本书配套素材文件"SC" > "ch03" > "4-3-1.prt"，然后单击"特征"工具条中的"三角形加强筋"按钮 🔘，打开"三角形加强筋"对话框。

步骤 2▶ 单击选取三角形加强筋的第一组附着面，然后单击对话框中的"第二组"按钮 🔲，选取第二组附着面，如图 3-61 所示。

步骤 3▶ 在"三角形加强筋"对话框的"方法"下拉列表中选择"沿曲线"选项，选中"%圆弧长"单选钮 ⊙%圆弧长，在其后的文本框中输入位置值，如 50；在该对话框中设置三角形加强筋的角度、深度、半径值，如图 3-62 所示。

步骤 4▶ 单击 确定 按钮，完成三角形加强筋的创建，结果如图 3-63 所示。

素材："SC" > "ch03" > "4-3-1.prt"

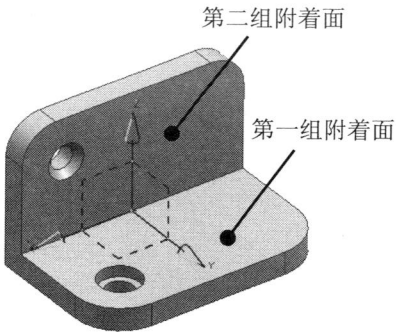

图 3-61　选择加强筋的附着面　　　图 3-62　设置加强筋的参数　　　图 3-63　三角形加强筋效果

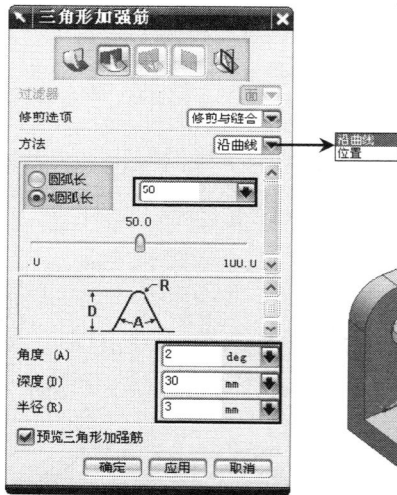

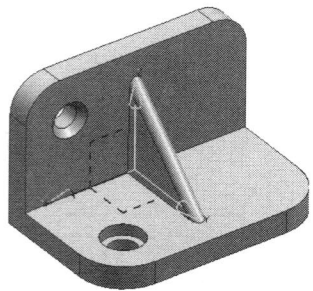

提示

> 若在图 3-62 所示对话框的"方法"列表框中选择"位置"选项，可通过指定 XC，YC 和 ZC 值来指定加强筋的位置。

（二）镜像特征

使用"镜像特征"命令可在镜像平面的另一侧创建特征的对称特征。单击"特征操作"

工具条中的"镜像特征"按钮，打开"镜像特征"对话框，在工作区中要镜像的特征上单击，或按住【Ctrl】键在对话框的"相关特征"标签栏中选择要镜像的特征，然后单击对话框中的"选择平面"选项，在工作区选取镜像平面，最后单击 确定 按钮即可创建镜像特征，如图 3-64 所示。

两个沉头孔为镜像对象，镜像平面为 Y-Z 平面

图 3-64　镜像特征

（三）实例特征

在设计零件时，有些零件上有多个形状和参数均完全相同的特征。为避免重复劳动，对于这些呈圆形、矩形规律排列的相同特征，只需要创建其中一个特征，其他特征可使用"实例特征"命令复制得到。下面以创建圆形阵列为例，来讲解该命令的使用方法。

素材："SC">"ch03">"4-3-3-01.prt"

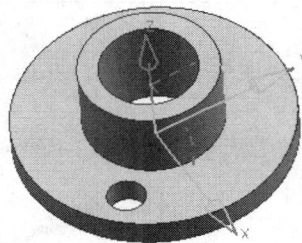

图 3-65　素材

步骤 1▶　打开本书配套素材文件"SC" > "ch03" > "4-3-3-01.prt"，如图 3-65 所示。单击"特征"工具条中的"实例特征"按钮，在打开的"实例"对话框中单击"圆形阵列"按钮，再次打开"实例"对话框，如图 3-66 所示。

步骤 2▶　在工作区中的孔上单击，或在打开的"实例"对话框中选择"简单孔"特征，然后单击 确定 按钮，打开图 3-67 所示的"实例"对话框。

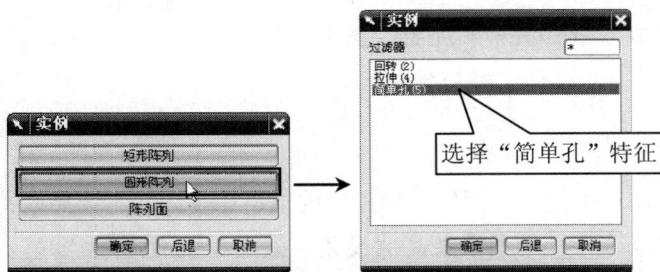

选择"简单孔"特征

图 3-66　选择阵列的类型及阵列特征

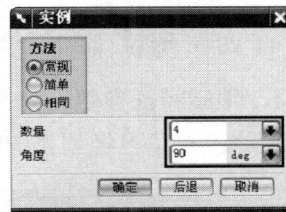

图 3-67　设置阵列的参数

步骤 3▶ 在图 3-67 所示的"实例"对话框中选择阵列的生成方式，如选中"常规"单选钮，然后设置阵列的参数，最后单击 确定 按钮，打开图 3-68 所示的"实例"对话框。

步骤 4▶ 单击"实例"对话框中的"基准轴"按钮，然后在工作区单击选取 Z 轴作为圆形阵列的中心轴线，接着在打开的"创建实例"对话框中单击"是"按钮，即可创建所选特征的圆形阵列，如图 3-69 所示，最后单击 取消 按钮，关闭"实例"对话框并结束命令。

单击"点和方向"按钮，可通过矢量构造器和点构造器来创建圆形阵列的旋转轴

单击"否"按钮，将返回"实例"至图 3-66 所示对话框，重新设置参数值

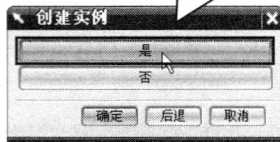

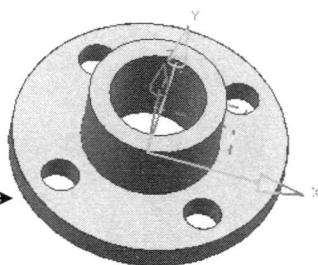

图 3-68　选择阵列的方向　　　　　图 3-69　创建圆形阵列效果

提示

若在图 3-66 所示的"实例"对话框中单击"矩形阵列"按钮，可将所指定的特征按矩形方式阵列，如图 3-70 所示。

素材："SC">"ch03">"4-3-3-02.prt"

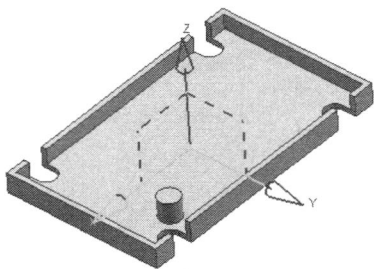

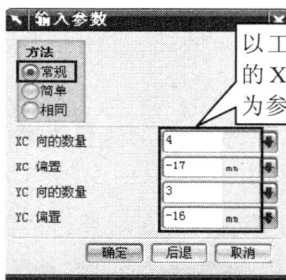

以工作坐标系的 XC/YC 方向为参考方向

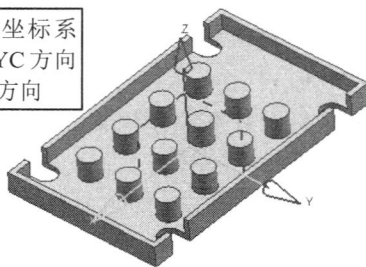

图 3-70　创建矩形阵列特征

（四）特征编辑

1. 编辑特征参数

要修改对于已经创建的特征，如双击拉伸、回转、扫掠、拔模、孔等，可先选择该特征并双击，然后在打开的对话框中修改特征的参数及其他设置，如图 3-71 所示。

在工作区的孔上双击，或双击导航器中的"简单孔"特征

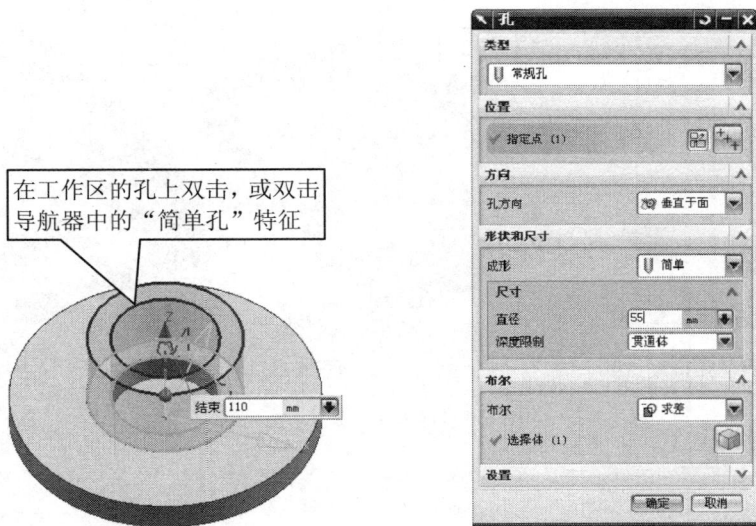

图 3-71　编辑修改孔特征

对于使用"实例特征"、"键槽"和"开槽"等命令创建的特征，则需要使用"编辑特征参数"命令来修改其参数。例如，要修改图 3-72 所示圆形阵列中孔的个数，可在工作区选中任一孔特征并右击，从弹出的快捷菜单中选择"编辑参数"菜单项，然后在打开的"编辑参数"对话框中选择"实例阵列对话框"，即可在打开的"编辑参数"对话框中重新设置阵列的参数，如图 3-73 所示。

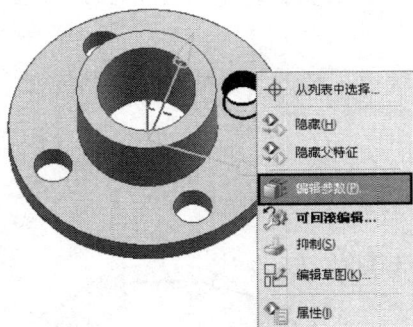

单击"特征对话框"按钮，可在打开的对话框中修改孔的参数

图 3-72　选择特征并右击

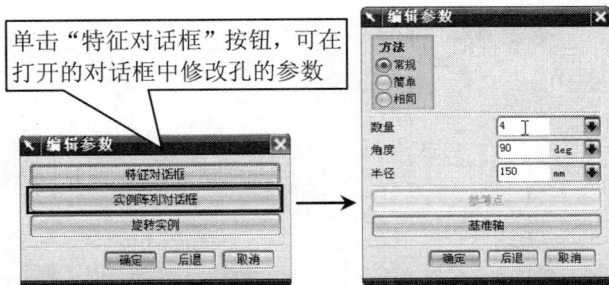

图 3-73　修改实例特征

2．特征重排序

在建模过程中，系统会在部件导航器的特征树中自动记录模型中所有特征的创建顺序。特征的创建顺序不同，生成的模型也不同。

例如，要将图 3-74 所选中的"拉伸（4）"特征放在"壳"特征之前，可先在导航器的特征树中选中该特征，然后按住鼠标左键并拖动，将该特征拖至"壳"特征之上后松开鼠标左键，此时，系统将按照特征树上的特征顺序重新生成模型，调整特征顺序后的模型如图 3-75 所示。

图 3-74 选中特征并拖动

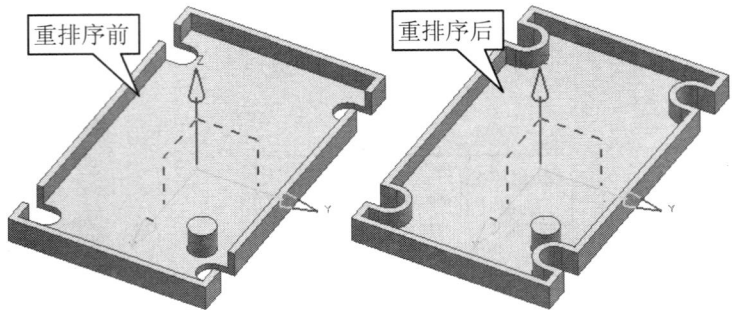

图 3-75 特征重排序效果

四、任务实施

制作思路

首先使用"回转"命令创建旋钮的基体部分，然后使用"圆角"、"拉伸"、"实例特征"、"抽壳"和"孔"等命令为基体部分添加其他特征，以得到旋钮模型。其中，旋钮的螺杆部分，可通过调整"沉头孔"特征和"抽壳"特征的先后顺序来创建。

制作步骤

步骤 1▶ 新建一个模型文件，然后以 Y-Z 平面作为草图平面，绘制图 3-76 所示的草图，接着单击"回转"按钮🌀，以 Y 轴作为旋转轴将绘制的草图旋转 360°，以生成模型基体部分。

步骤 2▶ 利用"边倒圆"按钮🌀对图 3-77 所示的棱边进行倒圆角处理，圆角半径为 10。

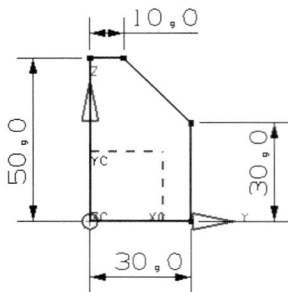

图 3-76 创建回转特征

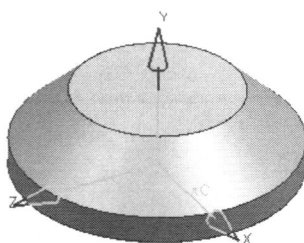

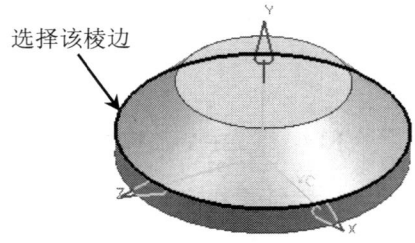

图 3-77 创建圆角特征

步骤 3▶ 以旋钮基体部分的顶面作为草图平面，绘制图 3-78 所示的草图，然后单击"拉伸"按钮📖，创建图 3-79 所示的拉伸特征。

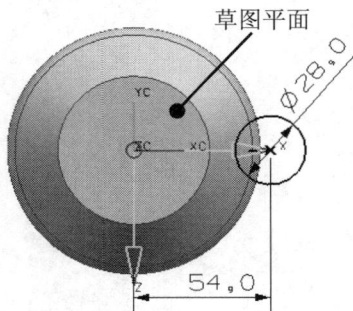

图 3-78　绘制草图

图 3-79　创建拉伸特征

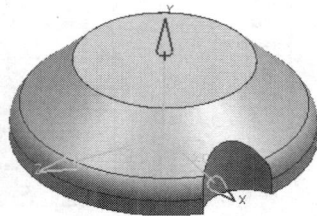

步骤 4▶　单击"特征操作"工具条中的"实例特征"按钮，以 Y 轴为中心轴线，将上步所创建的拉伸特征进行圆形阵列，如图 3-80 所示。

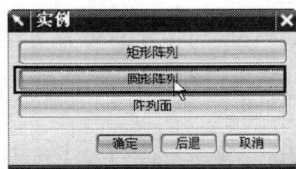

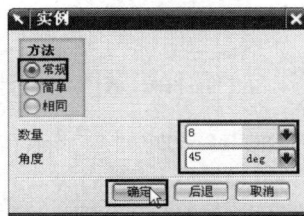

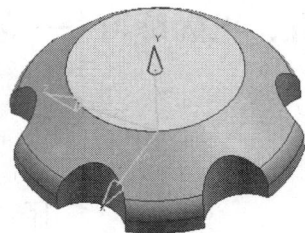

图 3-80　圆形阵列拉伸特征

步骤 5▶　单击"抽壳"按钮，通过"移除面，然后抽壳"方式，选取模型的底面为要移除的面进行抽壳操作，其壳体的厚度为 2，如图 3-81 所示。

步骤 6▶　单击"孔"按钮，以图 3-82 所示平面为孔的放置平面，并在该平面的圆心处创建沉头孔，如图 3-83 所示。

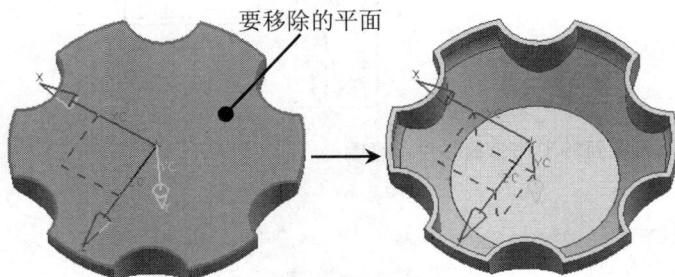

图 3-81　创建抽壳特征

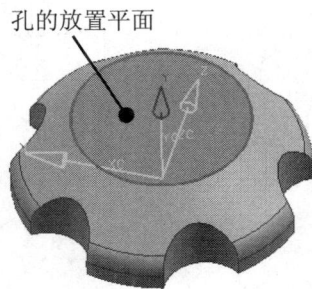

图 3-82　选择孔的放置平面

步骤 7▶　由于该旋转的沉头孔部分的壁厚与壳体的厚度一致（均为 2），因此可在部件导航器中选择"沉头孔"特征，然后按住鼠标左键将其拖至"壳"特征的上方，即可得到壁厚为 2 的沉头孔壁，如图 3-84 所示。

步骤 8▶　至此，旋钮模型已经创建完毕。

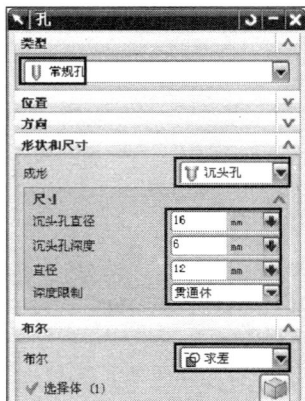

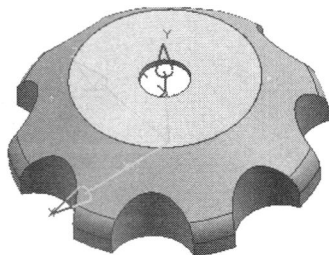

图 3-83　创建沉头孔

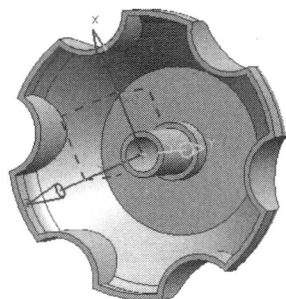

图 3-84　创建沉头孔壁

五、巩固练习——创建机床回转工作台

参照图 3-85 所示机床回转工作台的零件示意图，创建其三维模型，如图 3-86 所示。

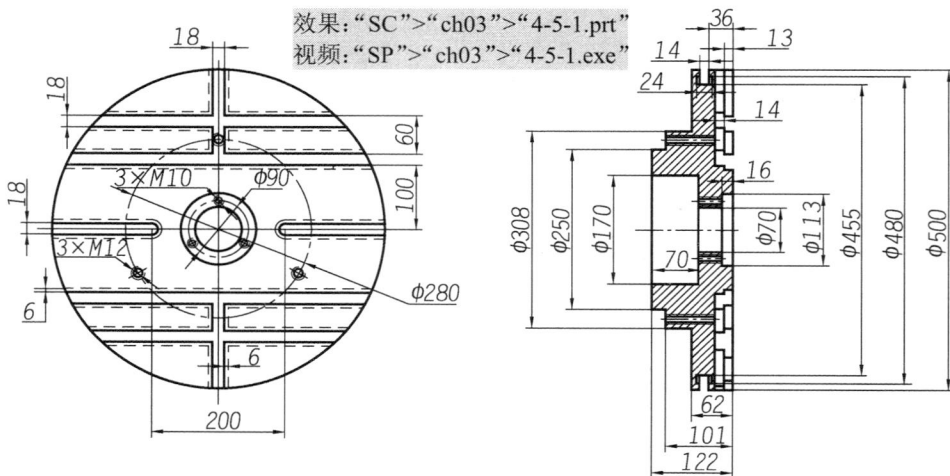

效果："SC">"ch03">"4-5-1.prt"
视频："SP">"ch03">"4-5-1.exe"

图 3-85　机床回转工作台的零件示意图

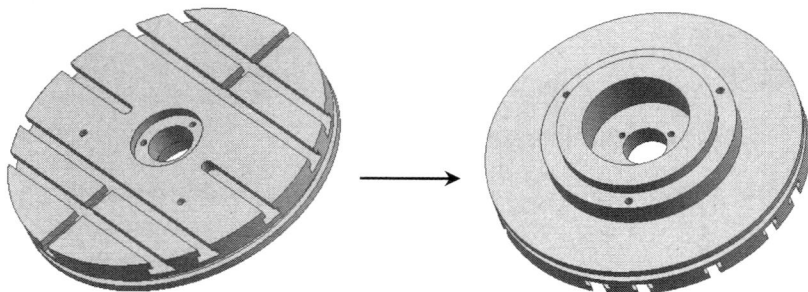

图 3-86　机床回转工作台三维模型

提示：

先利用"旋转"命令将图 3-87 所示草图旋转，以创建机床回转工作台的主体，然后利用"旋转"命令绘制中心处的安装孔位，接着"拉伸"命令创建工作台的油槽，其中一个拉伸草图如图 3-88 所示，另一个拉伸草图是使用"偏置曲线"命令将该草图外向偏置 6mm 所形成的，最后使用"镜像特征"命令将油槽进行镜像，并使用"孔"、"实例特征"命令创建工作台的螺纹孔。

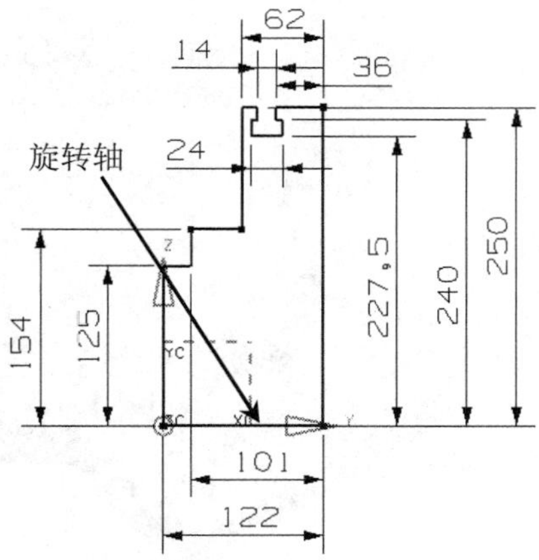

图 3-87　旋转特征的草图

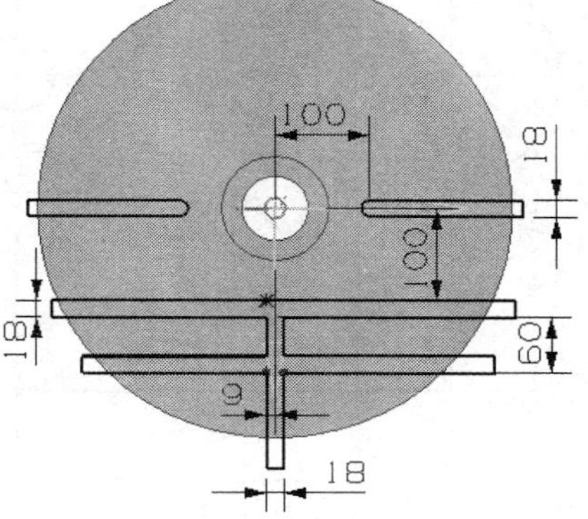

图 3-88　拉伸特征的草图

综合实训

（一）创建机床用盖板

参照图 3-89 所示机床用盖板的零件示意图，利用本项目所学知识创建其三维模型。

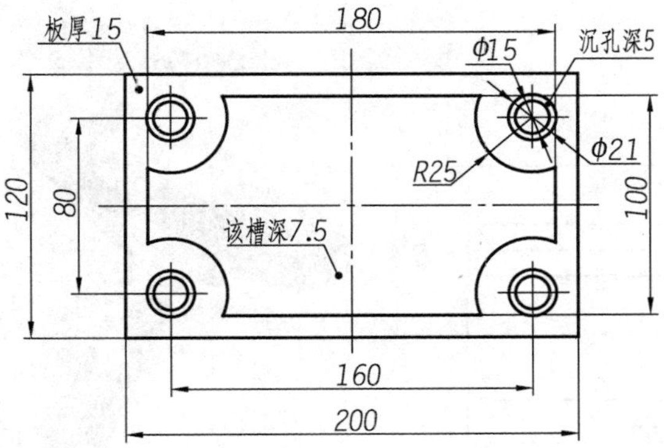

效果："SC"＞"ch03"＞"sx-1.prt"
视频："SP"＞"ch03"＞"sx-1.exe"

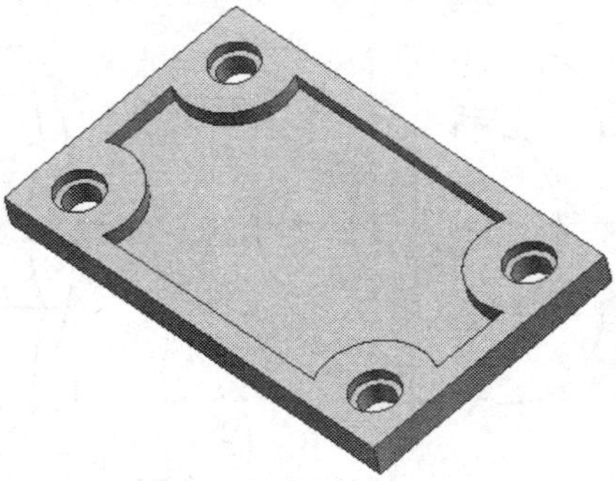

图 3-89　机床用盖板零件示意图和三维模型

提示：

先利用"长方体"或"拉伸"命令创建盖板的外形，然后利用"拉伸"命令创建盖板中的凹槽，最后利用"孔"命令创建四个沉头孔。

（二）创建上模座

利用本项目所学知识创建图 3-90 所示的上模座三维模型。

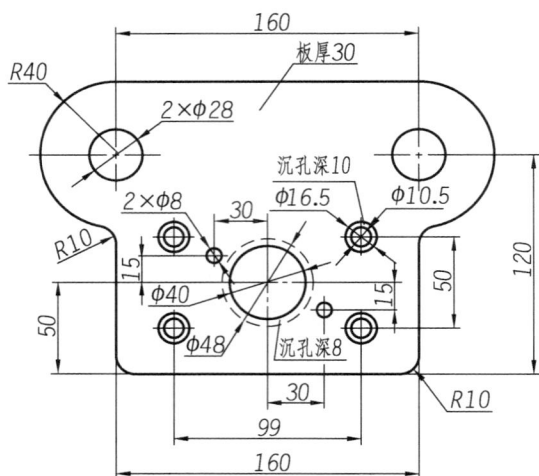

效果："SC">"ch03">"sx-2.prt"
视频："SP">"ch03">"sx-2.exe"

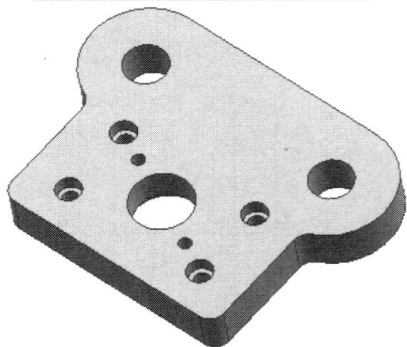

图 3-90　上模座零件示意图及三维模型

提示：

上模座中的四个沉头孔，可先使用"孔"命令创建其中一个沉头孔，然后利用"矩形阵列"命令进行阵列，或使用"镜像特征"命令进行两次镜像，即可创建其余三个沉头孔。

（三）绘制阀体、底座等调压阀顶部零件

1. 手柄零件示意图及三维模型（如图 3-91 所示）

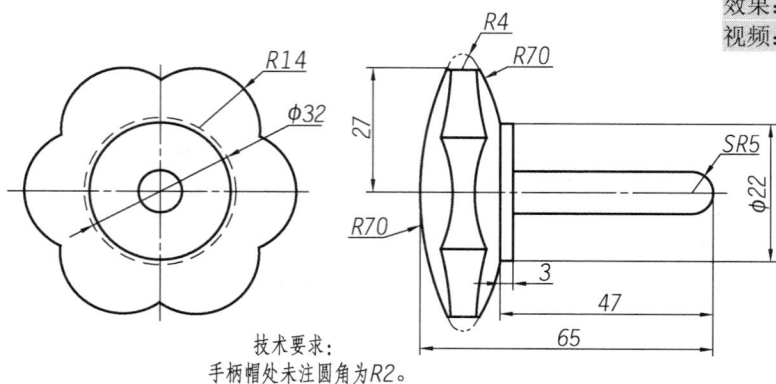

效果："SC">"ch03">"sx-3-01.prt"
视频："SP">"ch03">"sx-3-01.exe"

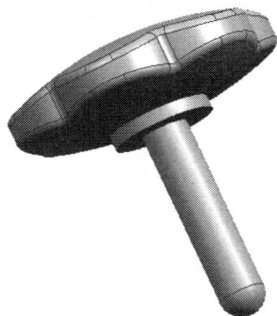

技术要求：
手柄帽处未注圆角为R2。

图 3-91　手柄零件示意图及三维模型

提示：

先忽略手柄帽处的凹凸部分，然后参照图 3-91 中左视图所示，利用"回转"命令创建手柄的大概形状，然后利用"拉伸"命令创建手柄头部的凹凸部位。

2．衬套零件示意图（如图 3-92 所示）

3．压片零件示意图（如图 3-93 所示）

效果："SC">"ch03">"sx-3-03.prt"
视频："SP">"ch03">"sx-3-03.exe"

效果："SC">"ch03">"sx-3-02.prt"
视频："SP">"ch03">"sx-3-02.exe"

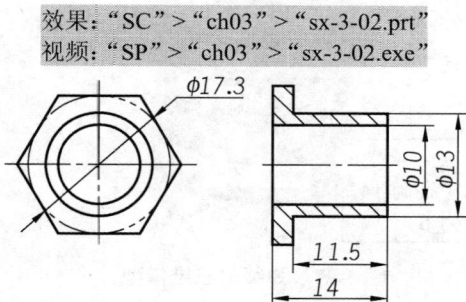

图 3-92　衬套零件示意图

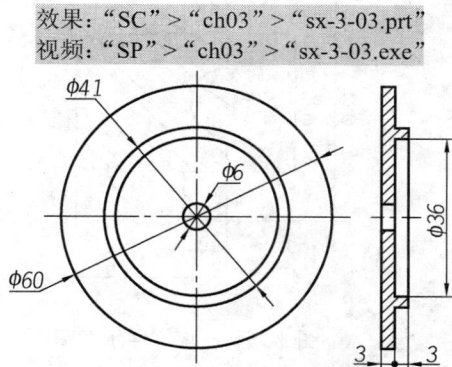

图 3-93　压片零件示意图

4．阀盖零件示意图及三维模型（如图 3-94 所示）

提示：

先利用圆柱、圆锥、拉伸和边倒圆命令创建图 3-95 所示阀盖零件的外形，然后再利用相关命令创建其内部特征及六个通孔。

效果："SC">"ch03">"sx-3-04.prt"
视频："SP">"ch03">"sx-3-04.exe"

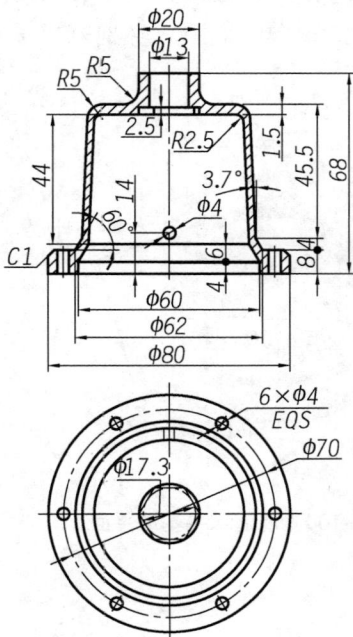

图 3-94　阀盖零件示意图及三维模型

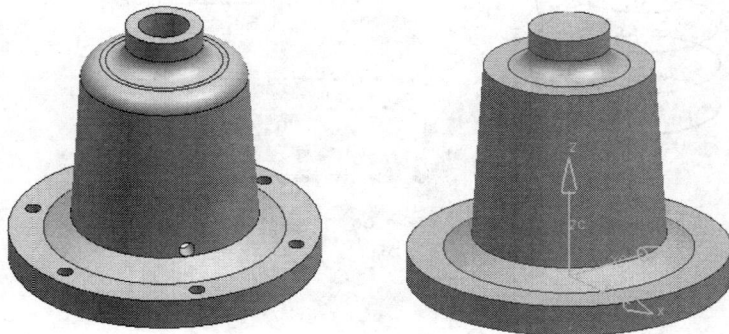

图 3-95　阀盖零件的外形

5. **压块零件示意图**（如图 3-96 所示）

6. **创建弹簧的三维模型**（如图 3-97 所示）

效果："SC">"ch03">"sx-3-05.prt"
视频："SP">"ch03">"sx-3-05.exe"

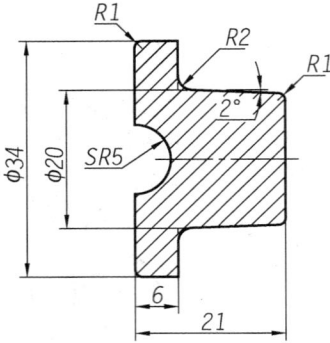

效果："SC">"ch03">"sx-3-06.prt"
视频："SP">"ch03">"sx-3-06.exe"

弹簧圈数为 5.5，螺距为 7，右旋，中径为 14，弹簧丝直径为 6

图 3-96　压块零件示意图

图 3-97　弹簧的三维模型

提示：

该弹簧是由图 3-98 所示的圆沿螺旋线扫掠而形成的，其创建过程大致为：① 选择"插入"＞"曲线"＞"螺旋线"菜单，然后在打开的图 3-99 所示的"螺旋线"对话框中设置螺旋线的参数，可创建螺旋线；② 在螺旋线的任一端点处创建一竖直平面，然后以该平面为草图平面，绘制直径为 5 的圆，接着单击"扫掠"按钮，将圆作为扫掠截面，螺旋线作为引导线创建弹簧；③分别过弹簧两端的圆心处创建两个与 X-Y 基准平面平行的平面，如图 3-100 所示；④ 单击"特征操作"工具条中的"修剪体"按钮，分别利用上步所创建的两个基准平面将弹簧修剪即可。

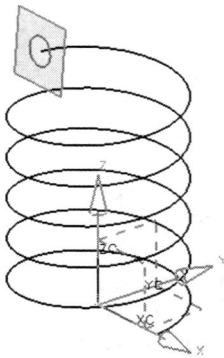

图 3-98　螺旋线及圆

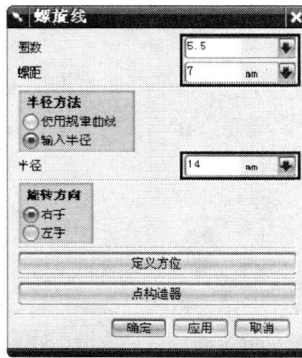

图 3-99　"螺旋线"对话框

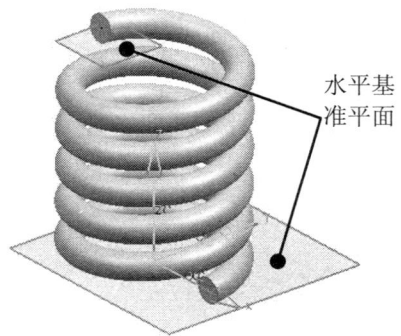

图 3-100　创建水平基准平面

项目四　曲面建模

　　现代消费者不仅追求产品的实用性，也非常注重产品的外形。日常生活中，常见到的热水壶、香皂盒、诸多儿童玩具和汽车等，其大部分产品都以它精美的外观造型赢得消费者的青睐。本项目主要讲解一些常用曲线的绘制、曲面的创建及编辑等相关知识。

【学习目标】

◇　掌握创建和编辑空间曲线的方法。
◇　掌握直纹面、通过曲线组和通过曲线网格等创建曲面命令的操作方法。
◇　掌握 N 边形曲面、过渡曲面等曲面编辑命令，并能创建一般复杂程度的曲面模型。

任务一　扭转弹簧设计

一、任务目标

　　掌握螺旋线、桥接曲线、投影曲线、倒圆角和倒斜角等命令的具体操作方法。

二、任务设置

　　利用"螺旋线"、"直线"和"圆角"等曲线命令创建扭转弹簧的引导线，然后利用"扫掠"命令创建扭转弹簧的三维模型，如图4-1所示。

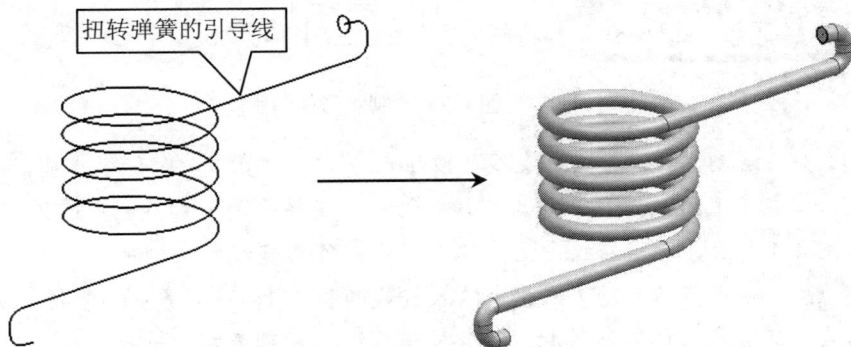

图 4-1　扭转弹簧设计

三、相关知识

（一）基本曲线

除了前面所学习的基于某个平面绘制二维平面草图外，在 UG 中还可以绘制空间曲线，这些曲线命令均位于"曲线"工具条中，如直线、圆弧、矩形、多边形等，如图 4-2 所示。

如果该工具条没打开，或其中没有所需要的曲线命令，可参照项目一中的任务实施进行操作

图 4-2 "曲线"工具条

下面通过一个实例来学习直线、圆弧、矩形等空间曲线的绘制方法。

步骤 1▶ 绘制矩形。单击"曲线"工具条中的"矩形"按钮 □，打开"点"对话框，采用默认指定的坐标原点为矩形的一个角点，单击 确定 按钮，然后指定矩形的另一角点坐标，如图 4-3 所示，最后依次单击 确定 和 取消 按钮，即可绘制空间矩形并结束命令。

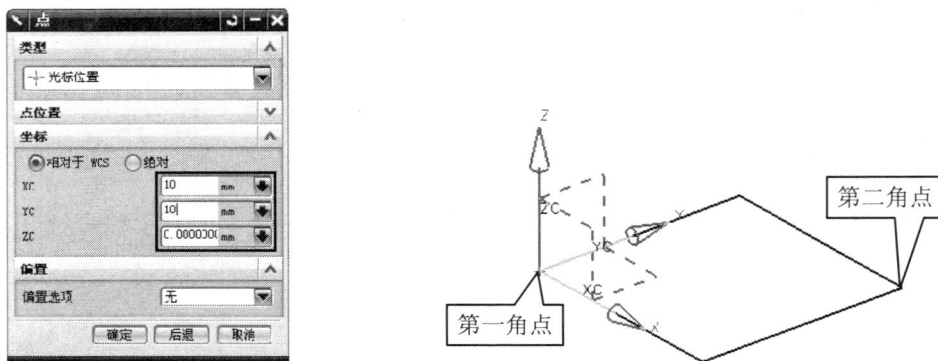

图 4-3 绘制矩形

步骤 2▶ 绘制直线。单击"直线"按钮 ∕，打开"直线"对话框，捕捉坐标系的原点并单击，以指定直线的起点，然后在该对话框"支持平面"标签栏中选择"选择平面"选项，如图 4-4 所示，然后在绘图区选取 Y-Z 平面作为直线的绘制平面。

步骤 3▶ 在出现的浮动文本框中输入直线的长度 15 并按【Enter】键，如图 4-5 所示，然后在"终点或方向"标签栏的"终点选项"下拉列表框中选择"成一角度"选项，接着在工作区选取 Y 轴作为参考轴，输入角度值 75 并按【Enter】键，如图 4-6 所示，最

后单击 **确定** 按钮即可。

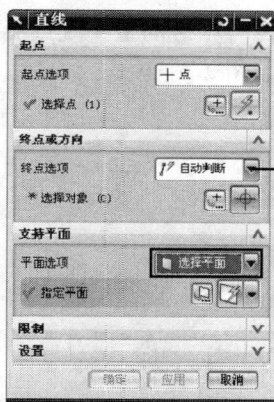

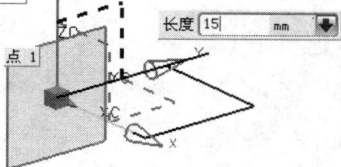

图 4-4 "直线"对话框　　　　图 4-5 设置直线的长度　　　图 4-6 设置直线的角度

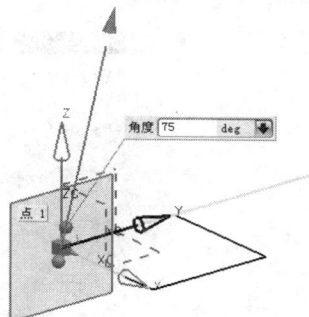

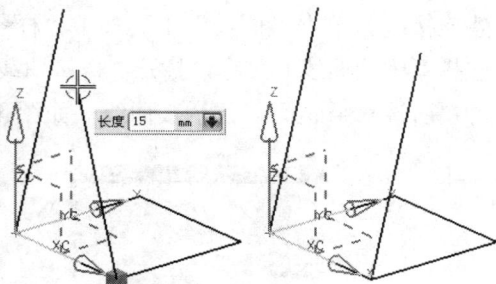

步骤 4▶ 绘制空间直线的平行线。单击"曲线"工具条中的"直线和圆弧工具条"按钮，打开"直线和圆弧"工具条，如图 4-7 所示。

步骤 5▶ 单击该工具条中的"直线（点-平行）"按钮，单击选取矩形的一个顶点作为直线的起点，然后输入直线的长度 15 并按【Enter】键，接着单击选取图 4-6 所绘制的直线段作为参考对象，即可绘制与参考直线平行的直线，如图 4-8 所示，最后按【Esc】键结束命令。

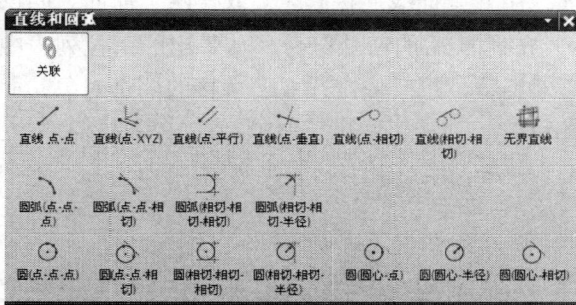

图 4-7 "直线和圆弧"工具条　　　　图 4-8 绘制空间直线的平行线

注意

　　利用"直线和圆弧"工具条中的工具按钮可快速绘制与参考对象具有平行、垂直或相切等关系的直线、圆弧和圆。

　　绘制空间曲线时，若按下"直线和圆弧"工具条中的"关联"按钮，则绘制的曲线与参考曲线相关联，即修改参考曲线时，该曲线也随之改变。

（二）螺旋线

单击"曲线"工具条中"螺旋线"按钮 ，在弹出的"螺旋线"对话框中设置螺旋线的圈数、螺距和半径等，然后单击 确定 按钮即可生成螺旋线，如图 4-9 所示。

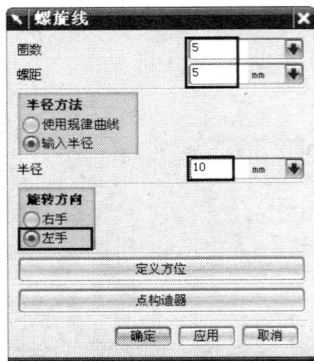

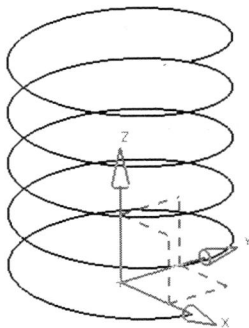

图 4-9   绘制螺旋线

默认情况下生成的螺旋线以工作坐标系的原点为中心起始点，Z 轴为中心轴，并且起点在 X 轴的正半轴上。利用"螺旋线"对话框中的"定义方位"或"点构造器"按钮，可重新指定螺旋线的中心轴和中心起始点。

（三）桥接曲线

使用"桥接曲线"命令可快速将两条曲线用样条曲线连接起来，或在两个曲面之间创建连接线。单击"曲线"工具条中"样条"按钮 后的三角符号，从弹出的下拉列表中选择"桥接曲线"命令，打开"桥接曲线"对话框，然后依次选取要桥接的两个对象，即可在所选对象之间创建桥接曲线，如图 4-10 所示。

素材："SC">"ch04">"1-3-3.prt"

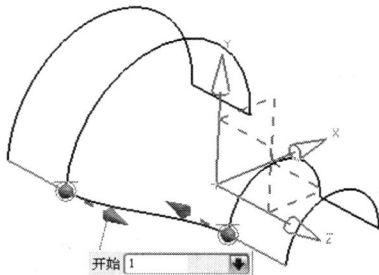

图 4-10   绘制桥接曲线

利用"桥接曲线"对话框还可以调整桥接曲线的位置和形状。下面简单介绍一下"桥接曲线"对话框中主要标签栏的作用。

- ➤ **桥接曲线属性**：用于设置桥接曲线开始端和结束端的属性。其中，"约束类型"列表框用来设置桥接曲线与原曲线的约束关系；"位置"设置区是以百分比的形式定义桥接曲线连接点在原曲线上的位置；"方向"设置区用于指定桥接曲线连接点的约束方向。

- ➤ **约束面**：用于将桥接曲线约束在单个或多个面上。

- ➤ **形状控制**：用于对桥接曲线的形状进行更改。其中，"类型"列表框中的"相切幅值"，表示通过控制两个端点的相切幅度来控制曲线形状；"深度和歪斜"表示通过控制深度和歪斜程度来控制曲线形状；"二次曲线"表示通过指定二次曲线的 Rho 值来控制曲线形状；"参考成型曲线"表示通过选择一条参考曲线来控制曲线的形状。

（四）投影曲线

使用"投影曲线"命令可将指定的曲线或点投影到所选曲面或平面上，以生成新的曲线。单击"曲线"工具条中的"投影曲线"按钮，打开"投影曲线"对话框，指定要投影的曲线，然后选择要投影到的平面或曲面即可，如图 4-11 所示。

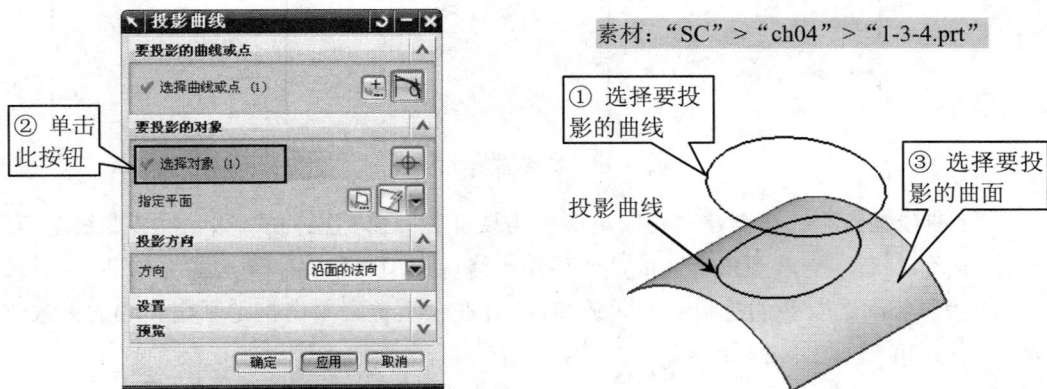

图 4-11　创建投影曲线

（五）曲线倒圆角

利用"圆角"功能可在两条或者三条不平行的曲线之间创建圆角。单击"曲线"工具条中的"基本曲线"按钮，打开"基本曲线"对话框，单击该对话框中的"圆角"按钮，打开"曲线倒圆"对话框，如图 4-12 所示。

"曲线倒圆"对话框中共三种倒圆角的方式，下面将分别介绍。

利用该对话框可以绘制空间直线、圆弧、圆、圆角等曲线，还可以修剪曲线

图 4-12 "基本曲线"和"曲线倒圆"对话框

> **简单圆角** ⬚：在两条曲线间倒圆角，且在倒圆角后自动修剪原曲线。单击"简单圆角"按钮 ⬚，在"半径"编辑框中输入圆角的半径值，然后将光标移至两条直线的交点附近（鼠标球要覆盖两条直线的一部分）并单击，即可创建圆角。单击的位置不同，所生成的圆角也不同，如图 4-13 所示。

素材："SC" > "ch04" > "1-3-5.prt"

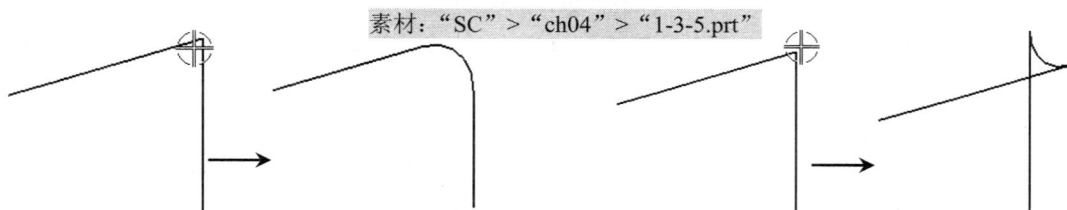

图 4-13 创建简单圆角

> **2 曲线圆角** ⬚：在创建圆角时可根据需要保留或修剪原曲线。单击"2 曲线圆角"按钮 ⬚ 后，输入圆角半径值，然后在"修剪选项"标签中勾选需要修剪的曲线，接着依次选取要创建圆角的两条曲线，并在合适位置单击指定圆角圆心的大致位置即可，如图 4-14 所示。

> **3 曲线圆角** ⬚：在三条曲线间创建圆角。单击"3 曲线圆角"按钮 ⬚，设置三条曲线的修剪状态，然后依次单击要倒圆角的三条曲线，再单击指定圆心的大致位置即可创建圆角，如图 4-15 所示。

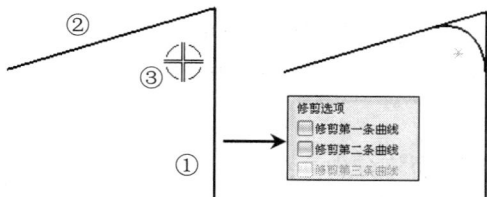

图 4-14 在两条曲线间创建圆角

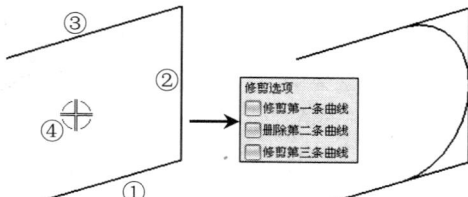

图 4-15 在三条曲线间创建圆角

提示

使用"2 曲线圆角"和"3 曲线圆角"命令创建圆角时，系统默认按曲线的选择顺序沿逆时针方向生成的圆弧，所以选择曲线的顺序不同，生成的圆角也不同。

（六）曲线倒斜角

单击"曲线"工具条中的"曲线倒斜角"按钮，打开"倒斜角"对话框，如图 4-16 所示，该对话框提供了"简单倒斜角"和"用户定义倒斜角"两种倒斜角方式。

➤ **简单倒斜角：**按指定的距离在两条直线之间创建斜角，如图 4-17 所示，其操作过程与简单圆角类似。

偏置值是指两直线的交点距斜角端点之间的距离

图 4-16　"倒斜角"对话框　　　　　　图 4-17　在两条曲线间倒斜角

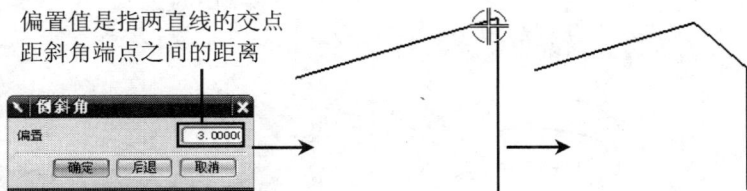

➤ **用户定义倒斜角：**通过"距离和角度"方式在两直线间创建斜角，并且还可以设置倒斜角时是否修剪原曲线。该操作比较简单，用户可根据提示栏中的提示信息进行操作，在此不再赘述。

四、任务实施

制作思路

首先使用"螺旋线"命令绘制引导线的螺旋线部分，然后使用"直线和圆弧"工具条中的"直线（点-相切）"、"直线（点-垂直）"、"直线"及"圆角"命令绘制螺旋线一侧的曲线，然后利用"镜像曲线"命令镜像得到另一侧曲线，最后绘制弹簧丝的截面圆，并使用"扫掠"命令将截面圆沿引导线扫掠即可。

制作步骤

步骤 1▶ 新建一个模型文件，然后单击"曲线"工具条中"螺旋线"按钮，在打开的"螺旋线"对话框中设置螺旋线的相关参数，采用默认的螺旋线方向及位置，单击 确定 按钮即可，如图 4-18 所示。

步骤 2▶ 单击"直线和圆弧工具条"按钮，在打开的"直线和圆弧"工具条中单击"直线（点-相切）"按钮，选取螺旋线的终点作为直线的起点，输入直线长度 13 并按【Enter】键（如图 4-19 所示），最后在该直线起点处的螺旋线上单击，即可绘制与螺旋线相切的直线，按【Esc】键结束命令，结果如图 4-20 所示。

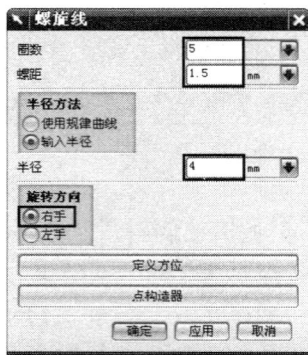

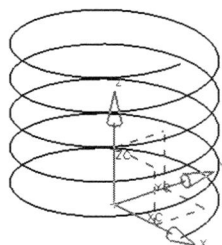

图 4-18　绘制螺旋线

在此处单击，以
确定直线的切向

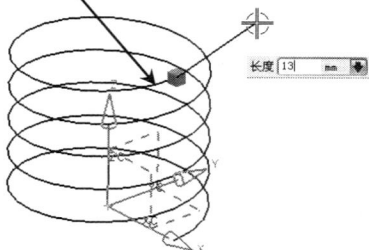

图 4-19　指定直线的起点和长度

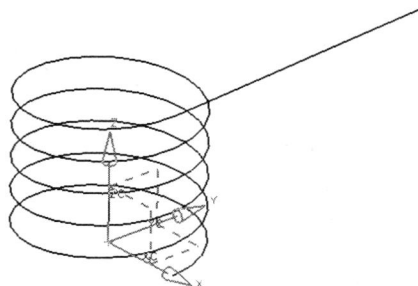

图 4-20　绘制螺旋线的切线

步骤 3▶　单击"直线和圆弧"工具条中的"直线（点-垂直）"按钮 ✕，单击选取上步所绘制的直线段的终点，在浮动文本框中输入值 −2 并按【Enter】键，然后单击上步所绘制的直线段，即可绘制与该直线段垂直的直线，结果如图 4-21 所示。

步骤 4▶　单击"曲线"工具条中的"直线"按钮 ✓，选择上步所绘制直线的端点为该直线的起点，在"直线"对话框的"支持平面"标签栏中选择"选择平面"选项，然后依次单击图 4-22 所示直线段 1 和直线段 2，从而以这两条直线段所在的平面作为要绘制直线的支持平面。

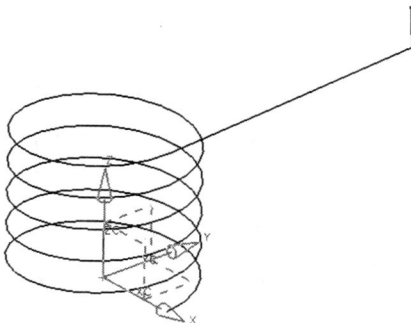

图 4-21　绘制直线的垂直线段

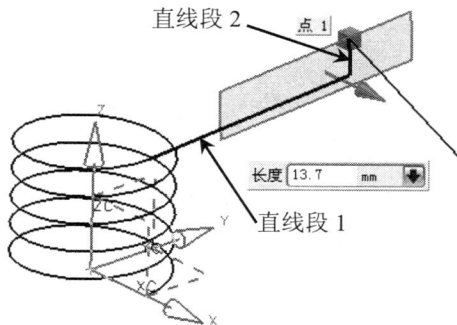

图 4-22　指定直线段的支持平面

步骤5▶ 在"终点或方向"标签栏中选择"成一角度"选项，然后选取直线段1并输入角度值175，接着在"限制"标签栏中设置直线段的长度，如图4-23所示，最后单击 确定 按钮即可绘制直线段3，结果如图4-24所示。

步骤6▶ 单击"曲线"工具条中的"基本曲线"按钮 ，在打开的"基本曲线"对话框中单击"圆角"按钮 ，然后在打开的"曲线倒圆"对话框中选中"简单圆角"按钮 ，输入半径值0.8，如图4-25所示。

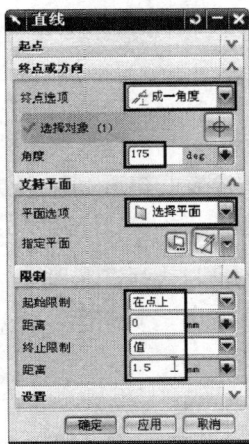

图4-23 "直线"对话框   图4-24 绘制直线段   图4-25 "曲线倒圆"对话框

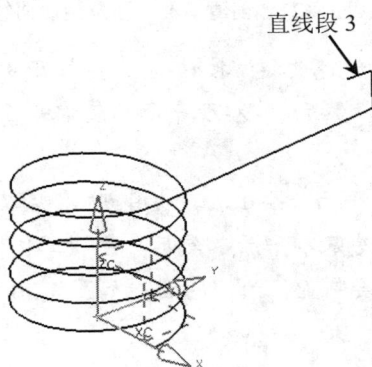

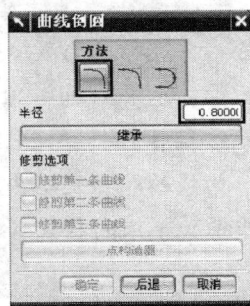

步骤7▶ 在直线段1和直线段2的交点上单击，即可在这两段直线之间创建圆角，继续单击直线段2和直线段3的交点创建圆角，最后单击 取消 按钮结束命令，如图4-26所示。

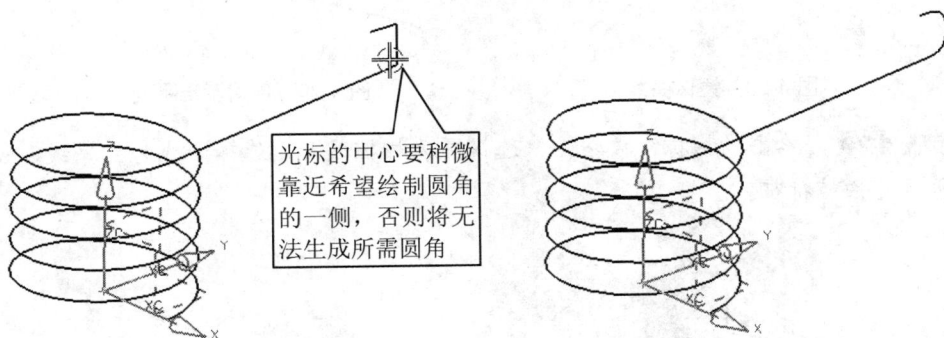

光标的中心要稍微靠近希望绘制圆角的一侧，否则将无法生成所需圆角

图4-26 创建圆角

步骤8▶ 单击"基准平面"按钮 ，在打开的对话框中选择"自动判断"选项，然后选择X-Y平面，并输入距离值3.75，创建基准平面。

步骤9▶ 单击"曲线"工具条中的"镜像曲线"按钮 ，以上步所创建的基准平面为镜像平面，将除螺旋线之外的所有曲线进行镜像，如图4-27所示。

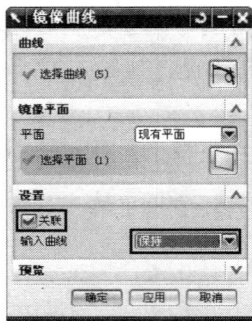

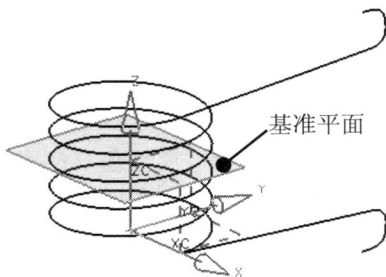

图 4-27　创建基准平面及镜像曲线

步骤 10▶　再次单击"镜像曲线"按钮，在打开的"镜像曲线"对话框的"设置"标签栏中选择"隐藏"选项，然后以 X-Z 平面为镜像平面，将上步镜像所得到的曲线进行镜像，结果如图 4-28 所示。

步骤 11▶　单击"基准平面"按钮，采用默认选择的"自动判断"选项，在图 4-29 所示曲线的端点处单击，创建基准平面，然后单击"草图"按钮，以上步所创建的基准平面为草图的放置平面，绘制直径为 1 的圆，如图 4-30 所示。

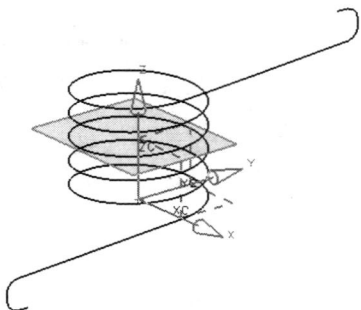

图 4-28　镜像曲线

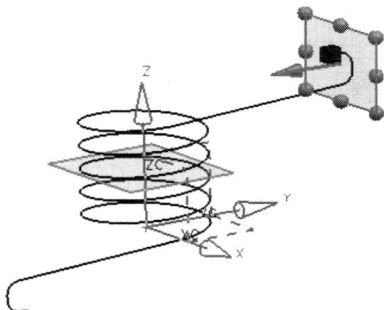

图 4-29　创建基准平面

步骤 12▶　单击"扫掠"按钮，选择圆为扫掠截面，选择曲线为引导线，创建图 4-31 所示的扫掠特征。

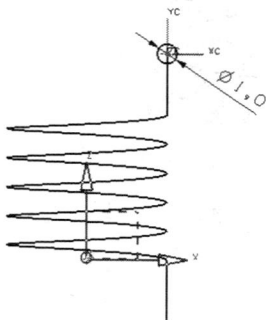

图 4-30　绘制草图

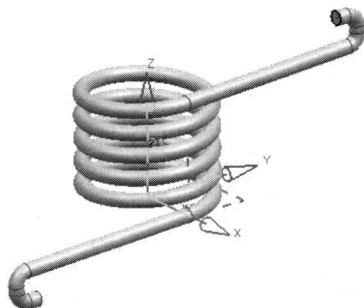

图 4-31　创建扫掠特征

步骤 13▶ 至此，扭转弹簧模型已经创建完成。

五、巩固练习——绘制风扇叶片曲线

利用本任务所学知识，绘制图 4-32 所示风扇叶片曲线。

> 素材："SC" > "ch04" > "1-5-1.prt"
> 效果："SC" > "ch04" > "1-5-1-end.prt"
> 视频："SP" > "ch04" > "1-5-1.exe"

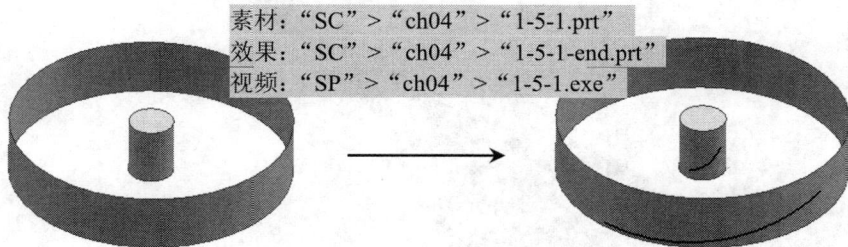

图 4-32 绘制风扇叶片曲线

提示：

（1）单击"曲线"工具条中的"圆弧/圆"按钮，以"0，90，28"作为圆弧的起点，移动光标调整圆弧的方向，然后以"0，－90，5"作为圆弧的终点，在"中间点"标签栏中选择"半径"选项，输入半径值 400，最后以 Y-Z 平面为圆弧的支持平面，绘制图 4-33 所示的曲线。

（2）单击"投影曲线"按钮，以 X 轴为投影矢量方向，将上步所画曲线向圆柱曲面上投影。

（3）利用"圆弧/圆"按钮，分别以"0，－13，5"作为圆弧的起点，以"0，13，28"作为圆弧的起点和终点，绘制半径为 40 的圆弧，如图 4-34 所示，最后利用"投影曲线"创建投影曲线。

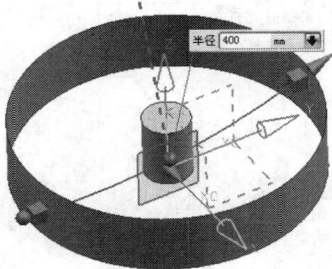

图 4-33 绘制圆弧曲线（1）

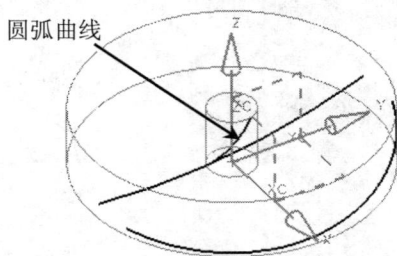

图 4-34 绘制圆弧曲线（2）

任务二 塑料勺子设计

一、任务目标

掌握"直纹面"、"通过曲线组"和"通过曲线网格"等命令的操作方法。

二、任务设置

利用本任务所学知识，创建图 4-35 所示塑料勺子的三维模型。

图 4-35　塑料勺子三维模型

三、相关知识

（一）直纹面

直纹面实际上是将两组截面线串之间的对应点连接起来形成的实体或曲面。单击"曲面"工具条中的"直纹"按钮 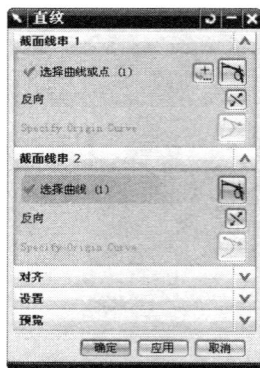，打开"直纹"对话框，选取一组截面线串，然后单击"截面线串 2"标签栏中的"选择曲线"选项，选取另一组截面线串，如图 4-36 所示，最后单击 确定 按钮，即可生成直纹面。

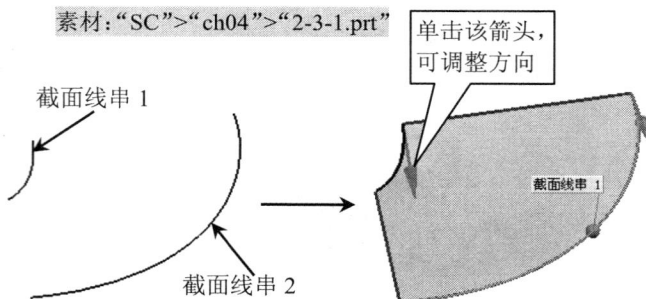

素材："SC">"ch04">"2-3-1.prt"

单击该箭头，可调整方向

截面线串 1

截面线串 2

截面线串 1

图 4-36　创建直纹面

注意

　　直纹面仅支持两个截面线串。创建直纹面时，通过单击曲线上的方向箭头，可调整曲面的扭转情况。此外，如果所选取的截面线串均为闭合曲线，则生成的直纹面为实体。

（二）通过曲线组

利用"通过曲线组"命令可将多个截面线串连接起来，以生成曲面或实体。作为截面线串的对象可以是曲线也可以是实体或曲面的棱边。

单击"通过曲线组"按钮 ，打开"通过曲线组"对话框，依次选取用于创建曲面的截面线串（选取截面线串时一定要注意选取次序和截面线串的指向，而且每选取一条截面线串后，应单击鼠标中键或单击"通过曲线组"对话框中的"添加新集"按钮 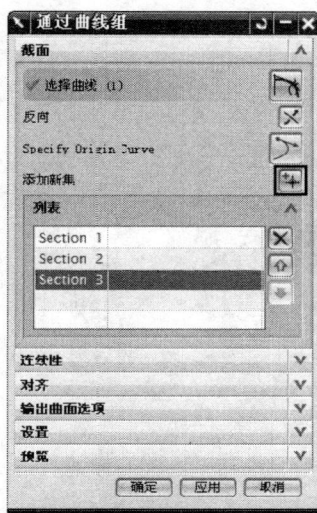，然后再选取下一条截面线串），如图 4-37 所示，最后单击 确定 按钮即可。

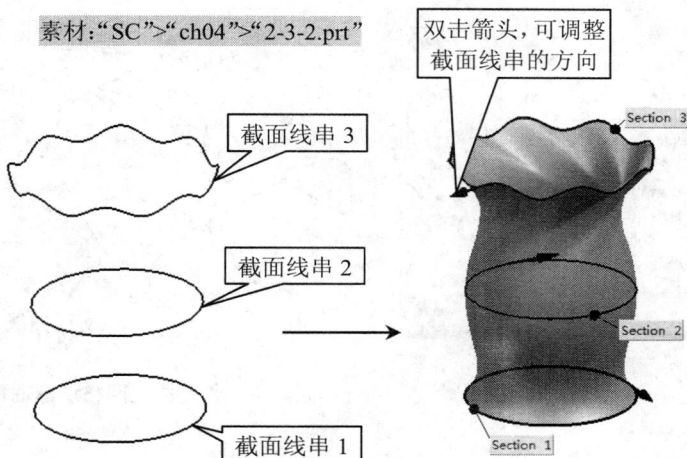

图 4-37 通过曲线组创建曲面

（三）通过曲线网格

利用"通过曲线网格"命令可将两个方向上的曲线连接起来以生成曲面。其中，一个方向上的截面线串作为"主曲线"，构成曲面的 U 向；另一个方向上的截面线串作为"交叉曲线"，构成曲面的 V 向。利用 U，V 两个方向上的截面曲线，可以很好地控制所生成曲面的形状，在构造复杂的曲面时经常使用。

单击"通过曲线网格"按钮 ，打开"通过曲线网格"对话框，选取构建曲面的主曲线和交叉曲线，然后单击 确定 按钮即可创建曲面，如图 4-38 所示。

提示

　　使用"通过曲线组"和"通过曲线网格"命令创建曲面时，在每选择一条曲线后，需按鼠标滚轮或单击相应位置处的"添加新集"按钮，然后才能选择下一条曲线。否则，该曲面将无法生成。

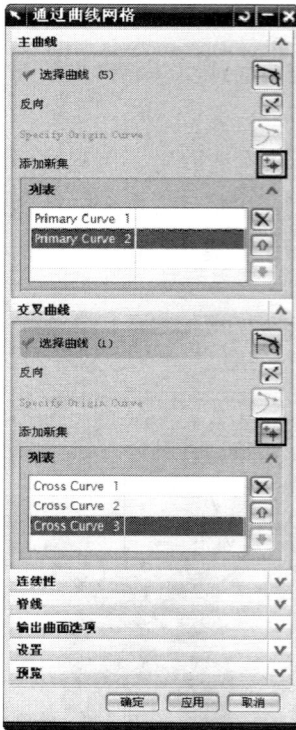

素材："SC">"ch04">"2-3-3.prt"

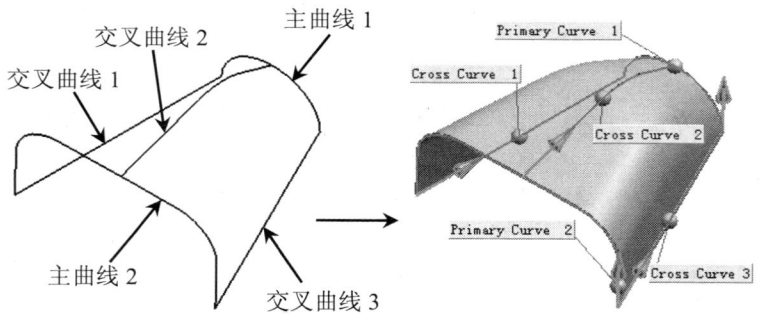

图 4-38　通过曲线网格创建曲面

（四）修剪的片体

使用"修剪的片体"命令，可将曲线、曲面、平面或基准平面作为修剪边界，对一个或多个曲面进行修剪。

步骤 1▶　打开本书配套素材文件"SC">"ch04">"2-3-4.prt"，单击"曲面"工具条中的"修剪的片体"按钮，打开"修剪的片体"对话框，单击选取要修剪的片体（系统默认单击的位置为操作后要舍弃或保持的一个区域），如图 4-39 所示的曲面 1 和曲面 2。

步骤 2▶　单击"修剪的片体"对话框"边界对象"标签栏中的"选择对象"选项，选取图 4-39 所示的曲面 3 和曲面 4 作为边界对象。

步骤 3▶　在"投影方向"标签栏中选择"垂直于面"选项，采用默认选中的"保持"单选钮 ⊙保持，如图 4-40 所示，最后单击 确定 按钮，即可修剪掉所选区域外的区域，结果如图 4-41 所示。

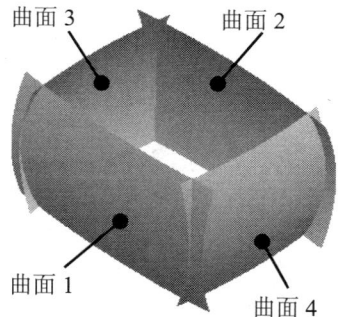

素材："SC">"ch04">"2-3-4.prt"

图 4-39　素材

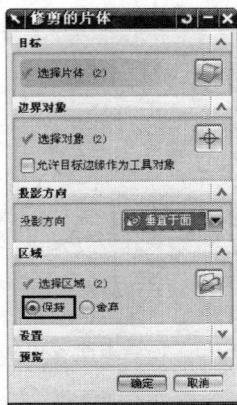

图 4-40 "修剪的片体"对话框

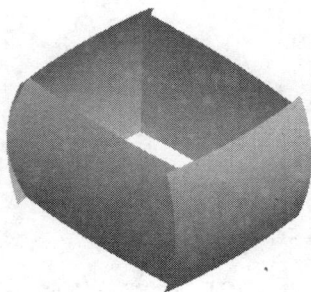

图 4-41 曲面修剪效果

四、任务实施

制作思路

由于勺把的末端与勺头的前端形状相差较大，因此可将勺头分成两部分来创建，即先使用"通过曲线网格"命令创建勺把及其连接处的部分勺头，然后再利用"扫掠"命令创建勺头的另一部分，接着缝合勺头和勺把，并使用一个曲面将勺子修剪平整，最后加厚曲面并对勺把进行细节处理。

制作步骤

步骤 1▶ 打开本书配套素材文件"SC">"ch04">"4-2.prt"，然后单击"特征"工具条中的"拉伸"按钮 ▥，将图 4-42 所示的曲线 1 对称拉伸 35，结果如图 4-43 所示。

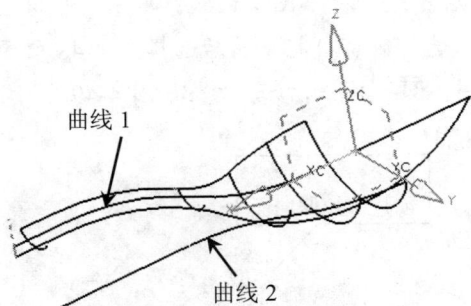

图 4-42 素材文件

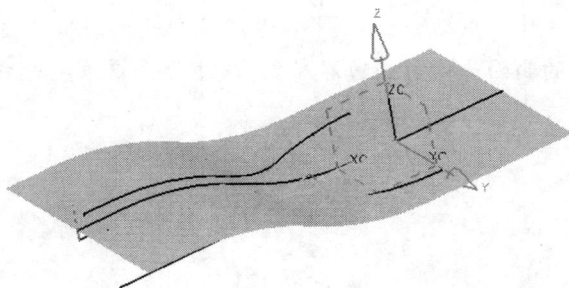

图 4-43 创建拉伸特征

步骤 2▶ 单击"投影曲线"按钮 ⬚，选取图 4-42 所示的曲线 2 为要投影的曲线，选择上步所创建的曲面为投影面，沿面的法向创建图 4-44 所示的投影曲线。

步骤 3▶ 隐藏图 4-42 所示的曲线 1、曲线 2，以及步骤 1 中所创建的曲面特征，然后单击"通过曲线组"按钮 ▥，分别选取图 4-45 所示的三条曲线作为主曲线，选取其余五条曲线作为交叉曲线，创建图 4-46 所示的曲面。

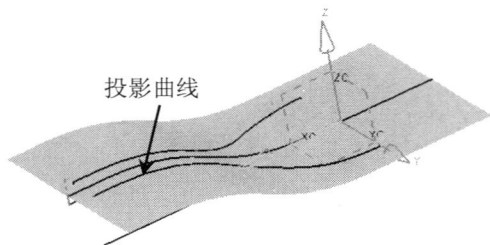

图 4-44　创建投影曲线

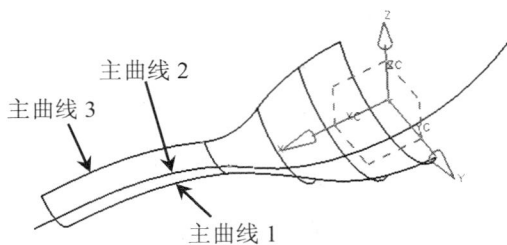

图 4-45　选择主曲线和交叉曲线

步骤 4▶　隐藏图 4-45 所示的主曲线 2，然后单击"扫掠"按钮，分别选取图 4-45 所示曲面的边界线和曲线作为扫掠截面和引导线，创建图 4-47 所示的曲面。

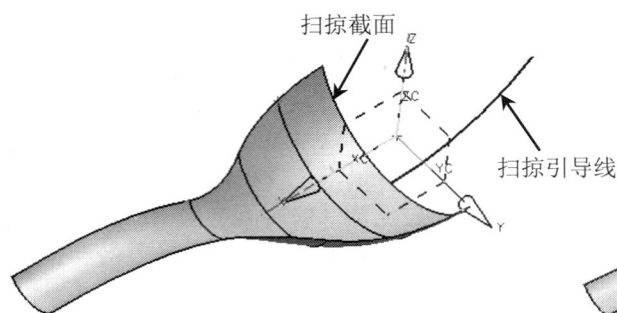

图 4-46　创建通过曲线组特征

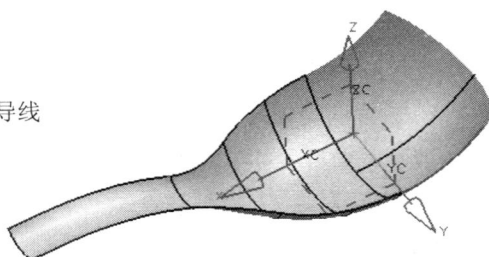

图 4-47　创建扫掠特征

步骤 5▶　单击"特征操作"工具条中的"缝合"按钮，依次选取图 4-47 所示的两个曲面，最后单击"缝合"对话框中的 确定 按钮，并将这两个曲面合并。

步骤 6▶　显示步骤 1 所创建的拉伸曲面，然后隐藏所有草图及曲线。单击"修剪的片体"按钮，在图 4-48 所示勺子的底部单击，以选择修剪目标，然后选择图 4-48 所示的曲面为修剪的边界对象，选中 ⊙保持 单选钮后单击 确定 按钮，修剪效果如图 4-49 所示。

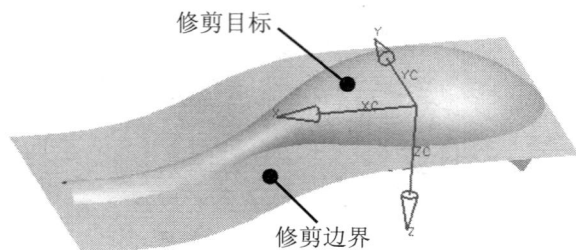

图 4-48　选择修剪目标和修剪边界

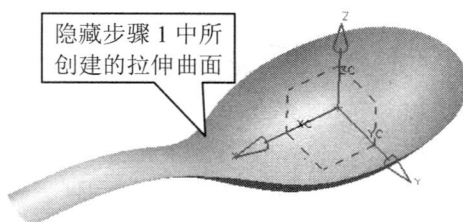

图 4-49　曲面修剪效果

步骤 7▶　单击"曲面"工具条中的"修剪和延伸"按钮，在"类型"列表框中选择"按距离"选项，然后选取图 4-50 所示勺把的边界，将其延伸 8 mm。

图 4-50 将勺把延伸

步骤 8▶ 单击"特征"工具条中的"加厚"按钮 ，将图 4-51 所示的曲面向外加厚 1 mm。

步骤 9▶ 隐藏该文件中的所有曲面，然后利用"边倒圆"按钮 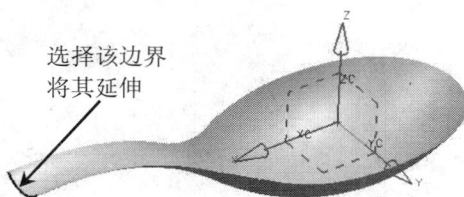 将图 4-52 所示的棱边进行圆角处理，其圆角半径为 6。

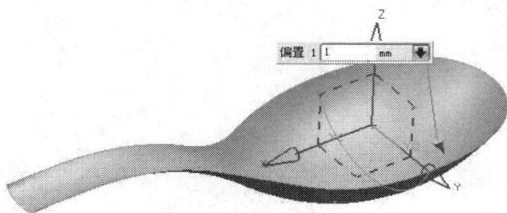

图 4-51 加厚曲面

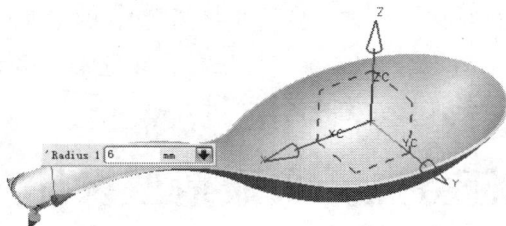

图 4-52 创建圆角特征

步骤 10▶ 至此，扭转弹簧模型已经创建完成。

五、巩固练习——灯罩和风扇设计

（1）根据图 4-53 中灯罩的曲线，创建厚度为 5 mm 的灯罩实体模型。

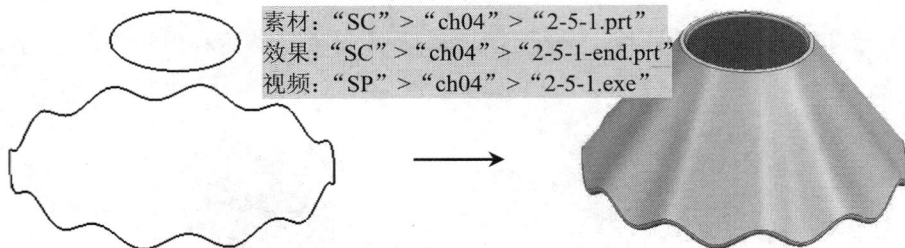

素材："SC" > "ch04" > "2-5-1.prt"
效果："SC" > "ch04" > "2-5-1-end.prt"
视频："SP" > "ch04" > "2-5-1.exe"

图 4-53 灯罩设计

提示：

利用"直纹"命令或"通过曲线组"命令创建灯罩曲面，然后利用"加厚"命令将其向内加厚 5 mm，接着利用"边倒圆"命令对灯罩的棱角进行圆角处理，圆角半径均为 2。

（2）打开上节巩固练习中绘制的风扇叶片曲线文件，然后利用合适命令创建其三维模型，如图 4-54 所示。

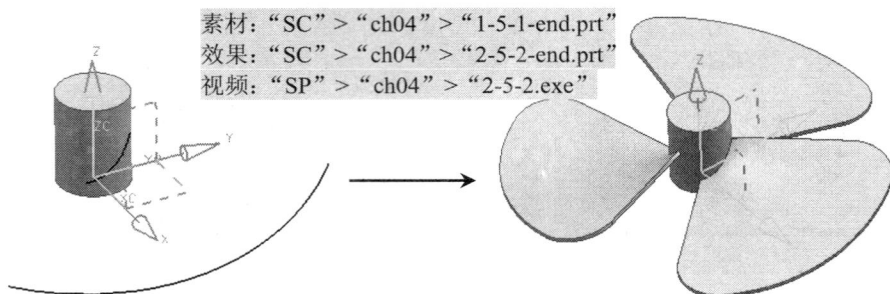

素材："SC" > "ch04" > "1-5-1-end.prt"
效果："SC" > "ch04" > "2-5-2-end.prt"
视频："SP" > "ch04" > "2-5-2.exe"

图 4-54　风扇设计

提示：

利用"直纹"命令创建叶片曲面，然后利用"加厚"命令将其加厚 2 mm，接着利用"边倒圆"命令对叶片的棱角进行圆角处理，圆角半径为 20，最后单击"特征"工具条中的"实例几何体"按钮 ，以 Z 轴为旋转轴，参照图 4-55 所示设置创建其他三个叶片。

任务三　水壶造型设计

一、任务目标

掌握"N 边形曲面"、"过渡"、"偏置曲面"和"修剪和延伸"等命令的操作方法。

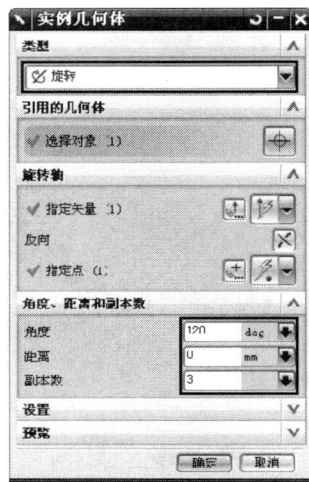

图 4-55　"实例几何体"对话框

二、任务设置

参照图 4-56 所示水壶曲线，分析该水壶的形成过程，然后利用相关命令创建其三维模型。

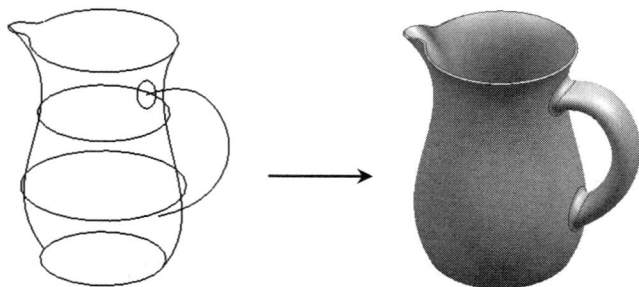

图 4-56　水壶造型设计

三、相关知识

（一）N边形曲面

使用"N边曲面"命令可填充曲面内部的不规则孔，其填充方式有两种，即单一片体和多个三角片体。执行"N边曲面"命令后，可通过选择一条或多条实体或曲面的边界线、曲线等来创建曲面，所选边界线或曲线可以是封闭的，也可以是断开的。

1．单一片体

单一片体是用一个曲面将所选择的多条棱边或曲线连接起来所生成的曲面。单击"曲面"工具条中的"N边曲面"按钮 ，打开"N边曲面"对话框（如图4-57所示），在"类型"标签栏的下拉列表中选择"已修剪"选项，然后选取图4-58所示的四条棱边，此时所选区域将被填充，如图4-59所示。

素材："SC" > "ch04" > "3-3-1.prt"

选取这四条棱边

图4-57 "N边曲面"对话框　　图4-58 选择要填充的边界线　　图4-59 填充的单一片体

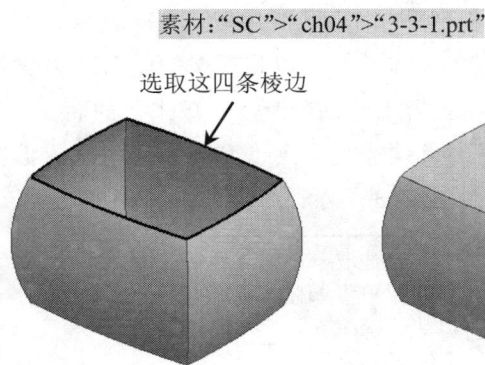

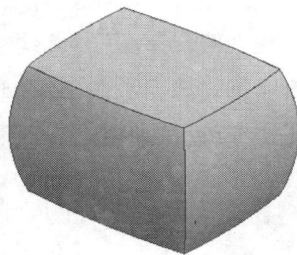

2．多个三角片体

多个三角片体是用三角形片体将所选棱边或曲线连接起来所形成的三角形曲面，并且每个三角形补片都由中心点和一条边界曲线组成。例如，执行"N边曲面"命令后，在"类型"标签栏中选择"三角形"选项，然后选取要创建片体的边界即可，其三角片体效果如图4-60所示。

（二）过渡

使用"过渡"命令可以在两个或多个曲线或片体之间创建过渡面，并且可以设置相切或曲率约束关系。单击"曲面"工具条中的"过渡"按钮 ，打开"过渡"对话框，如图4-61所示，依次选取图4-62所示的边界线，然后在"连续性"设置区中选择"G1（相切）"选

图4-60 三角片体

项，则所创建的过渡曲面将与这两条曲面相切，最后单击 确定 按钮即可。

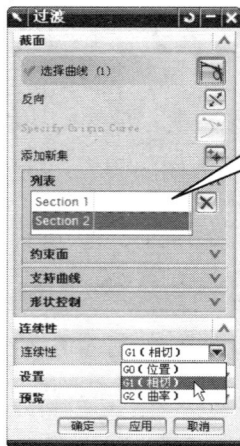

每选取一条截面曲线，应单击鼠标中键或单击"添加新集"按钮 确认

素材："SC" > "ch04" > "3-3-2.prt"

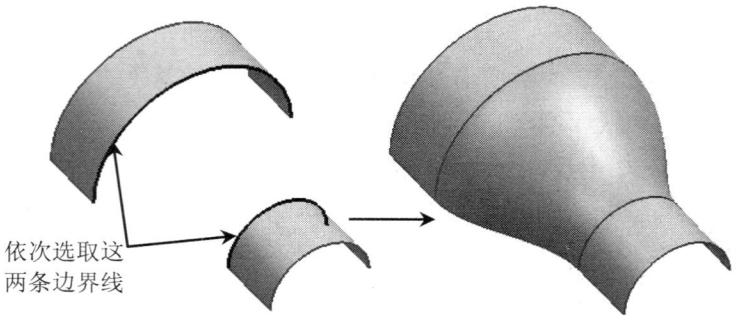

依次选取这两条边界线

图 4-61   "过渡"对话框

图 4-62   创建过渡曲面

（三）偏置曲面

使用"偏置曲面"命令，可以将所选的曲面沿法线方向偏移一定距离，从而生成新的曲面，并且一次可设置多个偏移距离。单击"曲面"工具条中的"偏置曲面"按钮 ，打开"偏置曲面"对话框，选取要偏置的曲面并输入偏置距离，最后单击 确定 按钮即可生成偏置曲面，如图 4-63 所示。

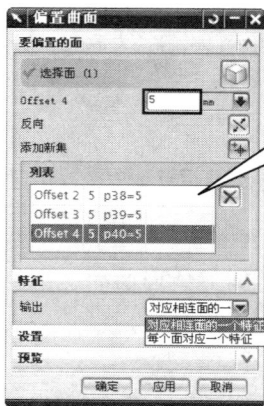

每选取一个偏置面后，应单击鼠标中键或单击"添加新集"按钮 确认

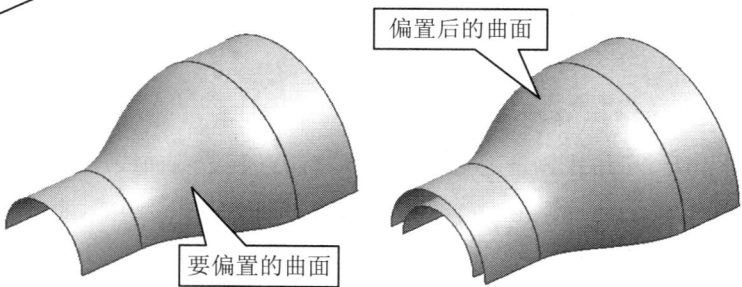

偏置后的曲面

要偏置的曲面

图 4-63   偏置曲面

提示

偏置相切曲面时，若在"偏置曲面"对话框"特征"标签栏中选择"对应相连面的一个特征"选项，则偏置后生成的曲面将作为一个特征，且保持偏置前的相切关系；若选择"每个面对应一个特征"选项，则偏置后将生成多个曲面，且各曲面间相互独立。

（四）修剪和延伸

当实体与曲面，或曲面与曲面相交时，使用"修剪和延伸"命令可修剪实体或曲面。此外，使用该命令还可以将所选曲面按距离或按指定对象的百分比延伸，其操作方法如下。

步骤 1▶ 单击"曲面"工具条中的"修剪和延伸"按钮 ，打开"修剪和延伸"对话框，在"类型"标签栏中选择"直至选定对象"选项。

步骤 2▶ 选取扫掠特征为修剪目标，选取圆柱曲面为修剪刀具，然后单击"方向"按钮 ，使刀具的方向箭头朝外，最后单击 确定 按钮即可，如图 4-64 所示。

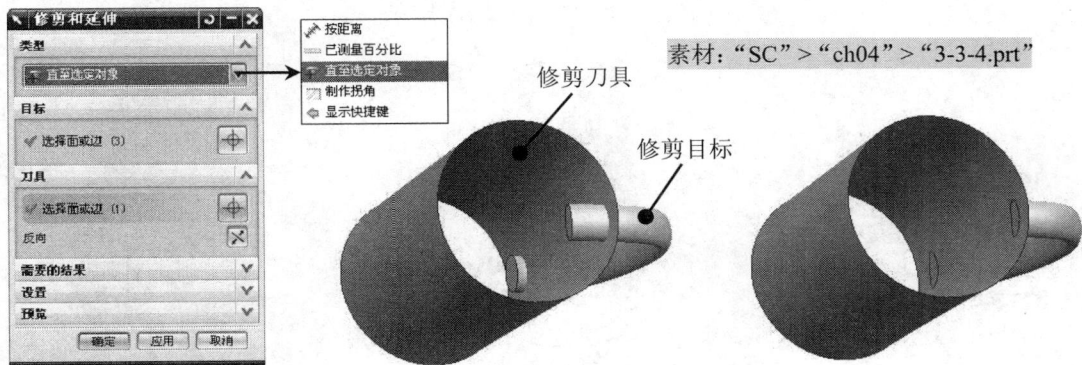

图 4-64 利用曲面修剪实体

"修剪和延伸"对话框中"类型"下拉列表中其他几个选项的功能如下。

- ➤ **按距离：** 按指定的值延伸片体的边。
- ➤ **已测量百分比：** 按所指定对象的百分比来延伸片体的边。
- ➤ **制作拐角：** 当目标体为实体时，使用该方式，可在修剪目标体的同时将目标体变为片体，且修剪后的目标体与刀具体合并成一个片体，如图 4-65 所示。

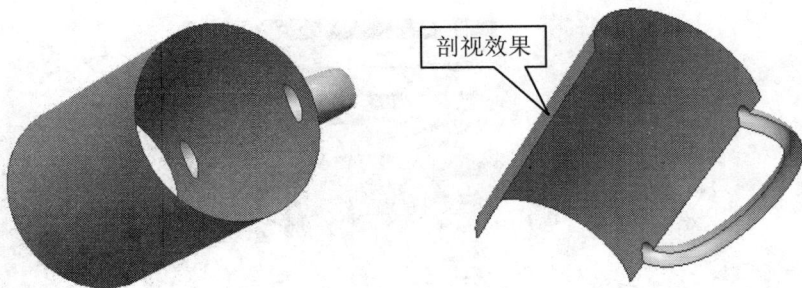

图 4-65 制作拐角

四、任务实施

制作思路

使用"通过曲线网格"命令创建壶身，然后利用"N 边曲面"命令填充壶底，接着使用"扫掠"命令创建壶把,并使用"修剪和延伸"命令修剪掉壶把上多余部分,合并壶身和壶把后对其连接处倒圆角,最后将壶口处切平。

制作步骤

步骤 1▶ 打开本书配套素材文件"SC">"ch04">"4-3.prt",然后单击"通过曲线网格"按钮，依次选取图 4-66 所示的两条曲线作为主曲线,接着依次选取其他四条曲线作为交叉曲线,创建曲面。

步骤 2▶ 单击"特征操作"工具条中的"镜像特征"按钮，以 X-Z 平面为镜像平面,将上步所创建的曲面进行镜像,结果如图 4-67 所示。

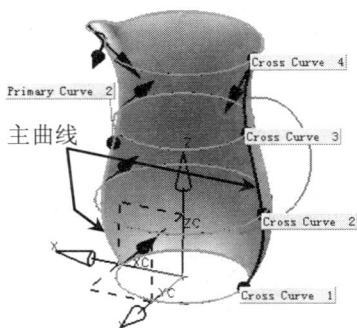

图 4-66 创建壶身曲面

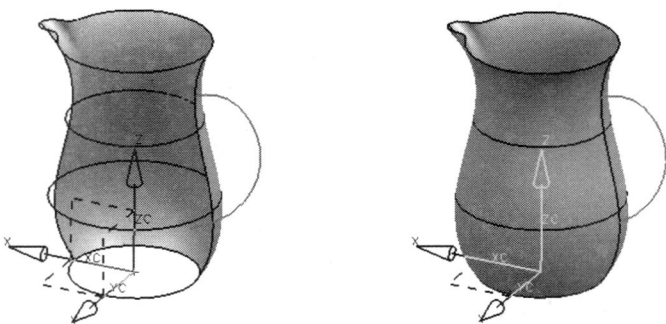

图 4-67 镜像曲面

步骤 3▶ 单击"特征操作"工具条中的"缝合"按钮，将工作区中的两个曲面进行合并,然后单击"N 边曲面"按钮，创建壶底曲面,如图 4-68 所示。

步骤 4▶ 单击"特征操作"工具条中的"面倒圆"按钮，采用默认的"滚动球"类型,选取上步所创建的 N 边曲面为面链 1,选取壶身曲面(共两个曲面)为面链 2,然后输入半径值 15,如图 4-69 所示。

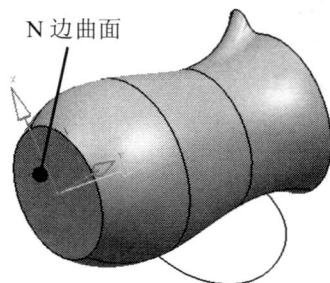

图 4-68 创建壶底

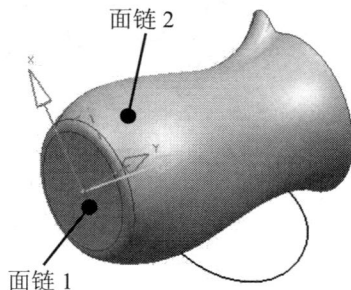

图 4-69 创建面倒圆特征

步骤 5▶　单击"扫掠"按钮 ◇，创建图 4-70 所示的壶把。

步骤 6▶　单击"修剪和延伸"按钮 ↘，在"类型"下拉列表中选择"直至选定对象"
选项，然后以壶把为目标，以壶身曲面为刀具修剪壶把，如图 4-71 所示。

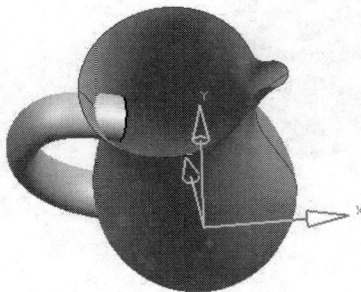

图 4-70　创建壶把

图 4-71　修剪壶把

步骤 7▶　单击"加厚"按钮 ◈，将壶身曲面向外加厚 3 mm，然后隐藏所有曲面，
结果如图 4-72 所示。

步骤 8▶　单击"求和"按钮 ◈，将壶身和壶把合并，然后利用"边倒圆"按钮 ◈，
将图 4-73 所示的棱边进行圆角处理，其圆角半径为 6。

步骤 9▶　单击"草图"按钮 ◈，以 X-Z 平面作为草图平面，利用"矩形"命令绘
制图 4-74 所示的草图，最后利用"拉伸"命令拉伸将该草图拉伸，并选择"求差"布尔
运算，将壶口切平。

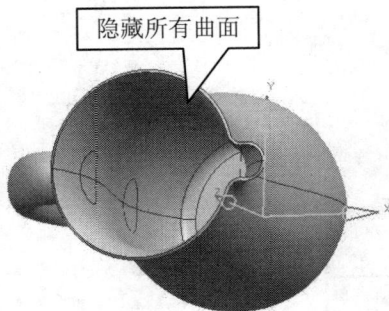

图 4-72　加厚曲面

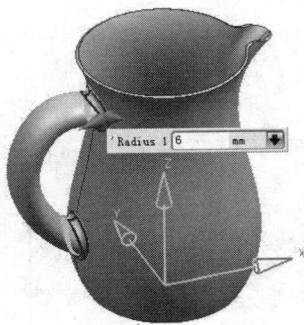

图 4-73　创建圆角特征

图 4-74　创建圆角特征

步骤 10▶　至此，水壶已经创建完毕。

五、巩固练习——果汁杯造型设计

参照图 4-75 所示曲线，分析其三维模型的形成过程，然后选择合适的命令创建其三
维模型。

素材："SC" > "ch04" > "3-5-1.prt"
效果："SC">"ch04">"3-5-1-end.prt"
视频："SP" > "ch04" > "3-5-1.exe"

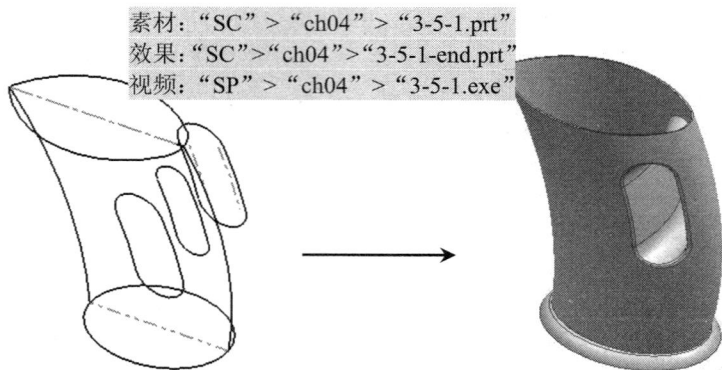

图 4-75 果汁杯造型设计

提示：

（1）使用"通过曲线网格"、"镜像特征"和"缝合"命令创建图 4-76 所示的杯身曲面，然后选择"首选项" > "建模"菜单，选中打开的"建模首选项"对话框中的"片体"单选钮，则后面所创建的特征将优先生成片体。

（2）使用"通过曲线组"命令创建手柄曲面（如图 4-76 所示），然后使用"修剪的片体"命令修剪曲面。

（3）使用"N 边曲面"命令创建果汁杯的杯底曲面，然后使用"缝合"命令将所有曲面缝合为一个曲面，接着使用"加厚"命令将曲面向外加厚 1.5，以得到果汁杯实体模型，最后使用"沿引导线扫掠"命令制作果汁杯底座，其扫掠截面草图如图 4-77 所示（使用直线和圆弧绘制扫掠截面草图）。

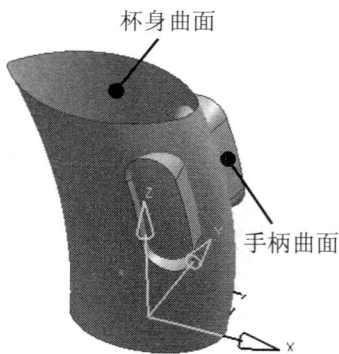

图 4-76 杯身和手柄曲面

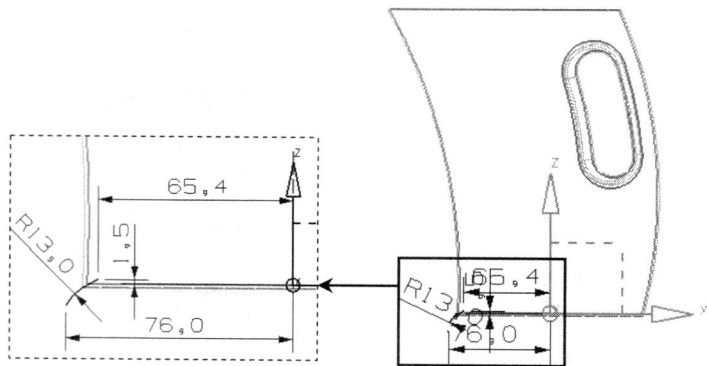

图 4-77 果汁杯底座截面草图

项目五 装配体

在 UG 中，设计完某产品的所有零件后，可将各零件按照意图要求装配成一个完整的产品模型。对于已经装配的零部件，可在装配模块中检查各零件之间是否有干涉问题，也可在该模块中直接更改零件模型，还可以创建装配体的爆炸图，以清楚表达各零部件的相对位置。

【学习目标】

◇   了解装配中的术语及装配导航器的功能。
◇   能够将所提供零件按照设计要求装配在一起。
◇   熟悉标准件库中螺钉、齿轮等常用标准件的添加方法。

任务一   装配脚轮组件

一、任务目标

（1）了解装配中的术语及装配导航器的功能。
（2）熟悉零件的一般装配过程，能够装配一般复杂程度的装配体。

二、任务设置

利用本项目所学知识将滚轮、插架、垫圈、轴和销等脚轮组件装配起来，其装配导航器及装配体效果如图 5-1 所示。

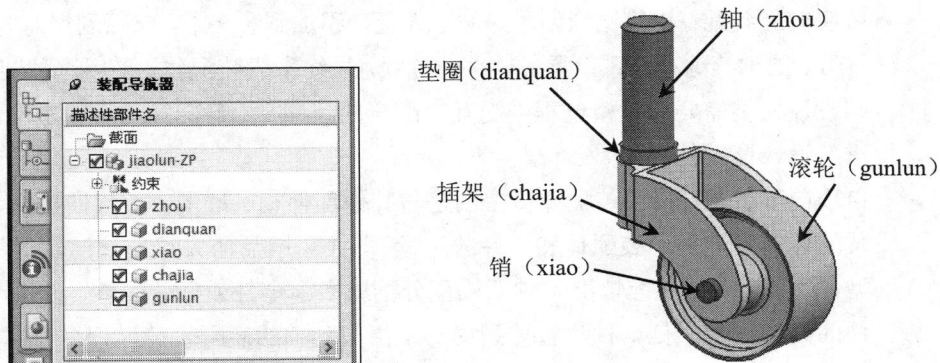

图 5-1   脚轮组件装配效果

三、相关知识

（一）装配基础知识

所谓"装配"，就是根据事先制定好的技术要求，将产品的各个零部件组装在一起，使之成为完整产品模型的过程。图 5-2 所示为衣夹模型的装配示意图。

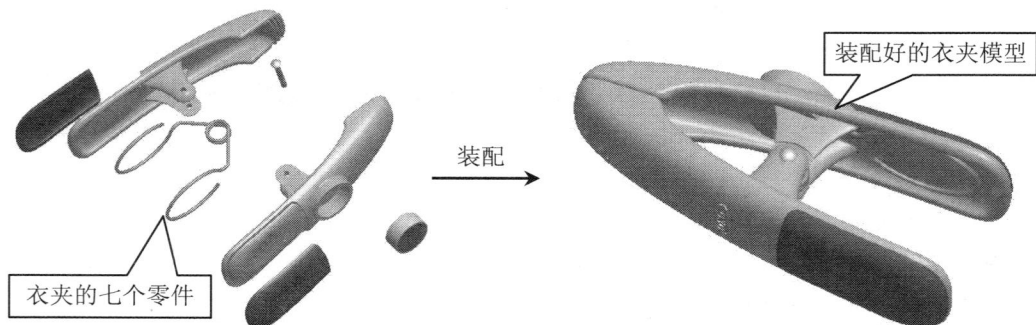

图 5-2　衣夹的装配示意图

要学习装配体，首先需要了解装配体、子装配体和组件等一些装配术语。

- ➢ **装配体和子装配体**：装配体是指由零件或部件组成的整体，而子装配体是被高一级装配引用的装配体，子装配体本身是由零件或零件和部件组成的。
- ➢ **组件**：指在装配时添加的装配对象，组件可以是要装配的单个零件或子装配体。
- ➢ **装配约束**：指各组件之间点、线、面的约束关系，通过装配约束可以确定各组件的方向和相对位置。

（二）装配流程及方法

在 UG 的装配模块中，既可以直接调用已经创建好的零件进行产品装配，也可以先确定零件的位置，然后再创建该零件。根据各零件之间的引用关系不同，可有三种创建装配体的方法，即自底向上装配、自顶向下装配和混合装配。

- ➢ **自底向上装配**：指将已经创建好的零件直接添加到装配中，然后利用对齐、角度、平行、同轴等约束关系设置各零件的位置，最终生成装配体。采用这种装配方法，则设计人员需要在建模过程中交互有配合的尺寸。一旦交互的尺寸出错，则需要重新设计该零件。
- ➢ **自顶向下装配**：指在装配环境中创建与其他部件相关联的零、部件模型，是由总装配体向下产生子装配体和零件的过程。即先由产品的大致形状创建出其骨架模型，然后再根据装配情况将骨架模型分割成多个零件或子装配体，最后设计各零件的具体结构，是一种从整体到局部，由粗到细的装配设计过程。
- ➢ **混合装配**：指自底向上装配和自顶向下装配相结合的装配方法。

提示

自顶向下装配中，产品的主要零件都是基于骨架模型产生的，因此，更改骨架模型的参数，其他零件的参数也会随之自动更改。这种装配设计方法，有助于分工协作设计，并且便于修改，多用于关联尺寸较多的大型复杂产品的设计。

自底向上装配是产品真实装配过程的体现，本项目主要以自底向上装配设计为例，介绍零件装配的一般过程和方法。

（三）创建装配体

创建装配体的过程主要包括添加组件到装配体和在装配体中定位组件两个步骤。下面以装配活塞为例，介绍添加和装配组件的方法。

步骤1▶ 进入装配模块。启动 UG 后单击"新建"按钮 📄，在打开的"新建"对话框的"模板"选项卡中选择"装配"选项，并设置文件名和保存路径，然后单击 确定 按钮新建一个装配文件，与此同时，系统将打开"添加组件"对话框，如图 5-3 所示。

步骤2▶ 添加第一个组件。单击"添加组件"对话框中的"打开"按钮 📂，打开"部件名"对话框，在该对话框中选择要添加的组件，这里选择本书配套素材文件"SC" > "ch05" > "1-3-3" > "a.prt"，然后单击 OK 按钮，打开"组件预览"窗口以显示所选择的组件，如图 5-4 所示。

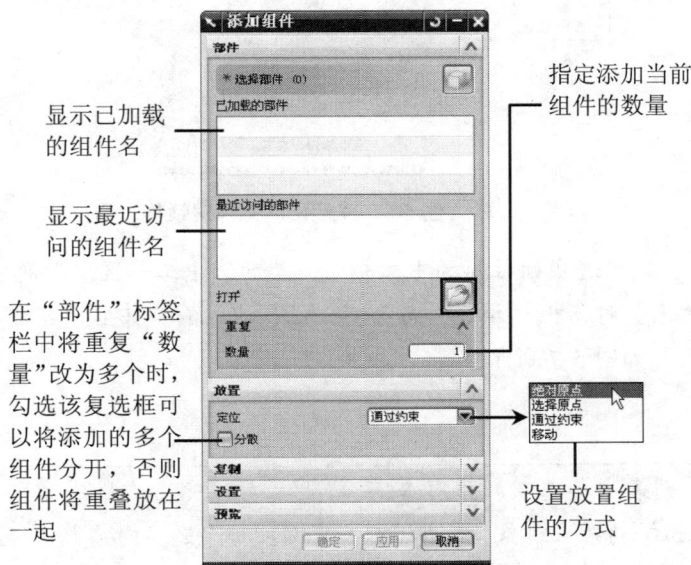

显示已加载的组件名

显示最近访问的组件名

在"部件"标签栏中将重复"数量"改为多个时，勾选该复选框可以将添加的多个组件分开，否则组件将重叠放在一起

指定添加当前组件的数量

设置放置组件的方式

在该窗口中可以缩放、旋转组件，以便于选取要进行约束的面、棱边或轴线

图 5-3　"添加组件"对话框

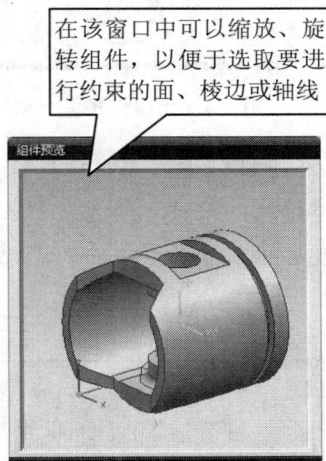

图 5-4　"组件预览"窗口

步骤3▶ 在"添加组件"对话框"放置"标签栏中选择"绝对原点"选项，然后单击 应用 按钮，即可添加该组件。

提示

图 5-3 所示"放置"标签栏的"定位"下拉列表中各选项的功能如下。

绝对原点：将组件放置至绝对坐标系的原点处。

选择原点：将组件放置至指定位置处。

通过约束：通过指定装配约束条件来确定组件在装配体中的位置。

移动：通过移动组件来指定组件在装配中的位置。

步骤 4▶ 添加第二个组件。单击"添加组件"对话框中的"打开"按钮 ，选择第二个要添加的组件，这里选择本书配套素材文件"SC" > "ch05" > "1-3-3" > "b.prt"，然后单击 OK 按钮，返回"添加组件"对话框并打开"组件预览"窗口，如图 5-5 所示。

步骤 5▶ 约束圆柱筒与孔的轴线对齐。在"添加组件"对话框"放置"标签栏中选择"通过约束"选项，单击 应用 按钮打开"装配约束"对话框，在该对话框的"类型"标签栏中选择"接触对齐"选项，其"方位"下拉列表中的设置如图 5-6 所示。

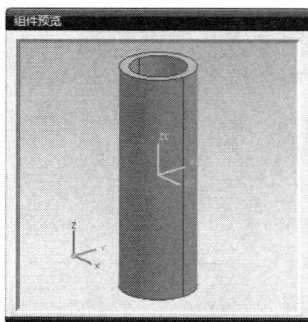

图 5-5   "组件预览"窗口   图 5-6   "装配约束"对话框

步骤 6▶ 在"组件预览"窗口中选中圆柱筒的中心轴线，然后选中工作区中孔的中心轴线，此时，若选中"装配约束"对话框"预览"标签栏中的"在主窗口中预览组件"复选框，可查看组件的装配情况，如图 5-7 所示。

提示

图 5-6 所示"方位"下拉列表中各选项的作用如下。

首选接触：系统根据用户选择的约束对象，自动判断为其添加接触还是对齐约束。

接触：使所选对象贴合。例如，选择两个平面，系统将使其共面且法向指向相反的方向。

对齐：使所选对象对齐。例如，选择两个平面，系统将使其共面且法向方向相同。

自动判断中心/轴：选择轴线或圆弧对象，系统将对齐两个对象的轴线或中心。

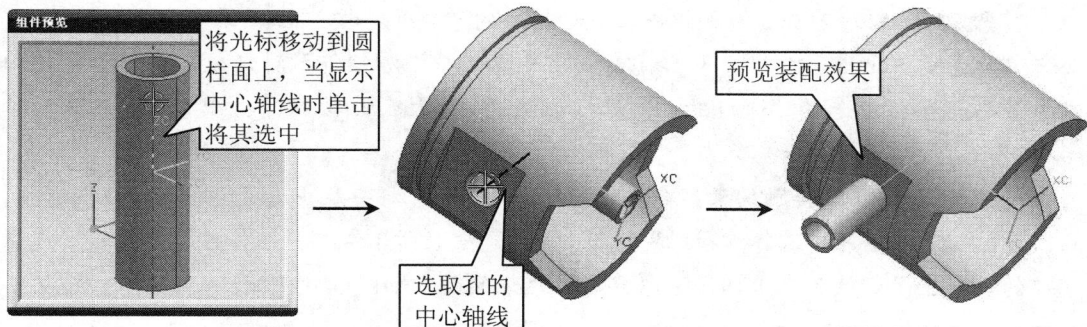

图 5-7　"接触对齐"装配约束

步骤 7▶　约束圆柱筒的中心与基础组件的中心重合。在"装配约束"对话框的"类型"下拉列表中选择"中心"选项，在"子类型"列表框中选择"2 对 2"选项，如图 5-8 所示。

步骤 8▶　在"组件预览"窗口中依次选中圆柱上、下两个平面，接着在工作区选取图 5-9 所示两个平面，则圆柱的中心与基础组件的中心重合（如图 5-10 所示），最后单击 确定 按钮完成两个零件的装配。

图 5-8　"装配约束"对话框　　　图 5-9　选择基础组件上的两平面　　　图 5-10　"中心"装配约束

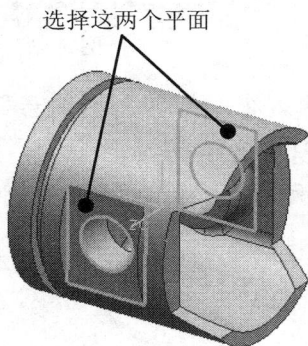

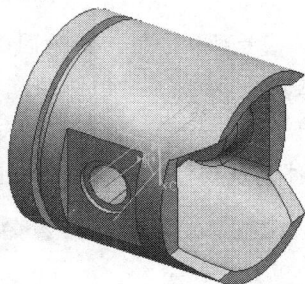

提示

"中心"约束用于约束两个对象的中心对齐。选择该约束类型时，"子类型"下拉列表中各选项的功能如下。

1 对 2：用于将相配组件中的一个对象定位至基础组件中的两个对象的对称中心上。

2 对 1：用于将相配组件中两个对象的中心位置定位至基础组件的一个对象上。

2 对 2：用于将相配组件中两个对象的中心定位至基础组件中两个对象的中心上。

其中，相配组件是指需要添加约束进行定位的组件，基础组件是指位置已经固定的组件，如本例中第一次添加的组件 "a.prt"。

步骤 9▶ 继续单击 "添加组件" 对话框中的 "打开" 按钮 ，添加本书配套素材文件 "SC" > "ch05" > "1-3-3" > "c.prt" 并返回 "添加组件" 对话框，在该对话框的 "放置" 标签栏中选择 "通过约束" 选项，然后单击 确定 按钮，打开 "装配约束" 对话框。

步骤 10▶ 添加接触约束。在该对话框的 "类型" 标签栏中选择 "接触对齐" 选项，在 "方位" 下拉列表中选择 "接触" 选项，如图 5-11 所示。在 "组件预览" 窗口中选取零件的一个底面，然后在工作区选取要与之约束的面，如图 5-12 所示。

图 5-11 "装配约束" 对话框

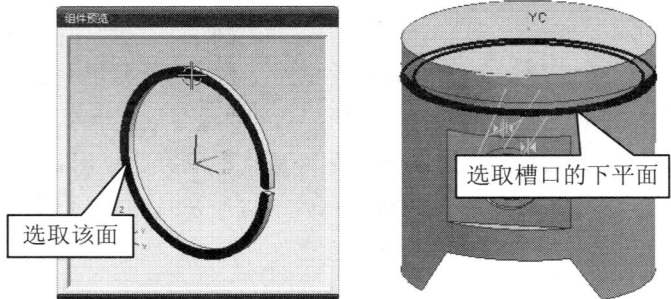

图 5-12 选择要接触的两个平面

步骤 11▶ 添加同心约束。在 "装配约束" 对话框的 "类型" 标签栏中选择 "同心" 选项，然后在 "组件预览" 窗口中选取零件的一条圆形棱边，接着在工作区选取一条圆形棱边，如图 5-13 所示，则这两条圆形棱边的中心重合，最后单击 确定 按钮，完成该零件的装配，效果如图 5-14 所示。

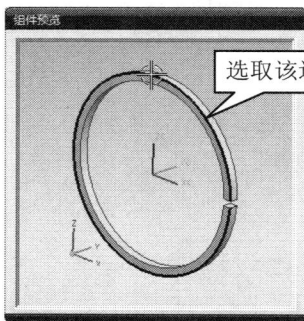

图 5-13 选择要同心的两条棱边

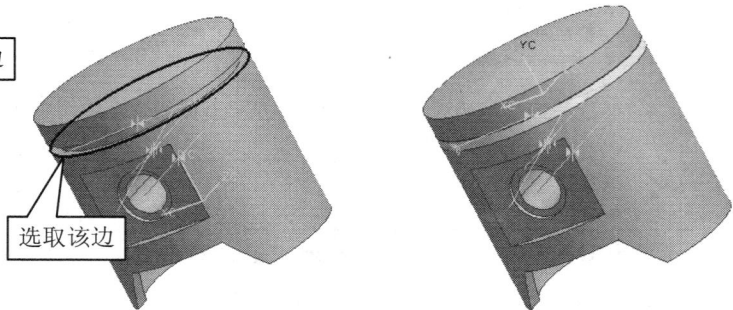

图 5-14 "同心" 装配约束

"装配约束" 对话框中 "类型" 标签栏的下拉列表中其他几种装配约束的功能如下。

➤ **角度**：通过指定两个对象之间的角度来约束所选对象之间的位置。

➤ **胶合**：使两对象黏合在一起，不能相互运动。

➤ **拟合**：将两个半径相同的圆柱面相配合。该约束常用于在孔内定位销钉或螺栓。

➢ **固定**：将组件固定在其当前所在位置。

➢ **距离**：约束两指定对象间的距离，距离值的正负，可决定相配组件在基础组件的哪一侧。

➢ **平行/垂直**：使两对象的矢量方向相互平行或垂直。

（四）装配导航器

通过装配活塞可知，在每添加一个组件后，工作区左侧的"装配导航器"面板中就可出现所加载的组件名称；在为组件每添加一个装配约束后，装配导航器的特征树中将显示已添加的约束类型，如图 5-15 所示。

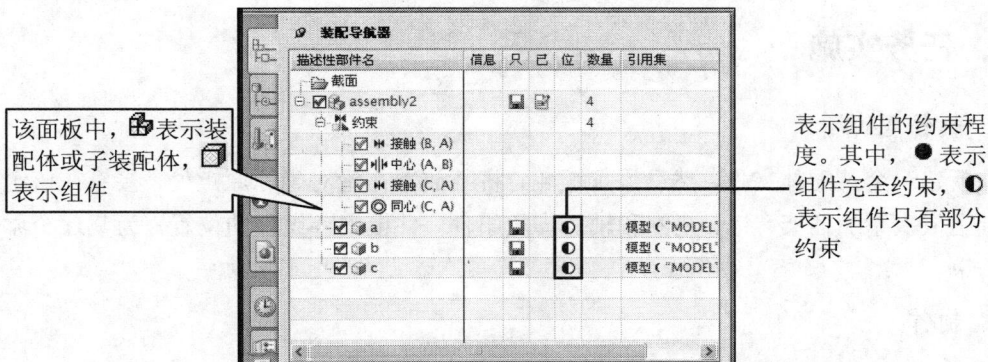

图 5-15　"活塞"装配导航器

利用该面板的特征树可以方便地查看和管理装配件、子装配和组件。例如，要隐藏某部件，可单击其前面的☑，使其显示为灰色状态（再次单击可显示部件）；要修改某个装配约束，可在装配导航器中双击该约束，然后利用打开的"装配约束"对话框进行修改；若要删除某个装配约束，可在选中该约束后直接按【Delete】键。

此外，在装配体中还可以对组件进行修改，其方法有以下两种。

➢ **方法一**：在装配导航器的特征树中双击要修改的组件，或选中该组件后右击，从弹出的快捷菜单中选择"设置为工作部件"菜单项（如图 5-16 所示），然后单击"部件导航器"按钮 📊，可利用特征树修改该组件的参数或形状。

➢ **方法二**：在装配导航器的特征树中选择要修改的组件，然后右击，从弹出的快捷菜单中选择"显示父项"后的子菜单（如图 5-17 所示），即可打开该组件并进入零件模块。此时，单击"部件导航器"按钮 📊，利用特征树修改该组件的参数或形状。

若要重新进入装配体状态，可在装配导航器的特征树中双击总装配体即可。

图 5-16　将所选组件设置为工作部件　　　　图 5-17　打开所选组件

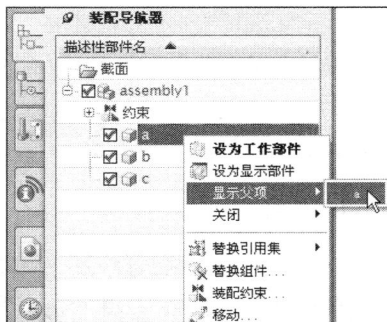

四、任务实施

制作思路

新建一个装配体文件，然后添加滚轮，将其放置在绝对坐标原点处，接着在该组件的基础上依次添加插架、销、垫圈和轴等脚轮组件，并根据各组件的位置，为其逐个添加装配约束。

制作步骤

步骤 1▶　添加滚轮。创建一个装配体文件后，在打开的"添加组件"对话框中单击"打开"按钮，然后添加本书配套素材文件"SC" > "ch05" > "5-1" > "gunlun.prt"，将其放置在绝对原点处后单击 确定 按钮。

步骤 2▶　添加插架。单击"装配"工具条中的"添加组件"按钮，打开"添加组件"对话框，采用同样的方法添加本书配套素材文件"SC" > "ch05" > "5-1" > "chajia.prt"，并在"添加组件"对话框的"定位"下拉列表中选择"通过约束"选项，最后单击 应用 按钮，打开"装配约束"对话框。

步骤 3▶　添加中心约束。在该对话框的"类型"标签栏中选择"中心"，然后在"子类型"下拉列表中选择"2 对 2"选项（如图 5-18 所示），接着分别选取插架和滚轮上的两组对称平面（如图 5-19 所示），即可将滚轮和插架的中心对齐。

图 5-18　"中心"装配约束　　　图 5-19　分别选取两组对称平面

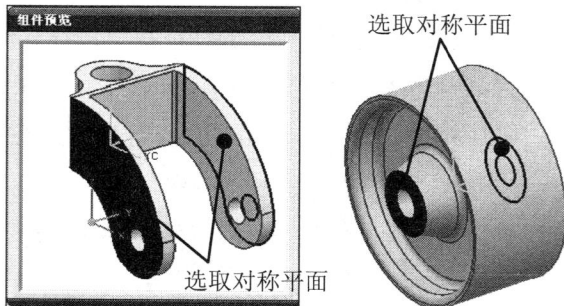

步骤4▶ 添加中心约束。采用默认的"中心"类型，在"子类型"下拉列表中选择"2 对 1"选项，然后依次选取图 5-20 所示插架的两个中心线和滚轮的中心线，即可将滚轮和插架的孔对齐，最后单击 确定 按钮，完成插架的装配，结果如图 5-21 所示。

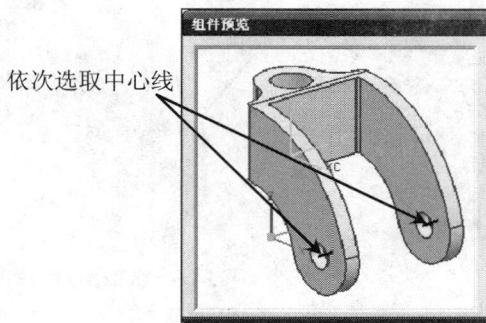

依次选取中心线

图 5-20 选取插架两孔的中心线　　　　图 5-21 插架装配效果

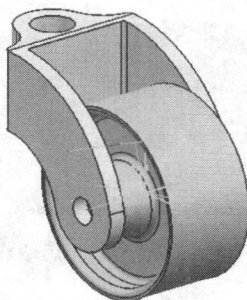

步骤5▶ 添加销。利用"添加组件"对话框添加本书配套素材文件"SC" > "ch05" > "5-1" > "xiao.prt"，将其定位方式设置为"通过约束"并单击 应用 按钮。

步骤6▶ 添加接触对齐约束。在打开的"装配约束"对话框中将约束类型设置为"接触对齐"，在"方位"下拉列表中选择"自动判断中心/轴"选项，如图 5-22 所示，然后分别选取销的轴线和滚轮的轴线，使其对齐。

步骤7▶ 添加中心约束。将约束类型设置为"中心"，在"子类型"下拉列表中选择"2 对 2"选项，如图 5-23 所示，采用装配插架的方式装配销，使销与滚轮的中心对齐，结果如图 5-24 所示。

图 5-22 "接触对齐"装配约束　　图 5-23 "中心"装配约束　　图 5-24 销装配效果

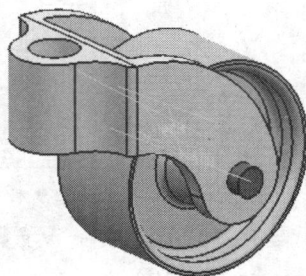

步骤8▶ 添加垫圈组件和接触约束。添加本书配套素材文件"SC" > "ch05" > "5-1" > "dianquan.prt"，将其定位方式设置为"通过约束"并单击 应用 按钮。将约束类型设置为"接触对齐"，然后在"方位"下拉列表中选择"接触"选项，依次选取图 5-25 所示的两个平面，使其接触。

步骤9▶ 添加接触对齐约束。采用选中的"接触对齐"类型，在"方位"下拉列表中选择"自动判断中心/轴"选项，依次选取垫圈的中心轴线和图 5-26 所示的轴线，其装配结果如图 5-27 所示。

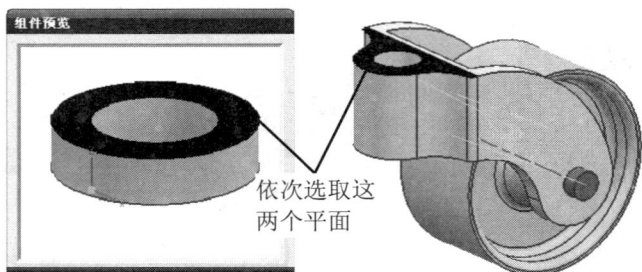

图 5-25　选取要接触的平面

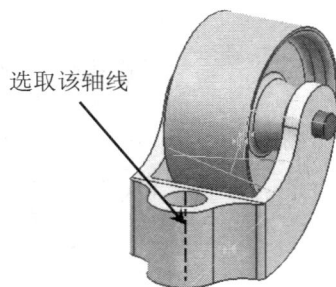

图 5-26　选取要对齐的轴线

步骤 10▶　添加轴组件并约束。添加本书配套素材文件"SC" > "ch05" > "5-1" > "zhou.prt"，参照装配垫圈的方法装配轴，使图 5-27 和图 5-28 所示的两个平面接触，并使轴的轴线与上步所装配的垫圈的轴线对齐，其装配结果如图 5-29 所示。

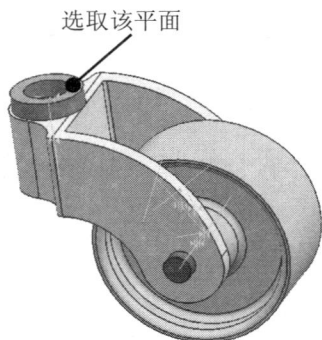

图 5-27　垫圈装配效果

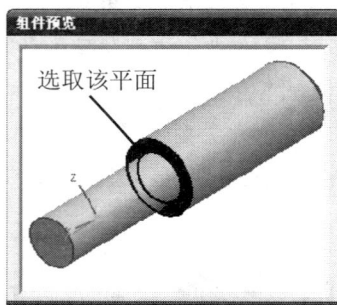

图 5-28　选取接触平面

图 5-29　轴的装配效果

提示

若要隐藏装配约束，可选择装配导航器的"约束"节点下的第一个约束，然后按住【Shift】键选取最后一个约束，接着单击鼠标右键，从弹出的快捷菜单中选择"隐藏"菜单项。

步骤 11▶　至此，脚轮组件已经装配完成。

五、知识拓展

（一）修改装配约束

在为组件添加装配约束的过程中，若要更改所选择的对象（如平面、轴线、棱边等），可按住【Shift】键在已经选取的对象上单击，取消所选中的对象，然后松开【Shift】键，选择要选取的对象即可。

若要更改组件的某一装配约束，可在装配导航器的"约束"节点下选择要更改的约束，然后双击，打开"装配约束"对话框，接着利用【Shift】键在工作区重新选择要约束的对象。

注意

对于已经添加装配约束的组件，只能更改其约束对象，不能更改其约束类型。例如，只能更改"平行"约束的两个平行对象，而不能将"平行"约束改成其他约束类型。

（二）重定位组件

若要为组件重新添加装配约束，需先删除不需要的装配约束然后再添加。但当要重定位的组件和基础组件重合，或要约束的对象不方便选择时，可先使用"移动组件"命令将要进行重定位的组件沿未约束方位移动一定距离，使两个组件分离，然后再为其添加相关约束。

例如，要使图 5-30 所示组件 a 和组件 b 接触部分的轴线对齐，为了方便选择各轴线，可先将组件 a 移动至工作区的空白位置，然后再为其添加"对齐"约束。组件的移动过程如下。

步骤 1▶ 单击"装配"工具条中的"移动组件"按钮，打开"移动组件"对话框。在"类型"标签栏的下拉列表中选择"动态"选项（如图 5-31 所示），然后选取要重定位的组件 a。

素材："SC"＞"ch03"＞"1-5-2"＞"hinge-ZP.prt"

图 5-30　素材

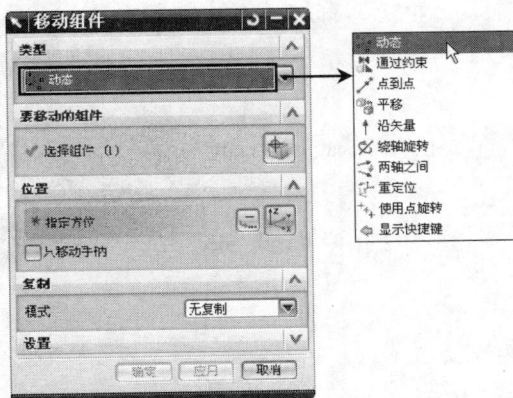

图 5-31　"移动组件"对话框

步骤 2▶ 单击"位置"标签栏中的"指定方位"选项，在工作区的合适位置单击，即可将组件 a 移至此处，如图 5-32 所示。

步骤3▶ 单击"装配"工具条中的"装配约束"按钮 🖳，将约束类型设置为"接触对齐"，然后在"方位"下拉列表中选择"对齐"选项，选择组件 a 和组件 b 的两个轴线即可，结果如图 5-33 所示。

图 5-32 移动组件 a

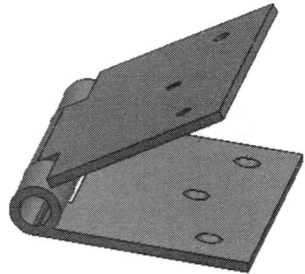

图 5-33 添加"对齐"约束

提示

若对装配后的效果不满意，还可以在图 5-31 所示的"移动组件"对话框的"类型"下拉列表中选择"绕轴旋转"选项，然后将组件 a 绕轴线旋转一定角度。

六、巩固练习——装配夹具

该夹具主要由底座（baseplate）、定位块（locator_block）、定位销（locator_pin）、螺钉（bolt）、暗销（dowel_pin）和工件（work_piece）等共六种组件构成。利用本项目所学知识，参照图 5-34 所示夹具装配图，将这六种组件装配起来。

素材："SC" > "ch05" > "1-6-1"
效果："SC" > "ch05" > "1-6-1" > "fixture-ZP.prt"
视频："SP" > "ch05" > "1-6-1.exe"

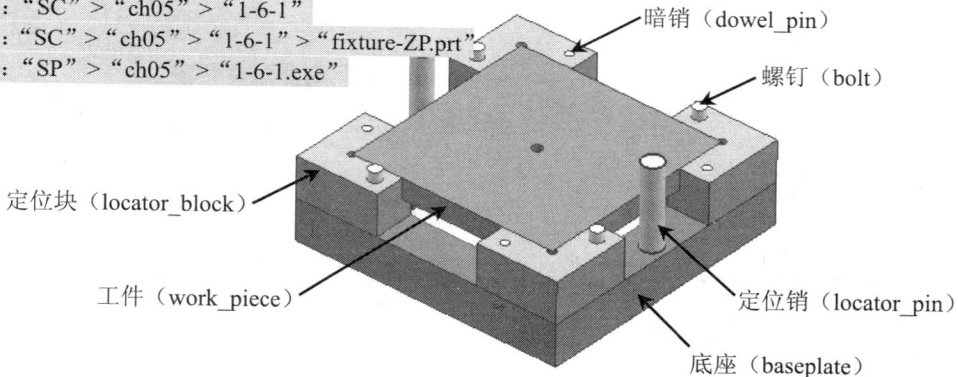

图 5-34 夹具装配图

提示：

先添加底座至绝对坐标系的原点，然后添加定位块并利用"接触"、"对齐"和"平行"约束将其装配在底座上，接着依次添加螺钉、暗销和定位销，并逐个为其添加"接触"和"对齐"约束，最后添加工件，并为其添加"接触"约束。

任务二　装配上模组件

一、任务目标

掌握组件的镜像、阵列，以及创建爆炸视图和还原爆炸视图的方法。

二、任务设置

将项目二中所创建的导套、打料杆、凸模固定板等上模组件装配起来，装配效果如图5-35所示。

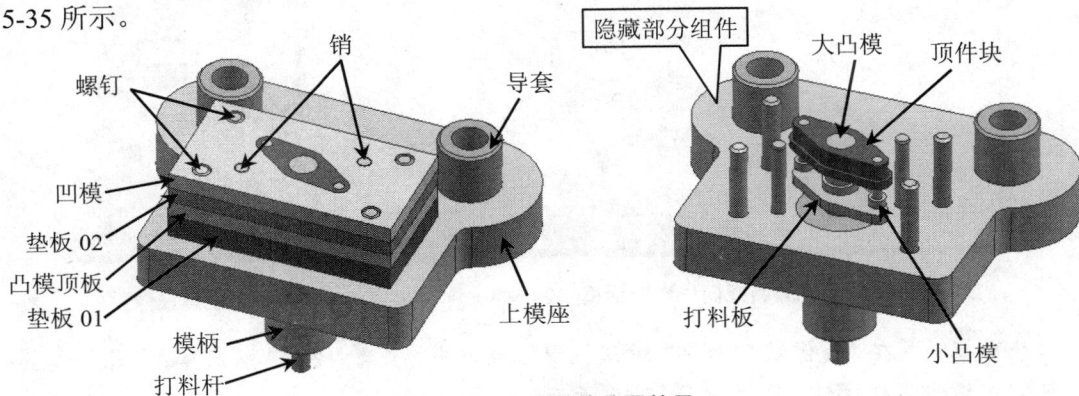

图 5-35　上模组件装配效果

三、相关知识

（一）组件镜像

在装配组件时，可将具有对称结构的组件以对称平面为镜像平面进行镜像，以生成新的组件，其具体操作方法如下。

步骤 1▶　打开本书配套素材文件 "SC" > "ch05" > "2-3-1" > "fagai-ZP.prt"，如图5-36 所示。单击 "装配" 工具条中的 "镜像装配" 按钮 ，打开 "镜像装配向导" 对话框，如图 5-37 所示。

素材："SC">"ch05">"2-3-1">"fagai-ZP.prt"

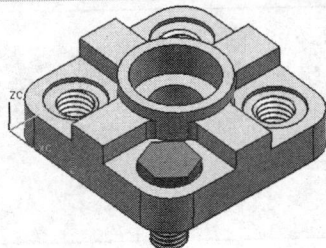

图 5-36　素材

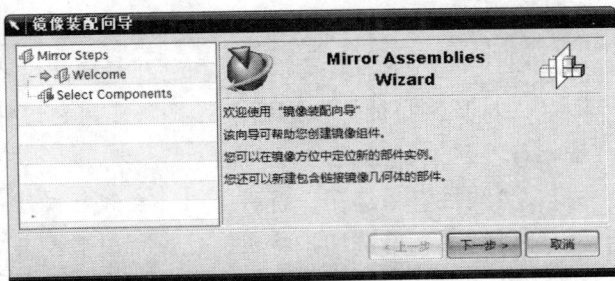

图 5-37　"镜像装配向导" 对话框（1）

步骤2▶ 单击对话框中的 下一步> 按钮，在工作区中选取要镜像的六角螺钉，然后单击"镜像装配向导"对话框中的 下一步> 按钮，此时"镜像装配向导"对话框中将提示选取镜像平面，如图 5-38 所示。

步骤3▶ 单击"创建基准平面"按钮 ，打开"基准平面"对话框，在"类型"标签栏的下拉列表中选择"XC-ZC 平面"选项，然后输入距离值 25，如图 5-39 所示，最后单击 确定 按钮以指定镜像平面并返回"镜像装配向导"对话框。

图 5-38 "镜像装配向导"对话框（2）　　　图 5-39 设置镜像平面

步骤4▶ 在"镜像装配向导"对话框中依次单击 下一步> 按钮，然后单击 完成 按钮即可完成镜像装配操作，结果如图 5-40 所示。

（二）组件阵列

组件阵列是指将已装配的组件进行线性或圆形阵列，从而生成多个组件。例如，要在阀盖上安装多个螺钉，可先装配其中一个，其他螺钉的装配可采用阵列组件的方式完成，以提高装配效率。具体操作方法如下。

步骤1▶ 单击"装配"工具条中的"创建组件阵列"按钮 ，打开"类选择"对话框，在工作区选择要阵列的螺钉组件，然后单击 确定 按钮，打开"创建组件阵列"对话框，如图 5-41 所示。

图 5-40 镜像效果

提示

> 图 5-41 所示"创建组件阵列"对话框中，各单选钮的功能如下。
>
> **"从实例特征"单选钮**：可将要阵列的组件按照其他组件中存在的阵列特征关系进行阵列。
>
> **"线性"单选钮**：将所选组件按线性或矩形排列。
>
> **"圆形"单选钮**：将所选组件按圆形或圆周排列。

步骤 2▶ 在该对话框中选中"线性"单选钮，然后单击 确定 按钮，打开图 5-42 所示的对话框；在该对话框中选中"边"单选钮，接着在工作区单击选取图 5-43 所示模型的棱边 1 和棱边 2，以指定阵列的参考方向。

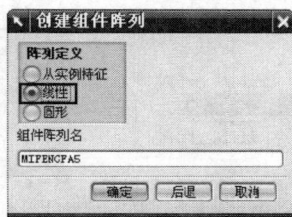

图 5-41 设置阵列类型 　　　　图 5-42 设置阵列参数

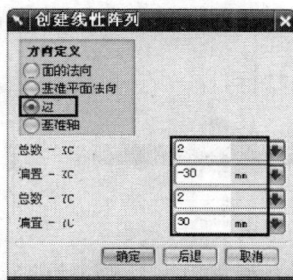

步骤 3▶ 在"创建线性阵列"对话框中设置各方向上的参数（如图 5-42 所示），最后单击 确定 按钮，完成组件的阵列，结果如图 5-44 所示。

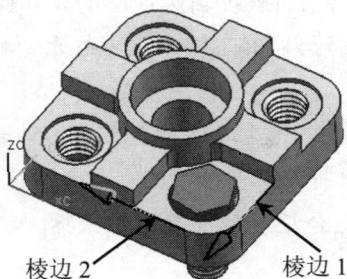

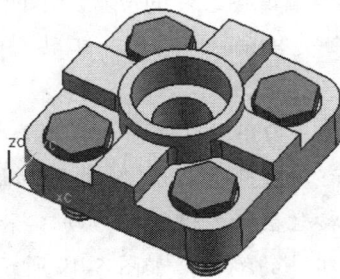

图 5-43 选择棱边 　　　　图 5-44 组件阵列效果

（三）创建和编辑爆炸视图

爆炸图是将装配好的各组件重新分解而得到的视图，它可以清楚地向我们展现该装配体中的所有组件及各组件间的位置关系。下面，通过创建和编辑活塞爆炸图，来讲解爆炸图的相关操作。

1. 创建爆炸图

步骤 1▶ 打开本书配套素材文件"SC" > "ch05" > "1-3-3" > "piston-ZP.prt"。单击"爆炸图"工具条中的"创建爆炸图"按钮 ，打开"创建爆炸图"对话框（如图 5-45 所示），采用默认的爆炸图名称并单击 确定 按钮，完成爆炸图编辑环境的创建。

步骤 2▶ 单击"爆炸图"工具条中的"自动爆炸组件"按钮 ，打开"类选择"对话框，单击选择要进行爆炸的组件，这里采用框选方式选取装配体中的所有组件，选择完毕后单击 确定 按钮，打开"爆炸距离"对话框。

步骤 3▶ 在"距离"编辑框中输入组件的偏置距离，如 20（如图 5-46 所示），最后单击 确定 按钮，即可完成爆炸视图的创建，其效果如图 5-47 所示。

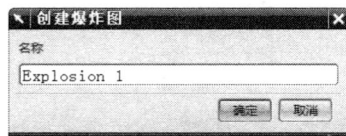

未勾选此复选框，则指定的距离为绝对距离；否则，每个组件的距离为装配间隙和输入的距离之和

图 5-45 "创建爆炸图"对话框　　　图 5-46 设置爆炸距离　　　图 5-47 爆炸效果图

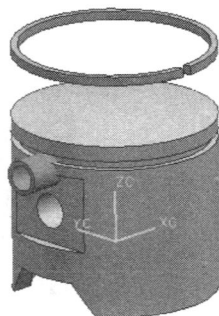

2. 编辑爆炸图

使用"自动爆炸组件"命令一般不能得到理想的爆炸效果，此时，用户可利用"编辑爆炸图"命令编辑各组件的位置。下面紧接上例，来讲解编辑爆炸图的具体操作方法。

步骤 1▶ 单击"爆炸图"工具条中的"编辑爆炸图"按钮 ，打开"编辑爆炸图"对话框，如图 5-48 所示。

步骤 2▶ 采用默认选中的"选择对象"单选钮，选取要编辑的组件，如选择圆柱筒，然后选中"移动对象"单选钮，此时所选的组件上将显示一个动态坐标。将鼠标放在选中的组件上，按住鼠标左键进行拖动，将组件拖动到合适的位置后松开鼠标，单击 确定 按钮即可完成组件的编辑，如图 5-49 所示。

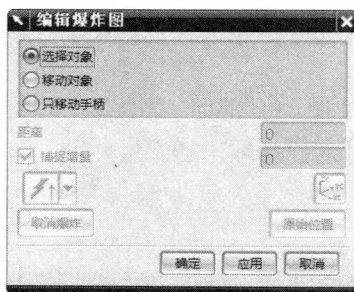

图 5-48 "编辑爆炸图"对话框　　　图 5-49 移动组件

3. 创建跟踪线

在爆炸图中，为了清楚表达各组件之间的位置关系，可利用"创建追踪线"命令为各组件添加跟踪线。

例如，单击"爆炸图"工具条中的"创建追踪线"按钮 ，打开"创建追踪线"对话框（如图 5-50 所示），然后在工作区选取图 5-51 所示孔的圆心作为追踪线的起点，选取圆柱筒的底面圆心作为追踪线的终点，此时，系统自动生成一条追踪线，单击 确定 按钮即可创建追踪线。

图 5-50 "创建追踪线"对话框

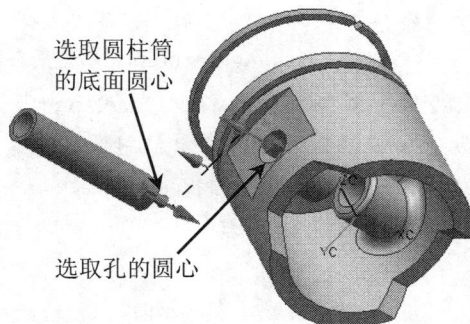

选取圆柱筒的底面圆心

选取孔的圆心

图 5-51 创建追踪线

（四）还原爆炸视图

爆炸图中，各组件之间的装配约束关系并不受影响。用户可在"爆炸图"工具条的"工作视图爆炸"下拉列表中单击，从弹出的下拉列表中选择"无爆炸"选项，可退出爆炸图状态，如图 5-52 所示。

图 5-52 退出爆炸图状态

此外，选中要取消爆炸效果的组件，然后单击"爆炸图"工具条中的"取消爆炸组件"按钮 （或者先不选择组件，单击"取消爆炸组件"按钮 后利用弹出的"类选择"对话框选择要取消爆炸的组件），即可取消爆炸效果，使组件恢复到爆炸前的位置。

四、任务实施

制作思路

新建一个装配体文件，然后添加上模座，将其放置在绝对坐标原点处，接着在该组件的基础上依次装配导套、模柄、垫板01、打料板、打料杆、凸模顶板、大凸模、小凸模、垫板02、凹模和顶件块等，最后装配用于固定各组件的螺钉和圆柱销即可。

在装配过程中，对于具有对称结构的组件，可先装配其中一个，然后利用"镜像装配"或"创建组件阵列"命令生成其他组件。此外，该上模组件中的圆柱销为标准件，因此可直接在标准件中调用。

制作步骤

（一）装配上模组件

步骤 1▶ 装配上模座。创建一个装配体文件，然后将本书配套素材文件"SC" > "ch05" > "5-2" > "shangmuzuo.prt" 放置在绝对原点处。

步骤 2▶ 装配导套。添加"daotao.prt"文件，将约束类型设置为"接触对齐"，然后在"方位"下拉列表中选择"接触"选项，依次选取图 5-53 所示的两个平面；在"方位"下拉列表中选择"自动判断中心/轴"选项，依次选取图 5-53 所示孔 1 的轴线和导套的轴线，结果如图 5-54 所示。

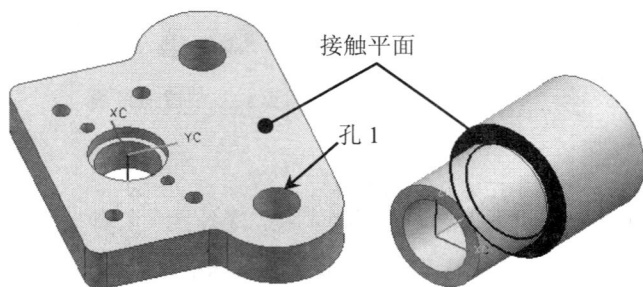

图 5-53　选择接触和对齐对象　　　　图 5-54　装配导套效果

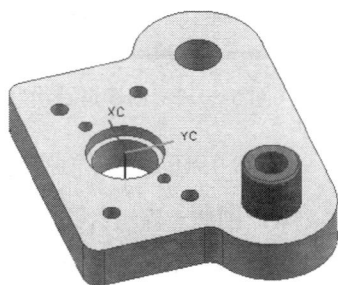

步骤 3▶ 单击"镜像装配"按钮，将上步所装配的导套组件以"YC-ZC 平面"为镜像平面进行镜像。

步骤 4▶ 装配模柄。添加"mubing.prt"文件，参照装配导套的方法，为图 5-55 所示的两个平面添加"接触"约束；在"方位"下拉列表中选择"自动判断中心/轴"选项，依次选取图 5-55 所示孔 1 的轴线和模柄的轴线，结果如图 5-56 所示。

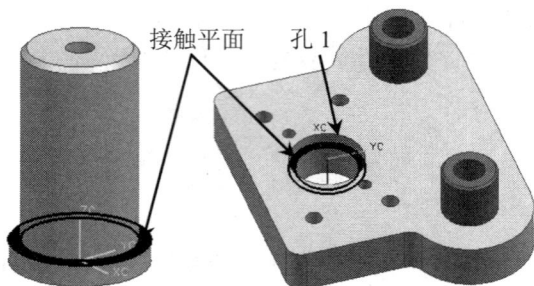

图 5-55　选择接触和对齐对象　　　　图 5-56　装配模柄效果

步骤 5▶ 装配垫板 01。添加"dianban01.prt"文件，将约束类型设置为"接触对齐"，在"方位"下拉列表中选择"自动判断中心/轴"选项，分别将图 5-57 所示的两组孔的轴线对齐，最后为图 5-57 所示的平面 1 的背面和平面 2 添加"接触"约束，结果如图 5-58 所示。

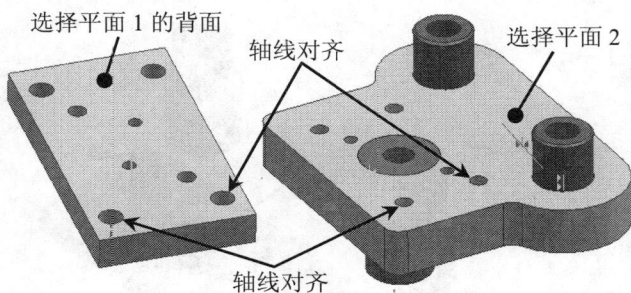

图 5-57　选择接触和对齐对象

图 5-58　装配垫板 01

步骤 6▶　装配打料板。隐藏上模座和模柄，然后添加 "daliaoban.prt" 文件，将约束类型设置为 "接触对齐"，分别将图 5-59 所示的两组圆弧的轴线对齐，最后为平面 1 的背面和平面 2 添加 "接触" 约束，结果如图 5-60 所示。

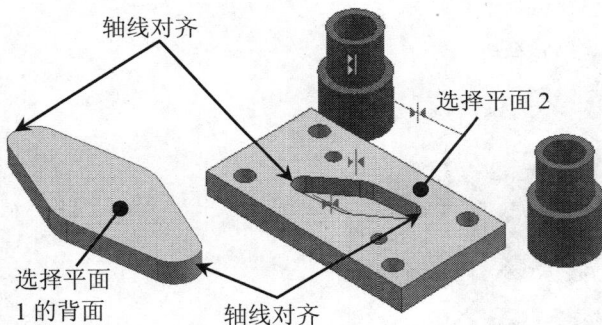

图 5-59　选择接触和对齐对象

图 5-60　装配打料板

步骤 7▶　装配打料杆。添加 "daliaogan.prt" 文件，约束图 5-61 所示的两组平面接触，接着约束打料杆的轴线与模柄的轴线对齐，结果如图 5-62 所示。

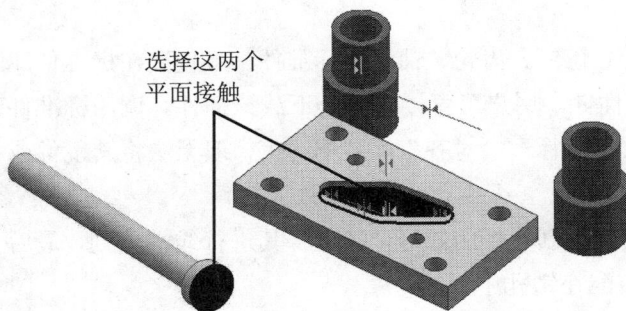

图 5-61　选择接触对象

图 5-62　装配打料杆

步骤 8▶　采用同样的方法装配凸模顶板，如图 5-63 所示，然后隐藏除凸模顶板和导套之外的所有组件，依次装配大凸模和两个小凸模，如图 5-64 所示。

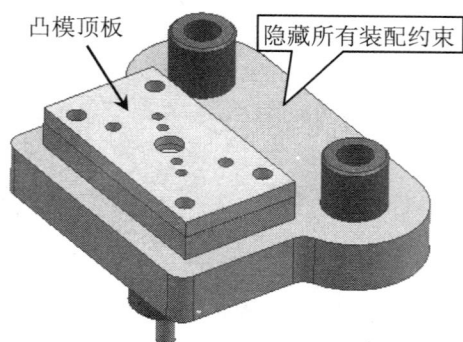

凸模顶板

隐藏所有装配约束

图 5-63　装配凸模顶板

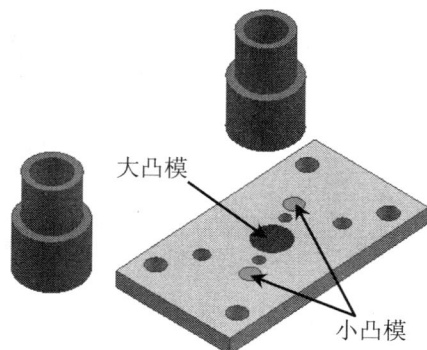

大凸模

小凸模

图 5-64　装配大凸模和小凸模

步骤 9▶ 采用同样方法，依次装配垫板 02、凹模和顶件块，并使顶件块与凹模的上表面平齐，结果如图 5-65 所示。

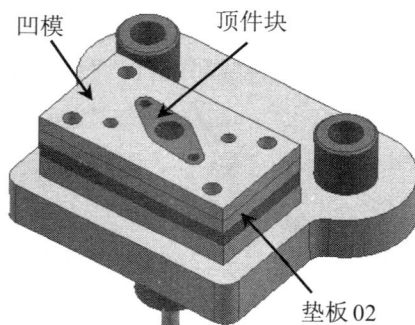

凹模

顶件块

垫板 02

图 5-65　装配垫板 02、凹模和顶件块

至此，上模组件的主要零件已经装配完毕，接下来装配螺钉和圆柱销。

（二）添加螺钉和圆柱销

为避免重复建模，对于螺母、螺栓、螺钉、齿轮、轴承等标准件，可直接在标准件库中调用。标准件库是 UG7.0 中的一个插件，用户可直接在网上下载该插件。调用标准件库中的标准件后，可对其添加"接触"、"平行"、"对齐"等装配约束，但无法将其镜像或阵列。

为操作方便，本任务中，先直接装配已创建好的螺钉，然后将其进行线性阵列，最后调用标准件库中的圆柱销，将其分别装配在销孔中。

步骤 1▶ 装配螺钉。添加"luoding.prt"文件，并为其添加"接触"和"对齐"约束，结果如图 5-66 所示，然后单击"装配"工具条中的"创建组件阵列"按钮🔲，选取图 5-67 所示的棱边 1 和棱边 2 为阵列方向，将所装配的螺钉进行"线性"阵列，阵列参数及阵列结果如图 5-68 所示。

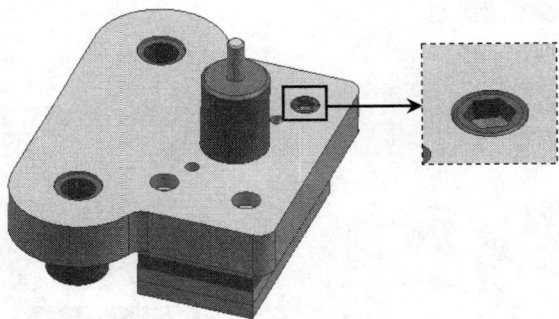

图 5-66 装配螺钉

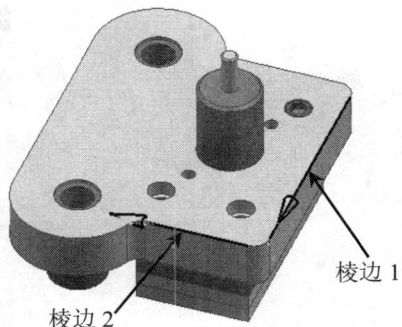

图 5-67 选择阵列的参照方向

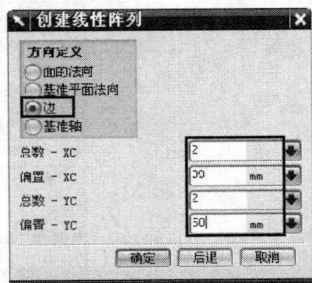

图 5-68 阵列螺钉

图 5-69 工具条

步骤 2▶ 安装标准件库。复制本书配套素材"SC">"ch05">"UG 标准件库">"stdlib"文件夹，然后找到 UG7.0 软件的安装盘，将其下的"stdlib"文件夹覆盖，接着双击本书配套素材文件"SC">"ch05">"UG 标准件库">"UG 标准件库.exe"，安装该标准件库，此时软件界面中将出现图 5-69 所示的工具条。

步骤 3▶ 调整坐标系。单击"实用工具"工具条中的"WCS 方向"按钮，打开"CSYS"对话框，其设置如图 5-70 所示。

步骤 4▶ 调用圆柱销。单击图 5-69 所示工具条中的"中国国标标准件库"按钮，打开图 5-71 所示的对话框。单击该对话框中的"销子"图标，在打开的对话框中单击"GB119-86 圆柱销"按钮，如图 5-72 所示，接着在打开的对话框中依次选择"A 型"、"8"、"下一页"、"75"、"显示"按钮。

提示

若读者所使用的标准件库的版本与本书所提供的文件不同，则打开的图 5-71 所示的对话框中的内容也有可能不同。但无论使用哪种标准件库，螺钉、圆柱销等这些标准件的添加方法都大致相同。

图 5-70　"CSYS" 对话框　　图 5-71　"中国国标标准件库" 对话框　　图 5-72　选择圆柱销类型

步骤 5▶　捕捉销孔的圆心，然后单击，即可将该圆柱销放在该孔处，如图 5-73 所示。采用同样方法，在另一销孔处装配圆柱销。

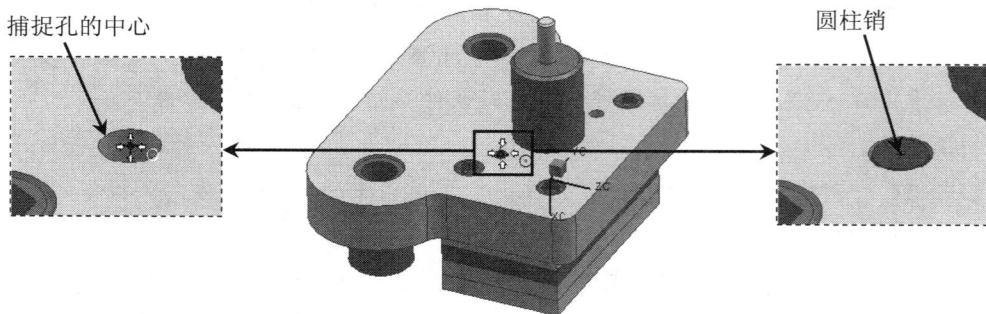

图 5-73　调用标准件库中的圆柱销

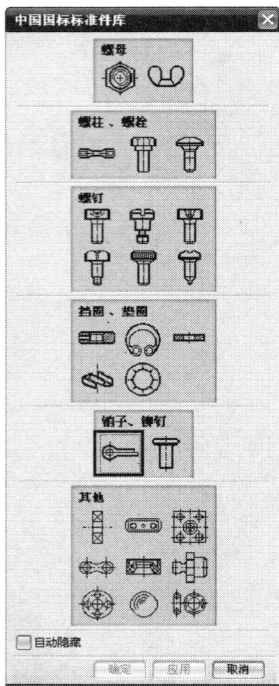提示

　　默认情况下，标准件库中的圆柱销是按 XC 轴方向插入在装配体中的。因此，既可以先调整坐标系的方向，然后再插入该圆柱销，也可以直接插入圆柱销，最后利用"装配"工具条中的"装配约束"按钮 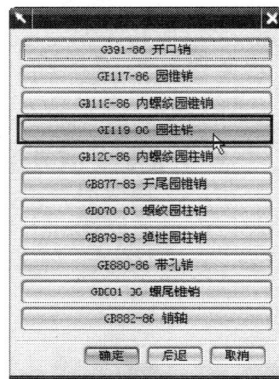，为插入的圆柱销添加相关约束。

步骤 6▶　至此，上模组件已经装配完毕。

五、巩固练习——装配滚动轴承

该滚动轴承由外圈、内圈、保持架和滚动体共四种组件构成。利用本项目所学知识，参照图 5-74 所示滚动轴承的装配图，将这四种组件装配起来。

素材："SC" > "ch05" > "2-5-1"
效果："SC" > "ch05" > "2-5-1" > "zhoucheng-ZP.prt"
视频："SP" > "ch05" > "2-5-1.exe"

隐藏外圈效果

图 5-74　滚动轴承装配图

提示：

① 先添加内圈至绝对坐标系的原点，然后添加保持架，并利用"中心"和"对齐"约束使其与内圈的中心重合；② 添加滚动体，然后利用"接触"约束使滚动体的球面分别与内圈中的滚道面和保持架中的滚动孔面接触；③ 利用"创建组件阵列"命令将滚动体按圆形阵列；④ 添加外圈，并为其添加"中心"和"对齐"约束。

综合实训

（一）装配转笔刀

参照图 5-75 所示转笔刀装配图和爆炸图，利用本项目所学知识将转笔刀的各零件装配起来。

素材："SC" > "ch05" > "sx-1"
效果："SC" > "ch05" > "sx-1" > "zhuanbidao-ZP.prt"
视频："SP" > "ch05" > "sx-1.exe"

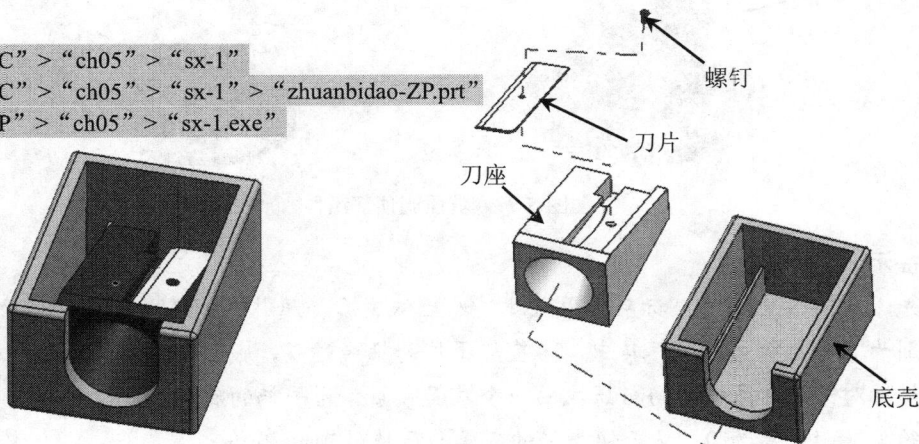

螺钉

刀片

刀座

底壳

图 5-75　卷线盘装配图和爆炸图

提示:

先添加底壳至绝对坐标系的原点,然后添加刀座,约束图 5-76 所示的两个平面接触,再约束底壳半圆孔的轴线与刀座孔的轴线"对齐";添加刀片,利用"接触"、"同心"约束将其装配至刀座上,最后添加螺钉,利用"接触"和"同心"约束将其装配至刀片孔内。

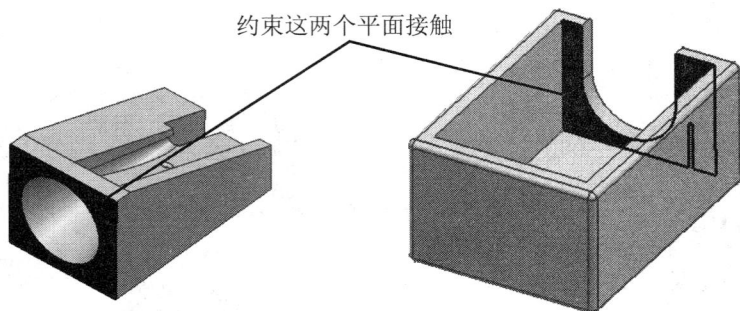

约束这两个平面接触

图 5-76　选择接触约束对象

(二)调压阀顶部组件

该调压阀顶部由阀盖、手柄、衬套、压块、弹簧和压片共六种零件组成,参照图 5-77 所示调压阀顶部装配图,利用本项目所学知识将各零件装配起来。

素材:"SC">"ch05">"sx-2"
效果:"SC">"ch05">"sx-2">"tiaoyafa-ZP.prt"
视频:"SP">"ch05">"sx-2"

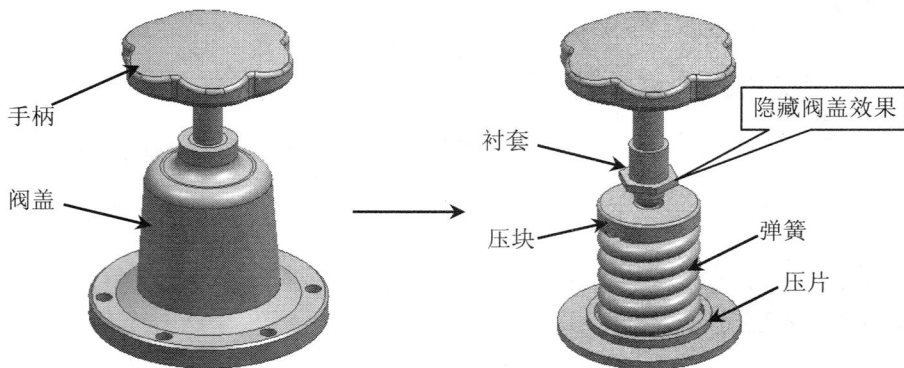

手柄
阀盖
隐藏阀盖效果
衬套
压块
弹簧
压片

图 5-77　调压阀顶部组件

提示:

先添加阀盖至绝对坐标系的原点处,然后依次添加压片、衬套、弹簧、压块和手柄,并分别为其添加相关约束。其中,阀盖与压片的轴线对齐,底面接触;弹簧的一个平面与压片接触对齐,其另一平面与压块的一个端面接触;为手柄的底端和压块的顶面添加"距离"约束,其距离为 0,从而使手柄的底端与压块的顶面相切。

项目六   工程图

工程图在零件的制造和装配过程中起着极为重要的作用，它能准确地表达零件的尺寸、结构和装配关系，也是指导加工的依据之一，大多数零件都需要绘制其零件工作图。在 UG 中，用户可以直接生成三维模型的二维工程图，且生成的工程图与三维模型具有关联性，若用户修改模型后，系统会自动将修改结果更新到工程图中，从而极大地提高了工作效率。

【学习目标】

◇   了解工程图与三维模型之间的关系，熟悉在 UG 中创建工程图的流程。
◇   掌握创建基本视图、投影视图、各种剖视图及其他视图的方法。
◇   掌握标注尺寸、基准特征符号、形位公差和表面粗糙度等的方法。
◇   了解创建表格注释、零件明细表和零部件序号的方法。

任务一   创建导套工程图

一、任务目标

（1）掌握创建基本视图、投影视图和全剖视图的方法。
（2）能够创建简单模型的工程图，并为其标注基本尺寸。

二、任务设置

打开导套的三维模型，然后创建其二维工程图，如图 6-1 所示。

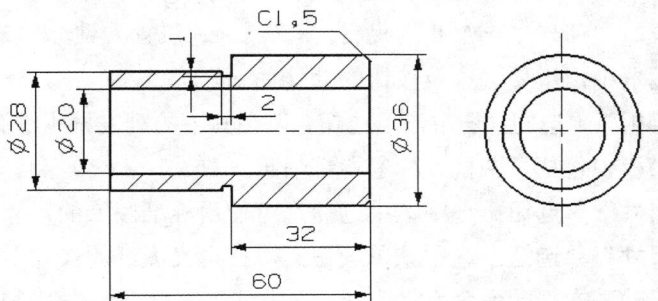

图 6-1   导套工程图

三、相关知识

（一）工程图基本操作

UG 的工程图是在制图模块中完成的。用户在设计完零件模型后，可按以下步骤进入 UG NX 7.0 的制图环境。

步骤 1▶ 打开本书配套素材文件 "SC" > "ch06" > "1-3-1.prt"，如图 6-2 所示，单击 "标准" 工具条中的 "开始" 按钮 ，在弹出的菜单中选择 "制图" 菜单项，如图 6-3 所示。此时，如果该模型中没有创建过图纸，则将打开图 6-4 所示的 "片体" 对话框；否则，将直接打开已经创建的工程图。

> "投影" 设置区用于设置视图的投影方式，国内通常采用 "第一象限角投影" 方式，国外则采用 "第三象限角投影" 方式

素材："SC" > "ch06" > "1-3-1.prt"

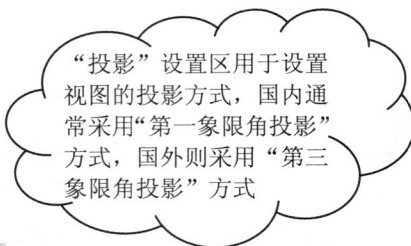

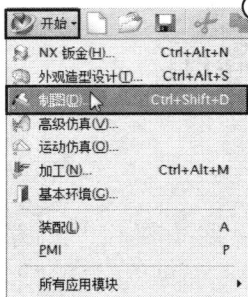

图 6-2　素材　　　　图 6-3　选择 "制图" 菜单项　　　　图 6-4　"片体" 对话框

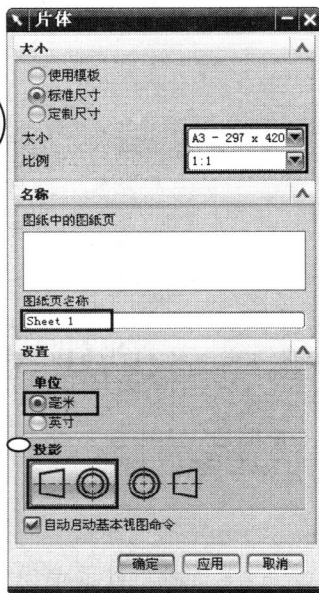

步骤 2▶ 在 "片体" 对话框中可设置图纸的尺寸、比例、名称以及投影方向等，如图 6-4 所示，单击 确定 按钮，即可进入制图模块并创建一个图纸（如图 6-5 所示），最后在合适位置单击，即可创建一个基本视图，否则，按【Esc】键，可只创建图纸。

"片体" 对话框中，主要选项及按钮的功能如下。

➢ **"使用模板" 单选钮**：选中该单选钮，可在其下的列表框中选择系统所提供的模板，该模板中包括了图框、标题栏等信息。

➢ **"标准尺寸" 单选钮**：选中该单选钮，可使用标准图纸的尺寸。

➢ **"定制尺寸" 单选钮**：选中该单选钮，可自定义图纸的尺寸

➢ **"自动启动基本视图命令" 复选框**：选中该复选框，则在创建图纸后，系统将自

动打开"基本视图"对话框，让用户创建基本视图，如图 6-5 所示。

"图纸"工具条用于新建图纸页，以及创建和编辑各类视图

图纸页名称

图 6-5　工程图操作环境

提示

　　若要更改图纸的尺寸，可双击图 6-5 所示"部件导航器"中的图纸页名称，或双击制图区中的图框线（虚线），然后在打开的"片体"对话框中进行修改。

　　若要修改三维模型，可单击"开始"按钮 ，在弹出的菜单中选择"建模"菜单项，即可切换至建模模块，然后在该模块中进行相关操作。

（二）生成视图

　　在设置好图纸的尺寸并进入制图模块后，就可以向图纸中添加模型的视图了。由于各模型的内外结构和复杂程度不同，因此，要清楚表达模型的形状及尺寸，就必须选择合适的视图。

　　常见的视图有基本视图、投影视图、全剖视图、半剖视图、局部剖视图等，本任务中，主要学习创建基本视图、投影视图和全剖视图的方法。

1. 基本视图和投影视图

　　将机件向六个基本投影面投射所得到的视图称为基本视图，如主视图、俯视图、左视图等。基本视图是创建投影视图和剖视图的基础视图。创建基本视图和投影视图的操作步骤如下。

步骤 1▶ 单击"图纸"工具条中的"基本视图"按钮，打开"基本视图"对话框，如图 6-6 所示。如果在新建图纸页后已打开"基本视图"对话框，则无需执行该操作。

步骤 2▶ 在"模型视图"标签栏的"Model View to Use"下拉列表中选择视向，如"TOP"选项，然后在图纸的适当位置单击即可生成基本视图，如图 6-7 所示。

展开"部件"标签栏，单击其中的"打开"按钮，可重新加载要创建工程图的三维模型

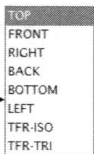

视图边界线

TOP
FRONT
RIGHT
BACK
BOTTOM
LEFT
TFR-ISO
TFR-TRI

用于设置当前视图的比例

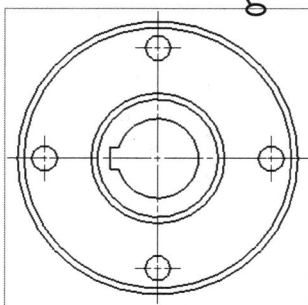

图 6-6　"基本视图"对话框

图 6-7　基本视图

步骤 3▶ 创建基本视图后，系统将自动打开"投影视图"对话框，且将第一个创建的视图作为要投影的视图（即父视图）。此时，将光标移至适当的位置单击，可生成基本视图在相应方向上的投影视图，如图 6-8 所示。

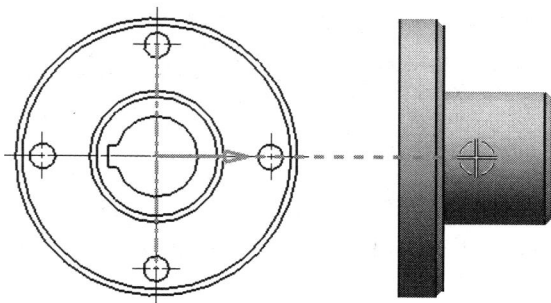

图 6-8　创建投影视图

步骤 4▶ 继续向其他方向移动光标并单击，可沿其他投影方向生成投影视图，最后按【Esc】键，或单击"投影视图"对话框中的 关闭 按钮，可关闭该对话框并结束投影视图的创建。

　　　若要更改父视图，可在该对话框中单击"父视图"标签栏中的"选择视图"选项，然后在图纸上选取所需视图作为要投影的父视图。

　　　若要删除某个投影视图，可在该视图的边界线处单击以选中该视图，然后按【Delete】键即可。

　　　要取消图 6-7 所示视图的边界线，可选择"首选项" > "制图"菜单，在打开的"制图首选项"对话框中选择"视图"选项卡，然后取消"边界"设置区中的"显示边界"复选框。

2. 剖视图

　　剖视图是假想用一个平面将模型完全剖开后所得到的投影视图，一般适用于外形比较简单，而内部结构比较复杂的机件。例如，要清楚表达图 6-2 所示零件的内部结构，可使用剖视图，其具体创建方法如下。

　　步骤 1▶ 在创建基本视图后，单击"图纸"工具条中的"剖视图"按钮 ，打开"剖视图"对话框；在要进行剖切的视图上单击，此时光标上将粘连一条剖切线；移动光标，捕捉到模型的中心点后单击，即可将该中心点作为剖切平面上的一点，如图 6-9 所示。

　　步骤 2▶ 移动光标选择剖切方向，如图 6-10 所示，然后沿剖切方向移动光标，并在合适位置单击，即可创建基本视图的剖视图，如图 6-11 所示。

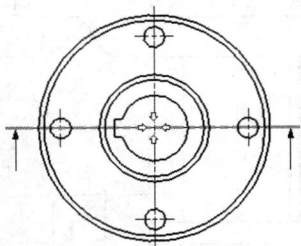

| 图 6-9 指定剖切平面上的一点 | 图 6-10 指定剖切方向 | 图 6-11 创建剖视图效果 |

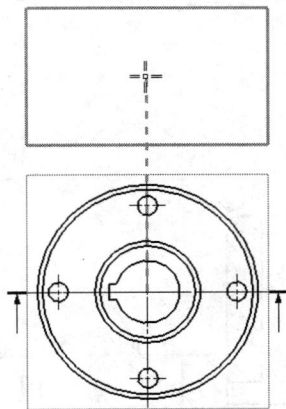

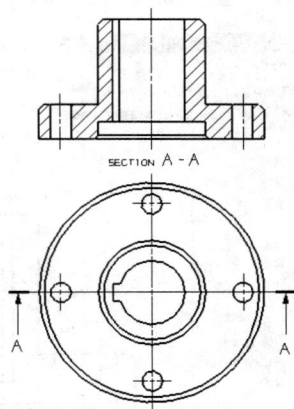

　　　图 6-11 中的剖切符号不符合国家制图标准要求，因此可先选取剖切符号并在该符号上右击，从弹出的快捷菜单中选择"样式"选项，然后在打开的"剖切线样式"对话框中设置剖切符号的样式（如图 6-12 所示），其设置后的效果如图 6-13 所示。

取消该复选框，则不显示视图名称

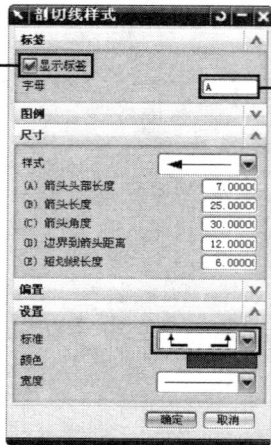

剖视图的名称

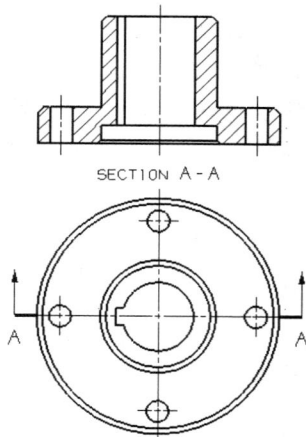

图 6-12 "剖切线样式"对话框

图 6-13 剖切符号设置效果

（三）标注基本尺寸和倒角尺寸

创建好各视图后，还需要为视图标注尺寸。UG NX 7.0 制图环境下的尺寸标注方法与草图中的尺寸标注类似，用户可单击"尺寸"工具条中所需工具按钮，然后在制图区选取要标注的对象，接着在合适位置单击，以放置该尺寸标注即可。其具体操作方法如下。

步骤 1▶ 单击"尺寸"工具条中的"自动判断"按钮，打开"自动判断的尺寸"对话框，单击选取模型上两点，然后移动鼠标，系统将根据光标所在的位置显示两点间的水平、竖直或平行距离，最后在合适位置单击即可，如图 6-14 所示。

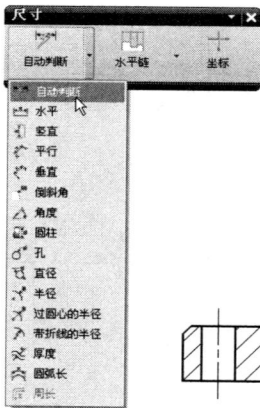

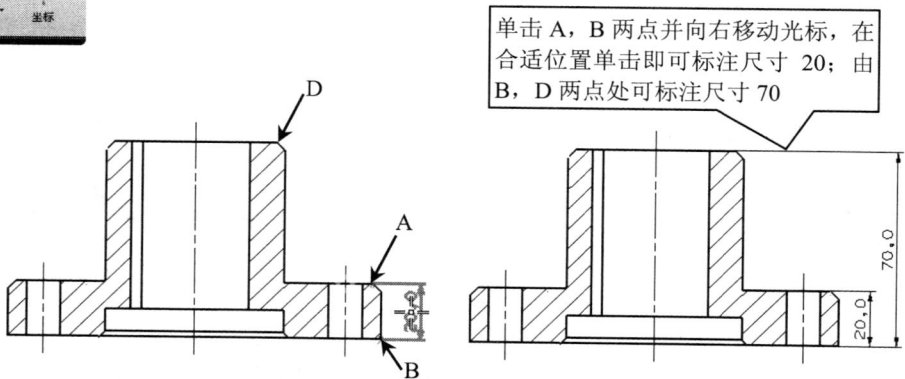

单击 A，B 两点并向右移动光标，在合适位置单击即可标注尺寸 20；由 B，D 两点处可标注尺寸 70

图 6-14 标注线性尺寸

步骤 2▶ 在"尺寸"工具条中选择"圆柱"命令，然后单击模型上的两点，移动光标并在合适位置单击，即可标注图 6-15 所示的尺寸 $\phi62$。

步骤 3▶ 在"尺寸"工具条中选择"倒斜角"命令，然后单击斜角处的斜线并移动光标，即可出现图 6-16 所示的倒角尺寸，在合适位置单击即可标注该尺寸。

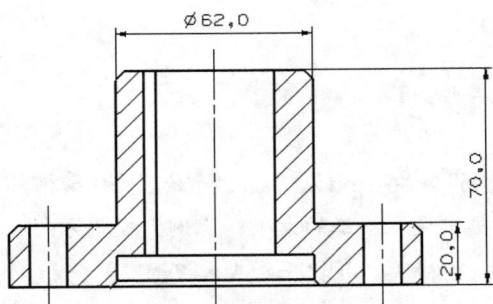

图 6-15 标注圆柱尺寸

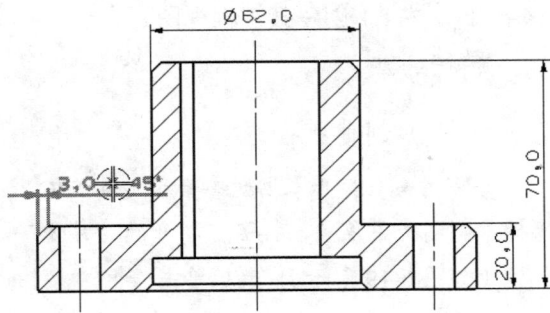

图 6-16 标注倒斜角尺寸

步骤 4▶ 若要更改倒角尺寸的样式，可在该尺寸标注上双击，然后单击"编辑尺寸"对话框中的"尺寸样式"按钮 （如图 6-17 所示），接着在打开的"尺寸样式"对话框中选择"尺寸"选项卡，在"倒斜角"设置区中设置倒斜角标注的样式，并在"间距"文本框中设置标注的字符间距，最后单击 确定 按钮即可，如图 6-18 所示。

图 6-17 "编辑尺寸"对话框

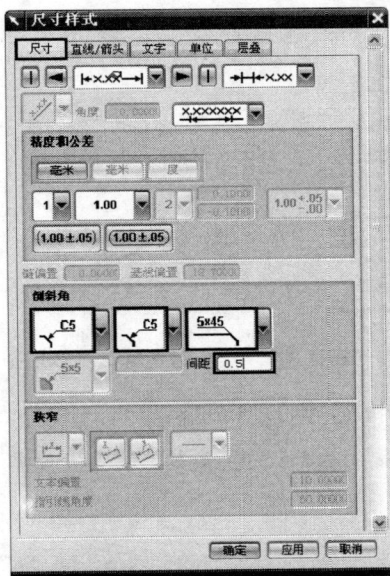

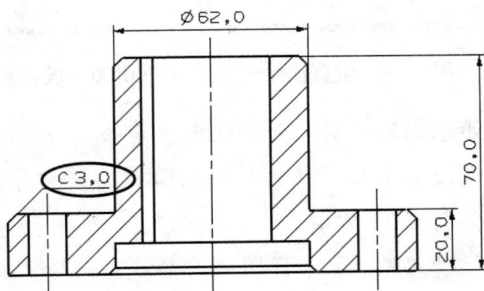

图 6-18 修改倒角尺寸的样式

四、任务实施

制作思路

该导套是由不同直径的圆柱体构成，其内、外结构都比较简单，因此可采用一个基本视图表达导套的外形，一个全剖视图表达其内部结构。该导套的总尺寸较小，因此可采用

A4 图纸并按 1:1 创建其工程视图。

制作步骤

（一）创建视图

步骤 1▶ 打开本书配套素材文件 "SC" > "ch06" > "6-1.prt"。单击 "开始" 按钮 开始，选择 "制图" 菜单项，接着在打开的 "片体" 对话框中设置图纸的大小、比例、投影方向和单位（如图 6-19 所示），最后单击 确定 按钮进入制图模块，并打开 "基本视图" 对话框。

步骤 2▶ 创建基本视图。在 "基本视图" 对话框中设置视图的投影方向和比例，如图 6-20 所示，然后在制图区的虚线框内合适位置单击，最后关闭打开的 "投影视图" 对话框，结果如图 6-21 所示。

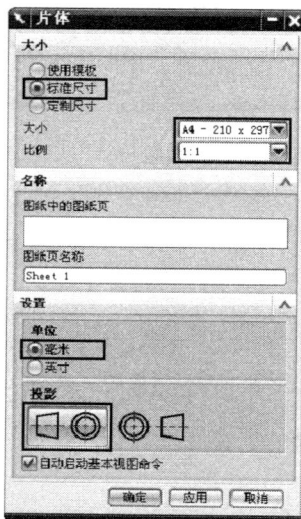

图 6-19　设置图纸　　　　图 6-20　设置视图的投影方向和比例　　　图 6-21　基本视图

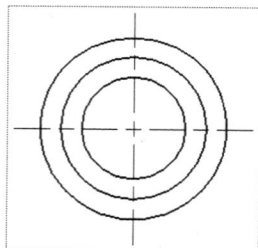

步骤 3▶ 创建全剖视图。单击 "图纸" 工具条中的 "剖视图" 按钮 ，在图 6-21 所示视图上单击，然后捕捉同心圆的圆心并单击，接着向左移动光标并在合适位置单击，结果如图 6-22 所示。

步骤 4▶ 取消视图的边界线。选择 "首选项" > "视图" 菜单，在打开的 "制图首选项" 对话框中选择 "视图" 选项卡，然后取消 "边界" 设置区中的 "显示边界" 复选框，以取消图 6-22 中视图的边界线。

提示

> 该全剖视图是采用一个剖切平面沿零件的对称平面剖切，且剖视图是按投影关系配置的，中间又没有其他视图隔开，因此可省略剖切符号和字母，其操作方法如下。

步骤5▶　隐藏剖切符号、字母和视图名称。依次选取视图中的剖切符号、字母和视图名称，然后右击，从弹出的快捷菜单中选择"隐藏"菜单项，结果如图6-23所示。

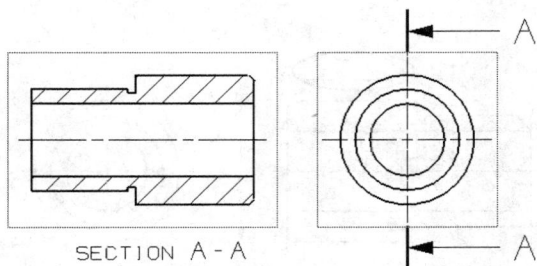

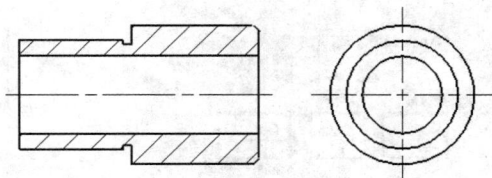

图6-22　创建全剖视图　　　　　图6-23　隐藏视图边界线、剖切符号和字母

（二）标注尺寸

步骤1▶　标注尺寸。在"尺寸"工具条中选择"圆柱"命令，单击图6-24所示A，B两端点后向左移动光标，然后在合适位置单击，即可标注尺寸φ36；在"尺寸"工具条中选择"自动判断"命令，标注该圆柱段的长度尺寸32，结果如图6-24所示。

步骤2▶　采用同样方法，分别利用"自动判断"和"圆柱"命令，依次标注图6-25所示的其他尺寸。

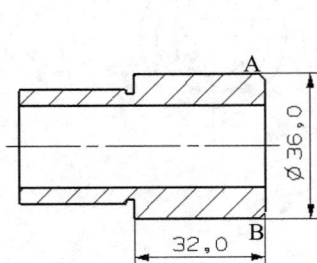

图6-24　标注第一段圆柱的尺寸　　　　　图6-25　标注其他尺寸

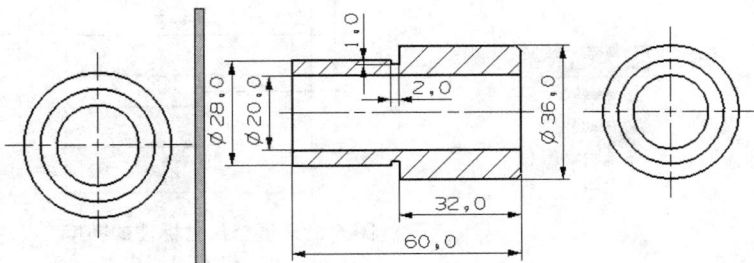

注意

制图标准中规定，零件上相同位置的尺寸一般只标注一次，不得有漏标、错标或重标尺寸。为此，在标注视图的尺寸时，可将每个图框近似看作成一个矩形，然后按照从底向上、从左向右等方向逐个图框进行标注，且每个图框都应考虑其长、宽、高方向上的尺寸。切记不能想到哪标到哪，这样很容易出现漏标和重标尺寸。

步骤3▶　标注倒斜角尺寸。在"尺寸"工具条中选择"倒斜角"命令，然后单击斜角处的斜线，接着单击"编辑尺寸"对话框中的"尺寸样式"按钮，在打开的"尺寸样式"对话框中设置斜角的标注样式，如图6-26所示，单击 确定 按钮后在制图区合适位置单击，即可标注该斜角尺寸，结果如图6-27所示。

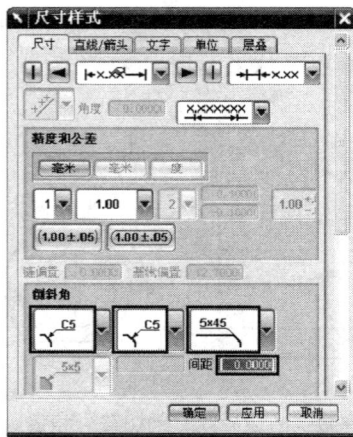

图 6-26　设置倒斜角尺寸样式

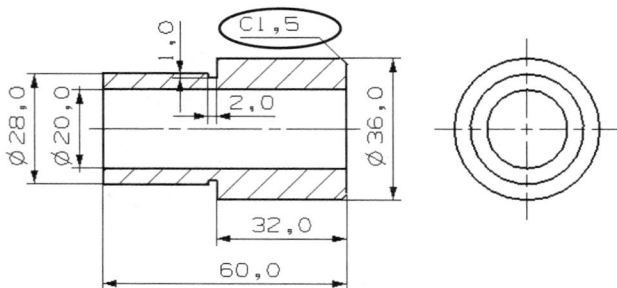

图 6-27　标注倒斜角尺寸

步骤 4▶　　设置尺寸数字的精度。选取除倒斜角尺寸外的所有尺寸，然后在任一尺寸上右击，从弹出的快捷菜单中选择"样式"菜单项，接着在打开的图 6-26 所示"注释样式"对话框中将尺寸精度设置为"0"，最后单击 **确定** 按钮，结果如图 6-28 所示。

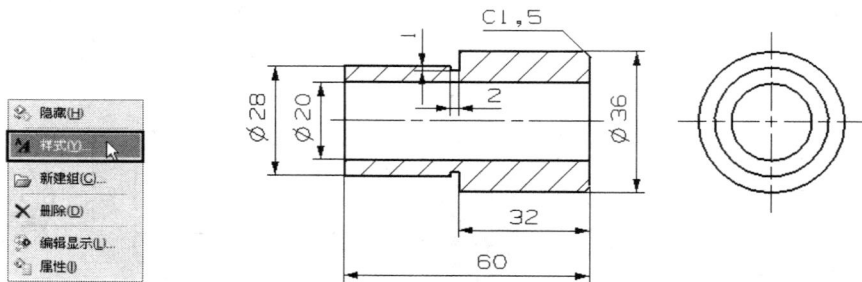

图 6-28　调整尺寸标注的精度

步骤 5▶　　至此，导套的零件图已经创建完毕。按【Ctrl + S】快捷键保存该工程图。

五、巩固练习——创建模柄工程图

打开本书配套素材文件"SC" > "ch06" > "1-5-1.prt"，然后利用本项目所学知识创建其工程图，工程图效果如图 6-29 所示。

素材："SC" > "ch06" > "1-5-1.prt"
效果："SC" > "ch06" > "1-5-1-end.prt"
视频："SP" > "ch06" > "1-5-1.exe"

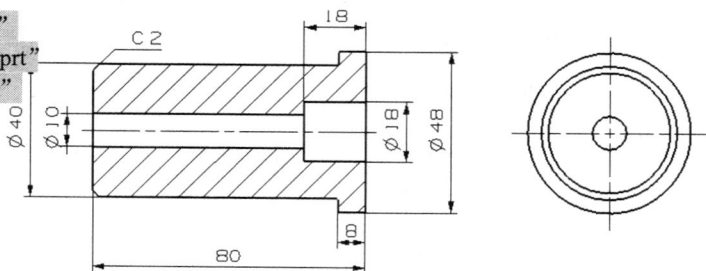

图 6-29　模柄零件工程图

任务二　创建旋转支架工程图

一、任务目标

（1）掌握创建半剖、旋转剖、阶梯剖和局部剖视图的方法。

（2）能够为视图添加合理的表面粗糙度、几何公差和基准符号。

二、任务设置

利用本任务所学知识，创建图 6-30 所示旋转支架的工程图。

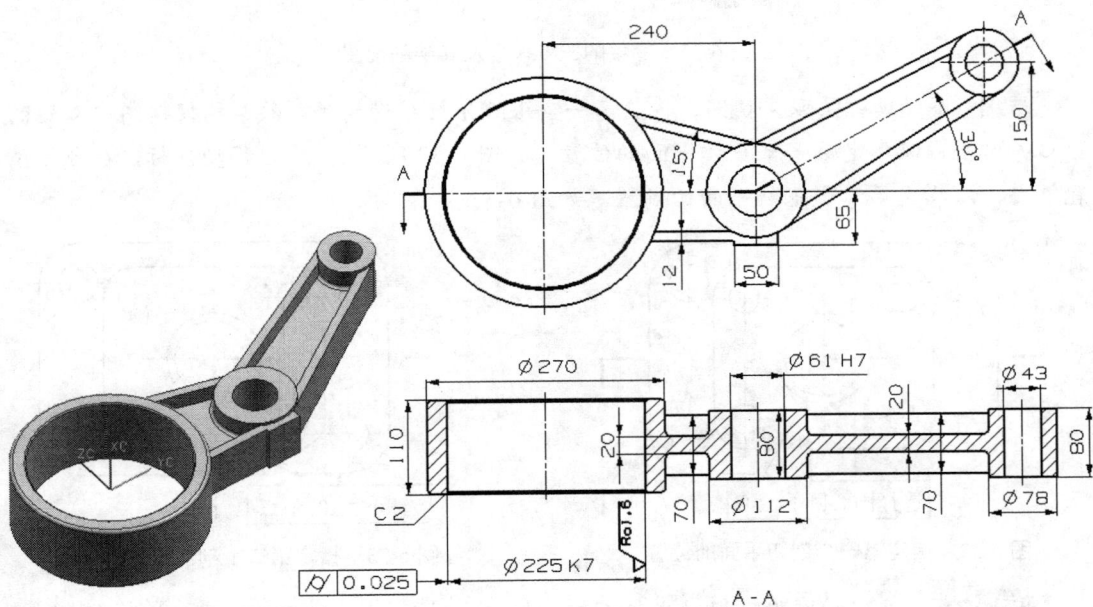

图 6-30　旋转支架工程图

三、相关知识

（一）半剖视图

当零件具有对称平面时，向垂直于对称平面的投影面上投影所得到的视图，以对称线为界，一半画成剖视图，一半画成视图，这样的视图称为半剖视图，如图 6-31 所示。半剖视图主要用于内、外形状都需要表达的对称零件，其创建方法如下。

步骤 1▶　打开本书配套素材文件 "SC" > "ch06" > "2-3-1.prt"，单击 "图纸" 工具条中 "剖视图" 按钮 ⊡ 后的三角符号，然后在打开的下拉菜单中选择 "半剖视图" 菜单项，打开 "半剖视图" 对话框。

素材："SC" > "ch06" > "2-3-1.prt"
效果："SC" > "ch06" > "2-3-1-end.prt"

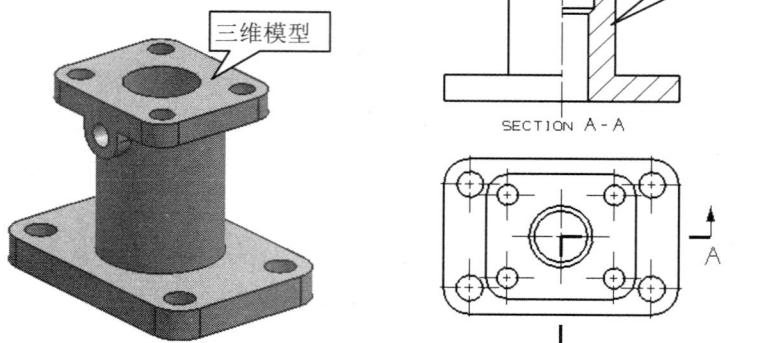

图 6-31　零件的三维模型及其半剖视图

步骤 2▶　单击选取父视图，将显示一条跟随光标移动的半剖线，捕捉视图中心处的圆心并单击，以指定第一个剖切平面的位置（如图 6-32 所示），然后移动鼠标，在合适位置单击，以指定第二个剖切平面的位置，如图 6-33 所示。

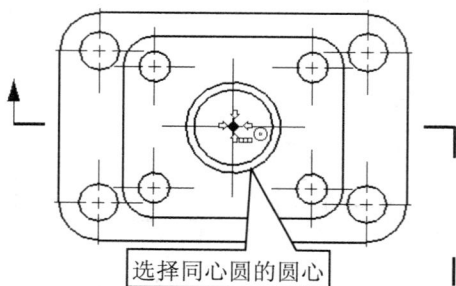

图 6-32　指定第一个剖切平面的位置

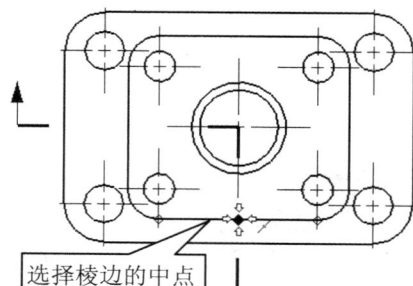

图 6-33　指定第二个剖切平面的位置

步骤 3▶　在父视图附近移动光标调整剖切符号的位置，以确定要剖切的一侧，如图 6-34 所示，然后向上移动光标后在合适位置单击，即可生成图 6-31 所示的半剖视图。

（二）旋转剖视图

假想用两个相交平面沿零件的回转轴线将零件剖开所形成的剖视图称为旋转剖视图，如图 6-35 所示。旋转剖视图的创建方法如下。

步骤 1▶　打开本书配套素材文件 "SC" > "ch06" > "2-3-2.prt"，单击"图纸"工具条中的"旋转剖视图"按钮 🔄，打开"旋转剖视图"对话框。

步骤 2▶　单击选取父视图，在合适位置依次单击，分

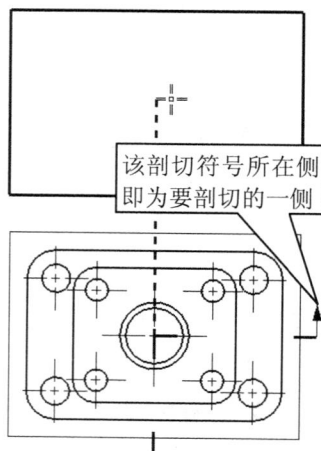

图 6-34　调整剖切的一侧

别指定旋转剖视图的基准点和两个剖切平面的位置。例如，依次单击图 6-36 所示圆 1、圆 2 和圆 3 的圆心。

步骤 3▶　竖直向下移动光标并在合适的位置单击，即可创建旋转剖视图，结果如图 6-35 所示。

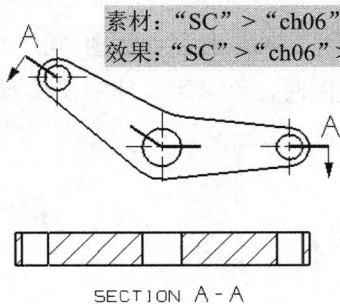

素材："SC" > "ch06" > "2-3-2.prt"
效果："SC" > "ch06" > "2-3-2-end.prt"

图 6-35　创建旋转剖视图

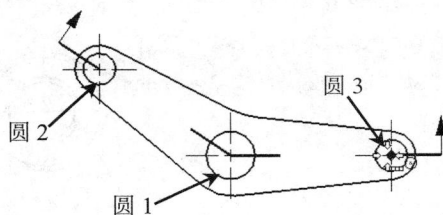

图 6-36　指定两个剖切平面的位置

（三）阶梯剖视图

用几个相互平行的剖切平面（两个或两个以上）剖切零件所得到的视图称为阶梯剖视图，如图 6-37 所示。当零件上孔、槽的中心线分布在几个互相平行的平面上时，宜采用阶梯剖视图来表达。阶梯剖视图的创建方法如下。

步骤 1▶　打开本书配套素材文件 "SC" > "ch06" > "2-3-3.prt"，单击 "图纸" 工具条中的 "剖视图" 按钮，打开 "剖视图" 对话框。

步骤 2▶　单击选取父视图，然后捕捉同心圆的圆心并单击，以指定第一个剖切平面位置，接着单击 "剖视图" 对话框中 "部切线" 设置区中的 "添加段" 按钮，然后捕捉图 6-38 所示圆心并单击，以指定第二个剖切平面的位置。

素材："SC" > "ch06" > "2-3-3.prt"
效果："SC" > "ch06" > "2-3-3-end.prt"

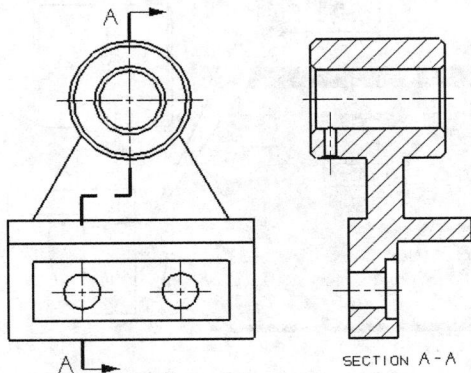

捕捉同心圆的圆心

捕捉圆心

图 6-37　阶梯剖视图

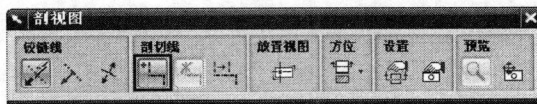

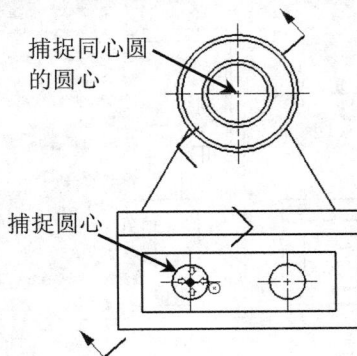

图 6-38　指定剖切平面的位置

步骤 3▶ 根据表达需要依次在其他要剖切位置处单击，以指定剖切平面的位置，最后单击"剖视图"对话框中的"添加段"按钮 ⌐┐或"放置视图"按钮 ⊞，移动光标并在合适位置单击，即可创建图 6-37 所示的阶梯剖视图。

（四）局部剖视图

假想用剖切平面局部地剖开零件所得到的剖视图称为局部剖视图，如图 6-39 所示。当需要表达零件的局部形状，但不必或不宜采用全剖视图时，可采用局部剖视图表达。

素材："SC" > "ch06" > "2-3-4.prt"
效果："SC" > "ch06" > "2-3-4-end.prt"

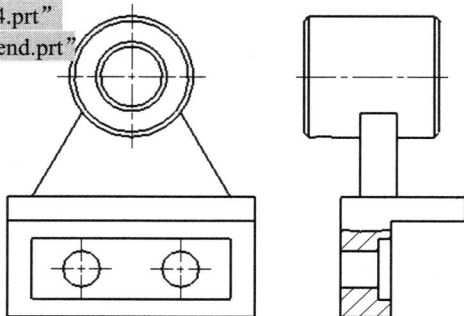

图 6-39　局部剖视图

要在 UG 中创建局部剖视图，需要先指定局部剖切范围。局部剖视图的具体创建方法如下。

步骤 1▶ 打开本书配套素材文件 "SC" > "ch06" > "2-3-4.prt"，选中要创建局部剖视图的视图并右击，从弹出的快捷菜单中选择"扩展成员视图"选项（如图 6-40 所示），然后在打开的界面中单击"曲线"工具条中的"艺术样条"按钮 ～，在要剖切的位置绘制图 6-41 所示的封闭曲线，最后单击"艺术样条"对话框中的 确定 按钮。

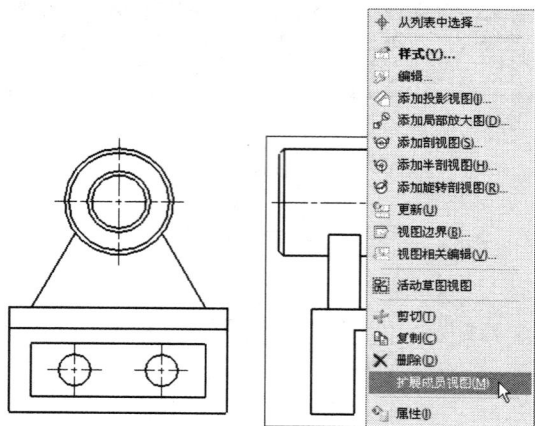

图 6-40　选中要剖切的视图

剖切边界线必须是封闭的

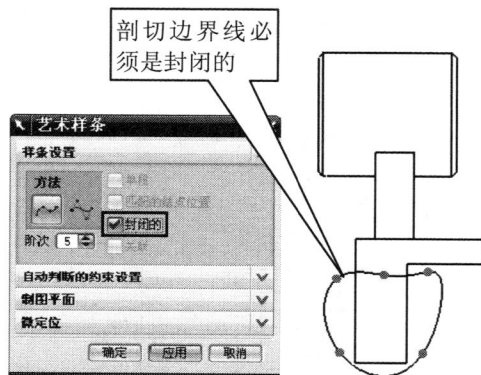

图 6-41　绘制剖切边界线

步骤 2▶ 在制图区右击，从弹出的快捷菜单中选择"扩展"菜单项，返回至制图环境。在"图纸"工具条中选择"局部剖"命令，打开"局部剖"对话框，如图 6-42 所示。

步骤 3▶ 在制图区中要剖切的视图上单击，然后在其他视图中要剖切位置处选中某一点并单击，如选中图 6-43 所示的圆心并单击，采用默认的拉伸方向，接着单击"局部剖"对话框中的"选择曲线"按钮▣，选取前面所绘制的艺术曲线，最后单击 应用 按钮即可，结果如图 6-39 所示。

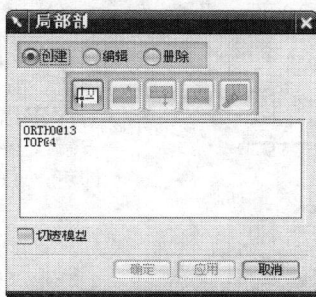

图 6-42 "局部剖"对话框

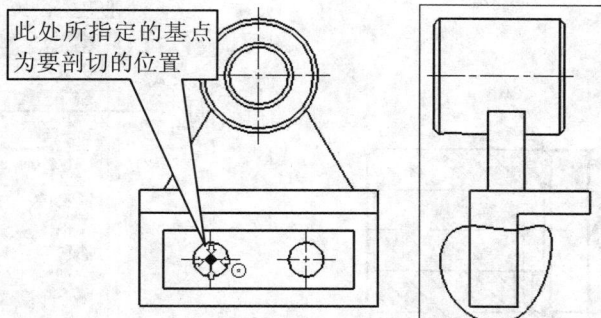

图 6-43 指定基点

（五）标注尺寸公差、表面粗糙度等技术要求

零件图中除了视图和尺寸外，还应有零件在制造时应达到的相关技术要求，如尺寸公差、表面粗糙度和几何公差等。下面以标注图 6-44 中的尺寸公差、表面粗糙度、几何公差和标准符号等为例，来讲解这些技术要求的标注方法。

素材："SC" > "ch06" > "2-3-5.prt"
效果："SC" > "ch06" > "2-3-5-end.prt"

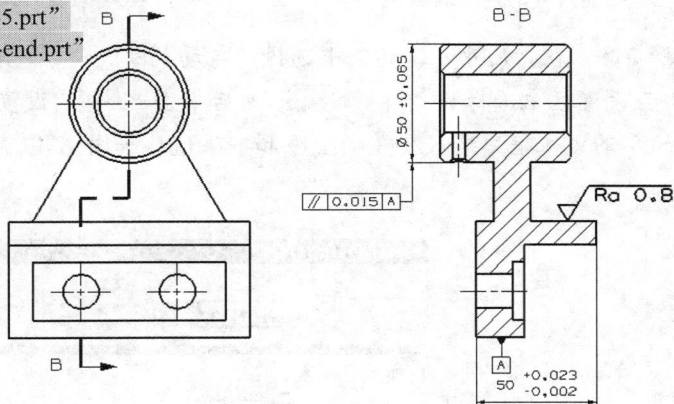

图 6-44 技术要求标注示例

1. 尺寸公差

尺寸公差的标注方法有两种，读者可根据自己的绘图习惯灵活选择，其具体标注方法如下。

步骤 1▶ 打开本书配套素材文件 "SC" > "ch06" > "2-3-5.prt"，在"尺寸"工具条中选择"圆柱"命令，依次单击图 6-45 所示的端点 A，B，然后单击"圆柱尺寸"对话框中的"尺寸样式"按钮 ^{A} $\varDelta$，打开"尺寸样式"对话框。

步骤2▶ 在该对话框中选择"尺寸"选项卡，然后在"精度和公差"设置区中设置公差样式及精度，最后输入公差值 0.065，如图 6-46 所示，最后单击 确定 按钮并在制图区的合适位置单击，即可标注公差尺寸 $\phi50 \pm 0.065$。

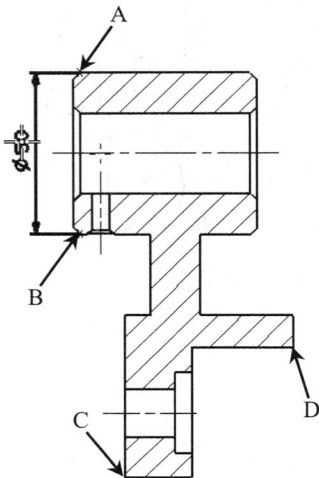

设置上、下公差值的精度

设置上、下公差值。当其为对称公差时，仅输入上公差即可，如 0.065

图 6-45 指定尺寸的两个端点

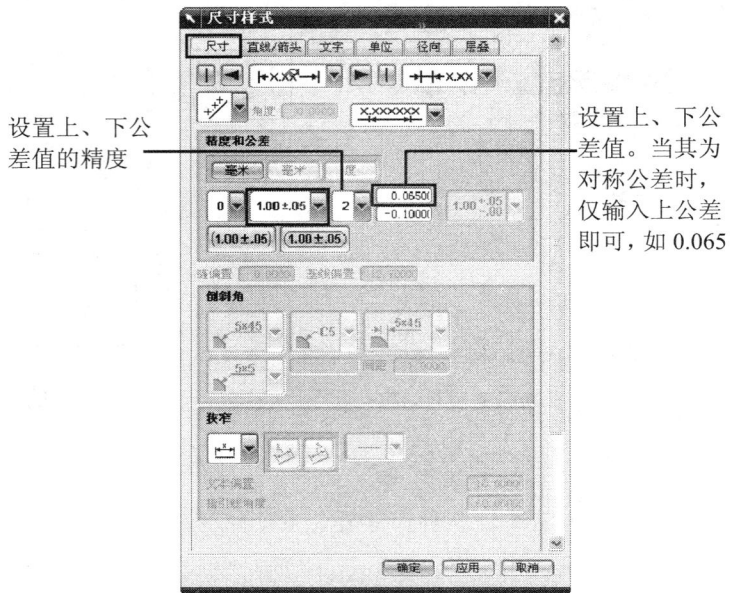

图 6-46 设置公差样式及公差值

步骤3▶ 在"尺寸"工具条中选择"自动判断"命令，在"自动判断的尺寸"对话框中"值"设置区中选择公差样式 $1.00^{+.05}_{-.02}$，然后单击"公差"设置区中的"公差值"按钮 $^±××$，在弹出的浮动文本框中输入公差的上限和下限值，如图 6-47 所示，最后将公差值的精度设置为 3。

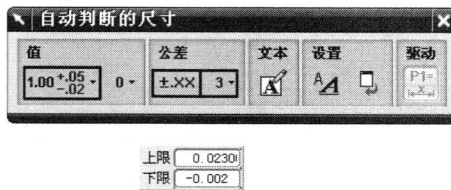

上限 0.0230
下限 -0.002

图 6-47 设置公差的上、下限值

步骤4▶ 依次捕捉并单击图 6-45 所示的端点 C，D，然后向下移动光标，在合适位置单击，即可标注图 6-44 中尺寸公差 $50^{+0.023}_{-0.002}$。

2. 表面粗糙度

表面粗糙度是评定零件表面质量的一项重要技术指标，其标注方法如下。

注意

> 　　默认情况下，UG 未开启标注表面粗糙度功能，若要开启该功能，可在 UG 安装目录下的 UGII 文件夹中，用记事本打开"ugii_env_ug.dat"文件，找到 UGII_SURFACE_FINISH = OFF，将 OFF 改为 ON 后保存该文件，然后重新启动 UG 软件即可。

步骤 1▶　　选择"插入" > "符号" > "表面粗糙度符号"菜单，打开"表面粗糙度符号"对话框，参照图 6-48 所示选择表面粗糙度符号，并设置粗糙度值和粗糙度符号大小。

步骤 2▶　　单击"在边上创建"按钮，然后在要放置粗糙度符号的图线上单击，接着在该图线的上方合适位置单击，以指定粗糙度的方向和位置，结果如图 6-49 所示。

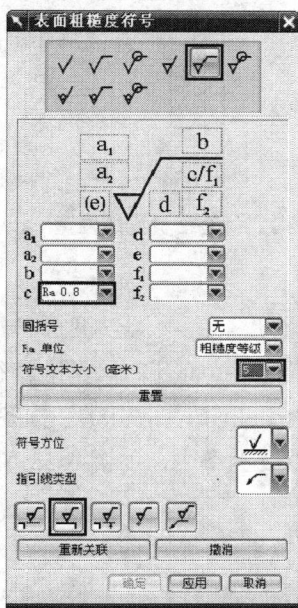

图 6-48　设置表面粗糙度符号和参数

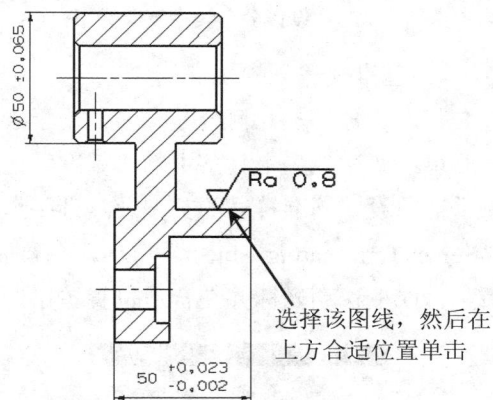

图 6-49　标注表面粗糙度符号

3．几何公差

在生产实践中，零件经过加工不仅会产生尺寸误差，还会产生形状和位置误差。几何公差包括形状公差和位置公差，其标注方法如下。

步骤 1▶　　单击"注释"工具条中的"特征控制框"按钮，打开"特征控制框"对话框，在"帧"标签栏中选择"平行度"选项，在"公差"设置区中取消尺寸数字前的"ϕ"符号，并在编辑框中输入公差值 0.015，在"主基准参考"设置区中选择"A"，如图 6-50 所示。

步骤 2▶　　单击"指引线"标签栏中的"Select Terminating Object"选项，然后在尺寸箭头与尺寸界线相交处单击，以指定指引线的位置，如图 6-51 所示，接着向左或向右移动光标，以确定框格的方向，最后竖直向下移动光标，在合适位置单击即可。

图 6-50　设置公差类型及参数

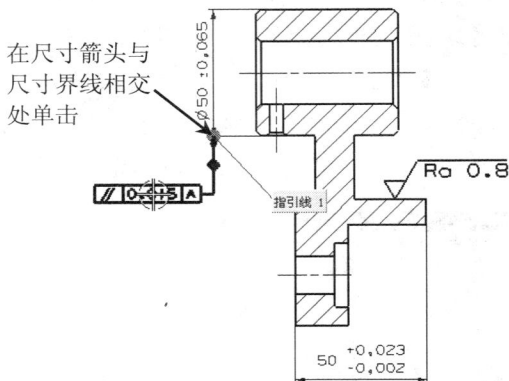

图 6-51　指定公差指引线的位置

4．基准代号

基准代号常与几何公差一起，用于表示零件表面的平行度、孔的同轴度等。

单击"注释"工具条中的"基准特征符号"按钮，然后在打开的"基准特征符号"对话框中设置基准符号的类型及基准字母，如图 6-52 所示；单击"指引线"标签栏中的"Select Terminating Object"选项，在要放置基准代号的图线上单击，如图 6-53 所示，最后竖直向下移动光标并在合适位置单击即可。

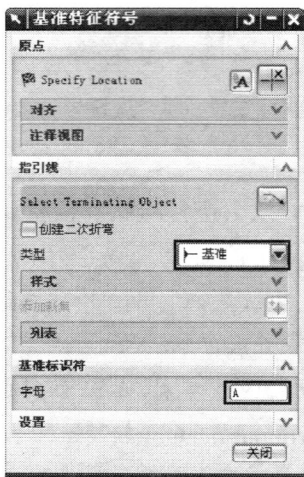

图 6-52　设置基准代号及字母

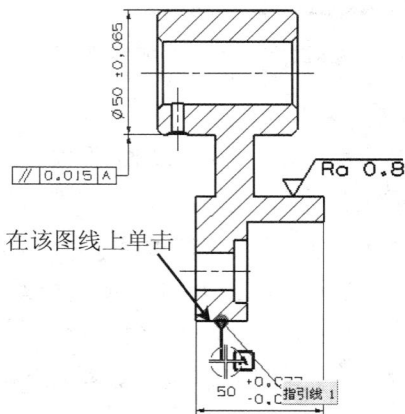

图 6-53　指定指引线的位置

四、任务实施

制作思路

该旋转支架的外形可用基本视图表达，其内部结构可用一个旋转剖视图来表达。该零件的总尺寸较大，因此可采用 A2 图纸并按 1:2 的比例创建视图。创建完各视图后，应参照国家制图标准的相关规定调整剖切符号的形式，尺寸标注的大小，以及视图的中心线等，最后标注尺寸及相关技术要求。

制作步骤

（一）创建视图

步骤 1▶ 打开本书配套素材文件 "SC" > "ch06" > "6-2.prt"。单击 "开始" 按钮 开始▾，选择 "制图" 菜单项，然后在 "片体" 对话框中设置图纸的大小、比例和投影方向，如图 6-54 所示，最后单击 确定 按钮进入制图模块。

步骤 2▶ 创建基本视图。在 "基本视图" 对话框中设置视图的方向和比例（如图 6-55 所示），然后在制图区的合适位置单击，结果如图 6-56 所示。

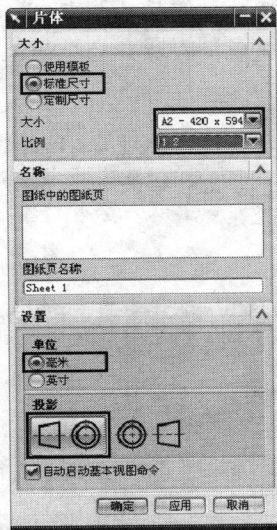

图 6-54　设置图纸　　　图 6-55　设置投影方向　　　图 6-56　创建基本视图

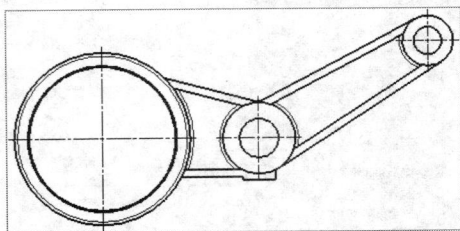

步骤 3▶ 取消视图的边界线。选择 "首选项" > "制图" 菜单，然后在打开的 "制图首选项" 对话框中选择 "视图" 选项卡，取消选中的 "显示边界" 复选框 ☑显示边界。

步骤 4▶ 创建旋转剖视图。单击 "旋转剖视图" 按钮 ，在图 6-56 所示的基本视图上单击，然后按顺序依次在图 6-57 所示三个同心圆的圆心处单击，接着竖直向下移动光标并在合适位置单击，结果如图 6-58 所示。

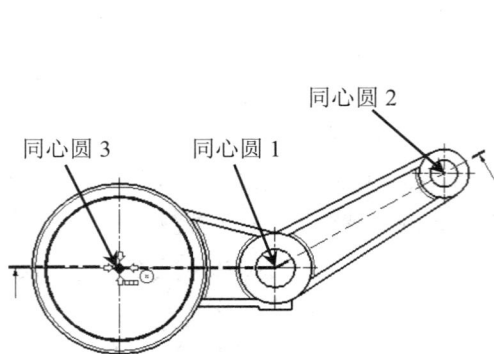

图 6-57　指定剖切平面的位置

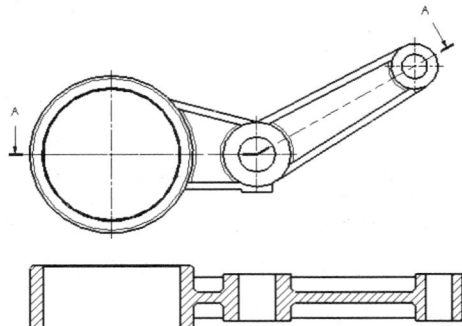

图 6-58　创建旋转剖视图

（二）编辑视图

由图 6-58 所示可知，剖切符号的样式、字母大小及视图名称均不符合国家制图标准；剖视图中的孔处缺少中心线；主视图中圆角产生的投影线不需要，因此需对视图进行编辑修改，具体操作方法如下。

步骤 1▶　设置剖切符号及字母的大小。选取上步所创建的剖切符号并右击，在弹出的快捷菜单中选择"样式"菜单项，然后参照图 6-59 所示设置剖切符号的样式及大小；选取视图中的字母 A 并右击，从弹出的快捷菜单中选择"样式"选项，在打开的对话框中设置其大小，如图 6-60 所示。

步骤 2▶　设置视图名称。选取视图名称"SECTION A－A"并右击，从弹出的快捷菜单中选择"编辑视图标签"菜单项，然后参照图 6-61 进行设置，其设置结果如图 6-62 所示。

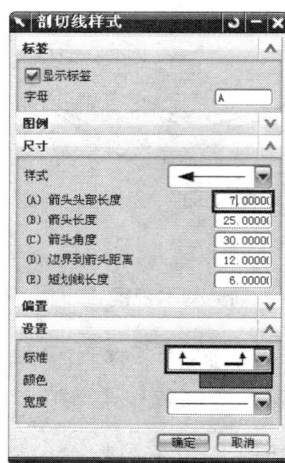

图 6-59　设置剖切符号

图 6-60　设置字母的大小

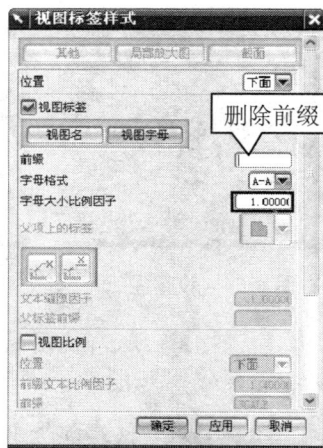

图 6-61　设置视图名称

步骤 3▶　添加中心线。单击"中心线"工具条中的"2D 中心线"按钮，打开"2D

中心线"对话框（如图 6-63 所示），然后单击图 6-62 所示的直线 1 和 2，接着单击"2D 中心线"对话框中的 应用 按钮；采用同样的方法，依次在直线 3 和 4，直线 5 和 6 间添加中心线。

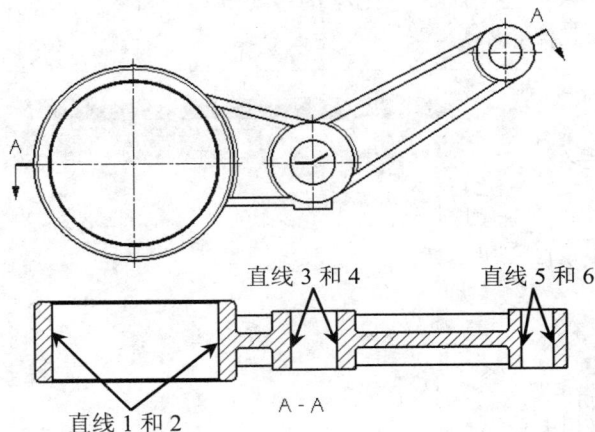

图 6-62 设置剖切符号、字母及视图名称效果

图 6-63 "2D 中心线"对话框

步骤 4▶ 在图 6-63 所示对话框的"类型"下拉列表中选择"根据点"选项，然后单击图 6-64 所示同心圆 1 和同心圆 2 的圆心，接着选中对话框中"设置"标签栏中的"单独设置延伸"复选框，在制图区拖动同心圆 2 处中心线的箭头，调整其长度。

步骤 5▶ 擦除圆角的投影线。选中主视图并右击，从弹出的快捷菜单中选择"视图相关编辑"菜单项，在打开的"视图相关编辑"对话框中单击"擦除对象"按钮 （如图 6-65 所示），然后在制图区选取图 6-64 所示的五条投影线，并单击"类选择"对话框中的 确定 按钮，最后单击"视图相关编辑"对话框中的 确定 按钮即可，结果如图 6-66 所示。

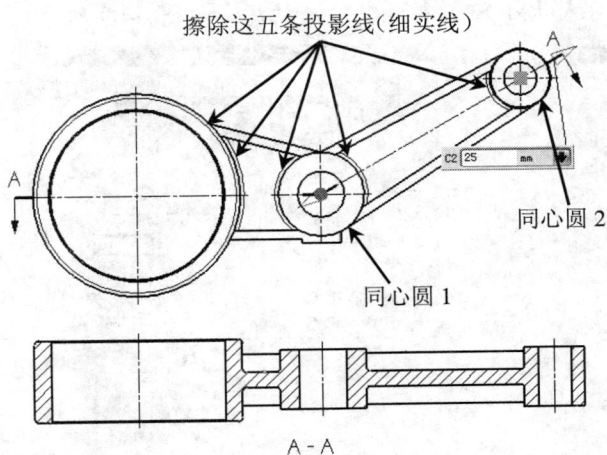

图 6-64 添加中心线

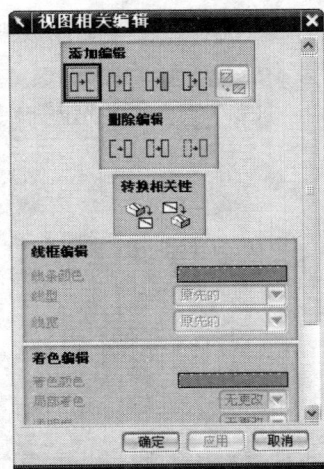

图 6-65 "视图相关编辑"对话框

提示

> 选中要擦除圆角投影线的视图，然后在该视图的边界线上双击，打开"视图首选项"对话框，选择"光顺边"选项卡，取消已选中的"光顺边"复选框，如图 6-67 所示，最后单击 确定 按钮，则该视图中所有圆角的投影线均不显示。

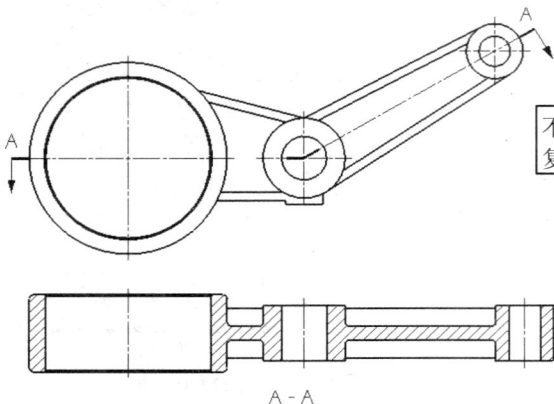

图 6-66　擦除圆角的投影线效果

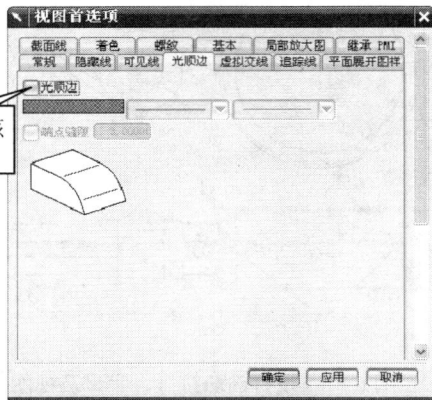

不选中该复选框

图 6-67　隐藏圆角的投影线

（三）标注尺寸

在 UG 中，尺寸数字及箭头的大小都是以 A4 图纸中的大小（即数字和箭头的大小均为 3.5）为依据的，其大小与图纸的尺寸无关。因此，在选择除 A4 图纸外的其他图纸创建工程图时，需要先修改尺寸数字及箭头的大小，然后再进行尺寸标注，具体操作方法如下。

步骤 1▶ 设置尺寸箭头和文字的大小。选择"首选项" > "注释"菜单，然后在打开的"注释首选项"对话框中选择"直线/箭头"选项卡，在图 6-68 所示的文本框中输入值"7"；选择"文字"选项卡，在"字符大小"文本框中输入"7"，如图 6-69 所示。

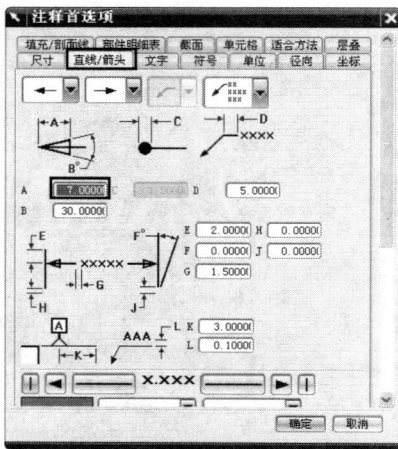

图 6-68　设置箭头大小

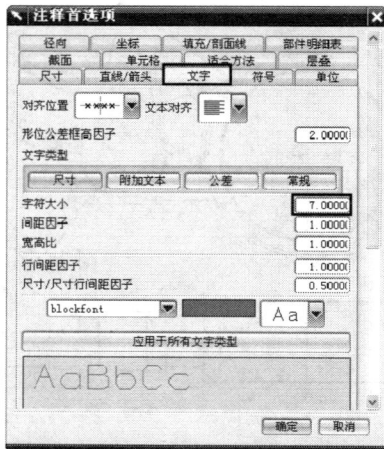

图 6-69　设置尺寸数字大小

步骤 2▶ 设置尺寸精度。由图 6-30 所示工程图可知，该图中的所有尺寸数字为整数，故将图 6-68 所示对话框中尺寸精度设置为 "0"。

步骤 3▶ 标注尺寸。利用 "尺寸" 工具条中的 "自动判断"、"圆柱"、"角度"、"倒斜角" 等命令标注图 6-70 所示的尺寸。

提示

要标注尺寸φ225K7，可在执行 "圆柱" 命令后单击要标注尺寸的两个端点，然后在打开的 "圆柱尺寸" 对话框中单击 "文本" 按钮 **A**，接着在打开的 "文本编辑器" 对话框中单击 "在后面" 按钮 **12∅**，在其下的编辑框中输入 K7 后选中该文字，并将其比例设置为 2，如图 6-71 所示，最后单击 **确定** 按钮，并在制图区合适位置单击即可标注该尺寸。

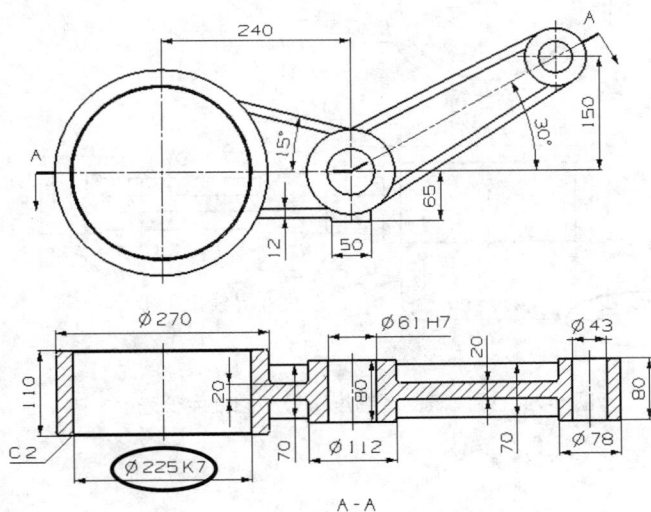

图 6-70 标注尺寸

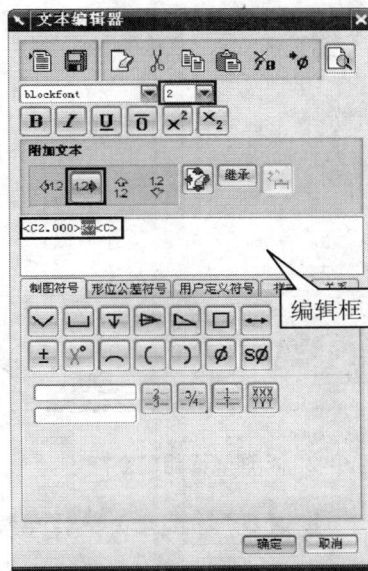

图 6-71 为尺寸添加后缀

注意

为尺寸标注添加前缀或后缀后，接下来在标注其他尺寸时，系统后自动为其添加前缀或后缀。若所标注的尺寸不需要前缀或后缀，可打开图 6-71 所示的对话框，删除编辑框中的所有文字即可。

步骤 4▶ 标注表面粗糙度符号。选择 "插入" > "符号" > "表面粗糙度" 菜单，在 "表面粗糙度符号" 对话框中单击 √ 按钮，然后设置粗糙度值和粗糙度符号大小，如图

6-72 所示，单击"在尺寸上创建"按钮 ，在要放置粗糙度符号的尺寸界线上单击，接着在该尺寸界线的左侧合适位置单击，结果如图 6-73 所示。

步骤 5▶ 标注圆柱度公差。单击"注释"工具条中的"特征控制框"按钮 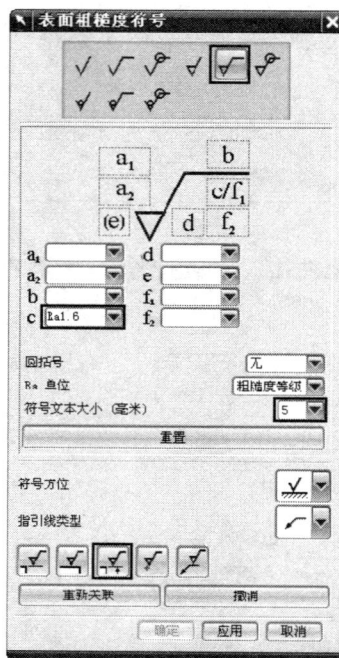，打开"特征控制框"对话框，在"帧"标签栏中选择"圆柱度"选项，在"公差"编辑框中输入公差值 0.025，采用无基准参照，最后单击"指引线"标签栏中的"Select Terminating Object"选项，标注图 6-73 所示的圆柱度公差。

图 6-72 标注表面粗糙度符号

图 6-73 标注表面粗糙度符号和圆柱度公差

步骤 6▶ 至此，旋转支架工程图已经创建完毕。

五、知识拓展

（一）断开视图

对于轴、杆、型材、连杆等较长零件，当这些零件沿长度方向的形状一致或按一定规律变化时，在不影响视图完整、清晰的前提下，可将零件断开后缩短绘制。在 UG 中，断开视图的创建方法如下。

步骤 1▶ 打开本书配套素材文件"SC" > "ch06" > "2-5-1.prt"，然后单击"图纸"工具条中"基本视图"按钮 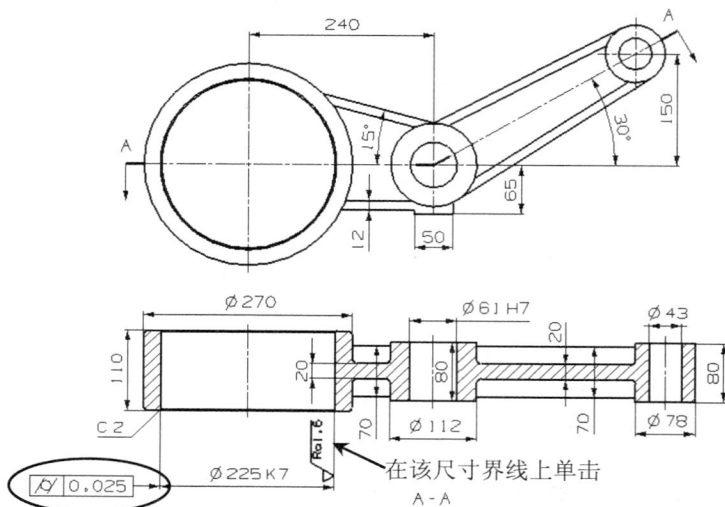 后的三角符号，从弹出的下拉菜单中选择"断开视图"菜单项，打开"断开视图"对话框，如图 6-74 所示。

步骤2▶ 在"曲线类型"下拉列表中选择断面形状，如选择"长断裂"选项 ∿∿∿，然后在视图上要断开的位置处依次单击，绘制一条首尾相连的构造线，如图 6-75 所示，接着捕捉该封闭构造线区域内任一图线的端点并单击，最后单击 应用 按钮，从而创建一个断开区域的边界。

步骤3▶ 采用同样的方法，在轴的另一侧绘制另一条构造线，如图 6-76 所示，最后单击 确定 按钮，即可完成断开视图的创建，结果如图 6-77 所示。

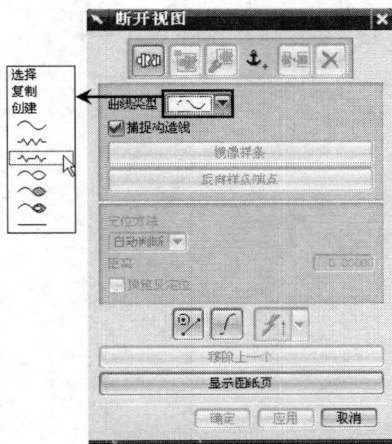

素材："SC" > "ch06" > "2-5-1.prt"
效果："SC" > "ch06" > "2-5-1-end.prt"

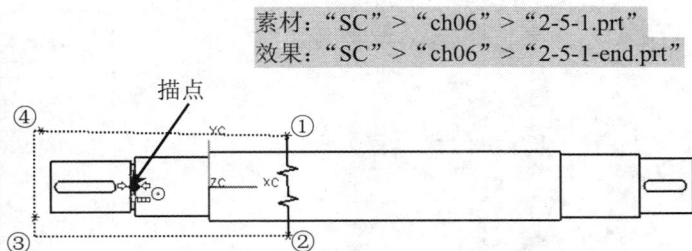

图 6-75 绘制断裂处的边界线（1）

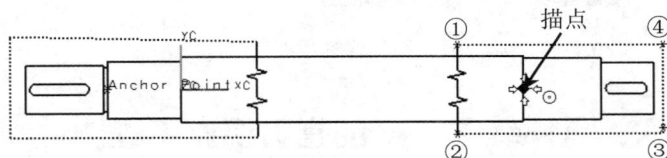

图 6-74 "断开视图"对话框   图 6-76 绘制断裂处的边界线（2）

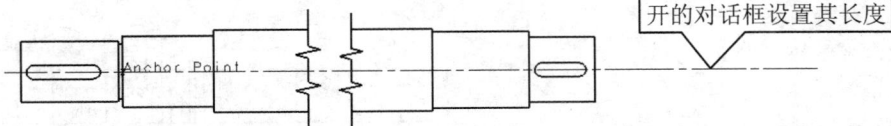

双击该中心线，利用打开的对话框设置其长度

图 6-77 断开视图效果

（二）局部放大视图

当零件上的细小结构在视图中表达不清楚，或不便于标注尺寸时，可采用局部放大视图来表现这些细节。局部放大图的创建方法如下。

步骤1▶ 打开本书配套素材文件 "SC" > "ch06" > "2-5-2.prt"，然后单击"图纸"工具条中的"局部放大图"按钮 ，打开"局部放大图"对话框。

步骤2▶ 在"类型"标签栏的下拉列表中选择放大边界的形状，如"圆形"，然后在"父项上的标签"标签栏中选择父视图上的标注样式，如"标签"，如图 6-78 所示。

步骤3▶ 在制图区选取一点作为放大边界的中心点，然后移动鼠标在适当的位置单击，确定放大范围，接着在"比例"标签栏中选择放大比例，如"5:1"，移动鼠标并在合适位置单击即可放置该放大视图，如图 6-79 所示。

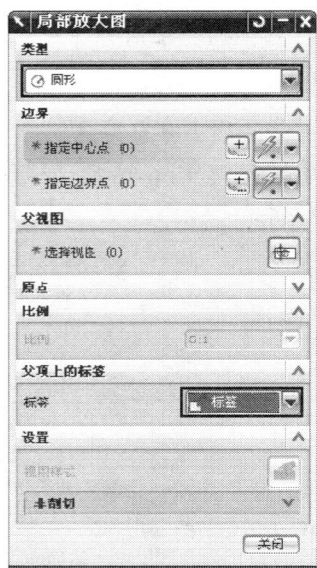

图 6-78　"局部放大图"对话框

素材："SC" > "ch06" > "2-5-2.prt"
效果："SC" > "ch06" > "2-5-2-end.prt"

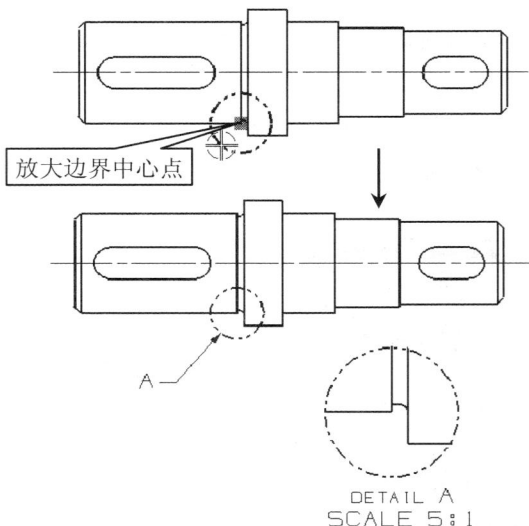

放大边界中心点

DETAIL A
SCALE 5:1

图 6-79　创建局部放大图

六、巩固练习——创建上模座工程图

打开本书配套素材文件"SC" > "ch06" > "2-6-1.prt"，利用本任务所学知识创建其工程图，要求图纸大小为 A2，比例为 1:1，该上模座三维模型及工程图效果如图 6-80 所示。

素材："SC" > "ch06" > "2-6-1.prt"
效果："SC" > "ch06" > "2-6-1-end.prt"
视频："SP" > "ch06" > "2-6-1.exe"

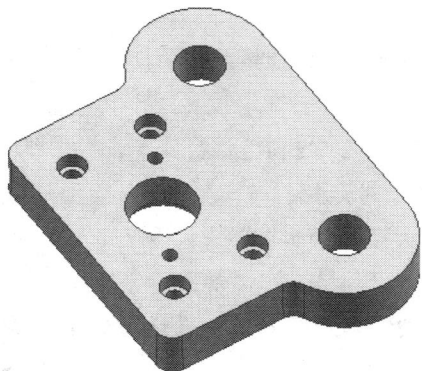

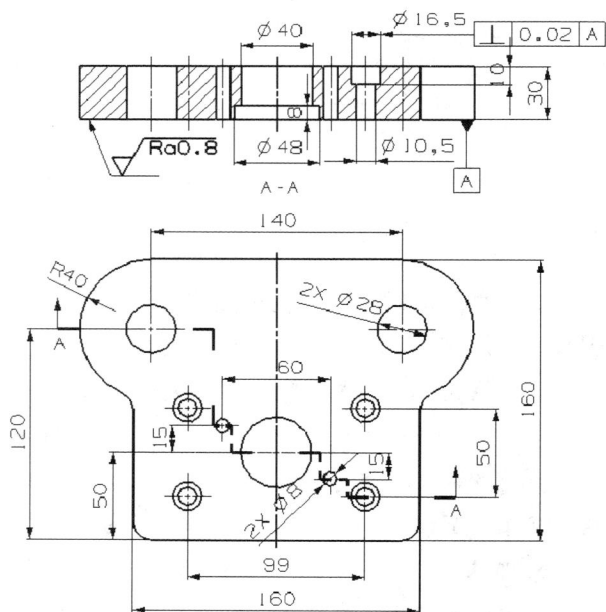

图 6-80　上模座三维模型及其工程图

提示:

（1）利用"剖视图"命令创建 A－A 视图时，该剖视图中的部分孔处于断开状态，为此，可双击剖切符号，在打开的"剖切线"对话框中选中"移动段"单选钮（如图 6-81 所示），然后选中要移动的剖切线并在合适位置单击即可，剖切线的位置如图 6-80 所示。

（2）创建好 A－A 剖视图后，选中该视图并双击其视图边界线，然后在打开的"视图首选项"对话框中选择"光顺边"选项卡，取消"光顺边"复选框。

（3）设置好表面粗糙度符号及参数后，可单击"表面粗糙度符号"对话框中的"用指引线创建"按钮，然后在制图区合适位置单击，以指定指引线的箭头位置、拐角位置，以及粗糙度符号的位置及方向。

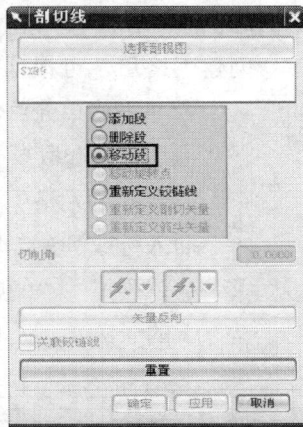

图 6-81　"剖切线"对话框

任务三　创建上模组件工程图

一、任务目标

（1）熟悉创建表格和零件明细表的方法。
（2）能够为装配体添加零件序号。

二、任务设置

利用本任务所学知识，创建图 6-82 所示上模组件工程图。

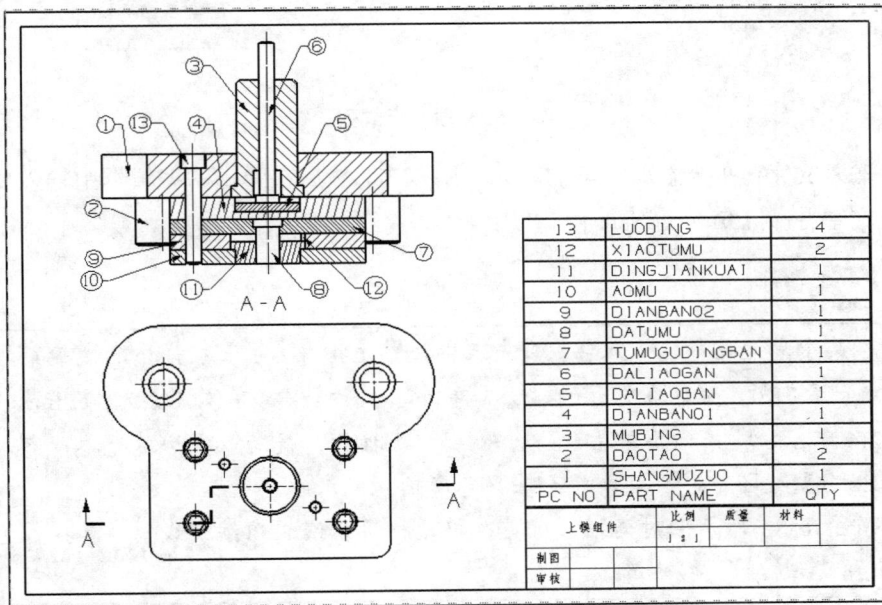

13	LUODING	4
12	XIAOTUMU	2
11	DINGJIANKUAI	1
10	AOMU	1
9	DIANBANO2	1
8	DATUMU	1
7	TUMUGUDINGBAN	1
6	DALIAOGAN	1
5	DALIAOBAN	1
4	DIANBANO1	1
3	MUBING	1
2	DAOTAO	2
1	SHANGMUZUO	1
PC NO	PART NAME	QTY

图 6-82　上模组件工程图

三、相关知识

（一）表格注释

利用"表格"工具条中的"表格注释"按钮可创建工程图的信息表，如标题栏、明细表等。其创建方法为：单击"表格"工具条中的"表格注释"按钮，然后移动光标在适当的位置单击，即可在该位置创建表格。

创建表格后，可根据需要对其进行如下操作。

- ➢ **合并表格单元**：将光标移至某一表格单元上（不要单击），然后按住鼠标左键并拖动，以选取要合并的表格单元，接着单击鼠标右键，从弹出的快捷菜单中选择"合并单元格"菜单项即可。

- ➢ **插入行或列**：选取任一表格单元并右击，从弹出的快捷菜单中选择"选择"＞"行（或列）"菜单项，然后单击鼠标右键，从弹出的快捷菜单中选择"插入"菜单下的子菜单项，即可在所选行或列的四周插入行或列，如图 6-83 所示。

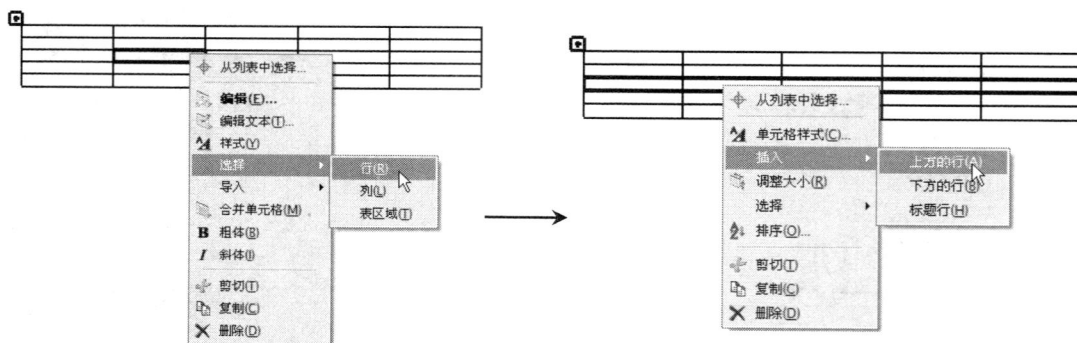

图 6-83　插入行或列

- ➢ **输入文字**：在要添加字符的单元格中双击，然后在弹出的编辑框中输入要填写的文字并按【Enter】键即可。

注意

> 要在某个单元格内输入汉字，需先选中该单元格并右击，在弹出的快捷菜单中选择"样式"菜单项，然后在打开的"注释样式"对话框中将字体设置为"chinesef_fs"，如图 6-84 所示，接着依次单击 应用 和 确定 按钮，最后双击该单元格，输入文字并按【Enter】键即可。否则，将无法显示所输入的汉字。
>
> 利用图 6-85 所示的对话框，可更改单元格边界线的粗细或线型，其操作方法与Excel 表格类似。

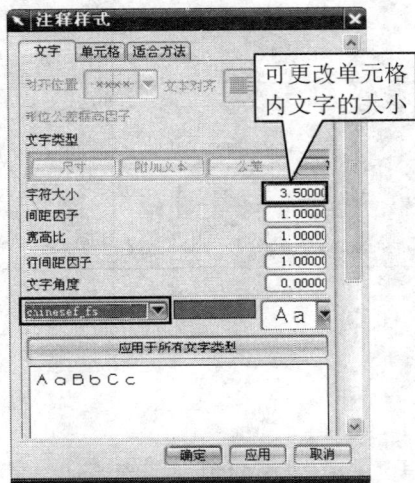

图 6-84 设置单元格内文字的字体

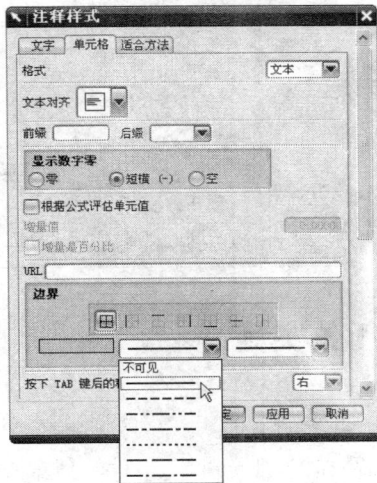

图 6-85 设置单元格边界线的粗细

（二）零件明细表

使用"零件明细表"命令可自动创建装配工程图中的零件明细表，其具体操作如下。

打开本书配套素材文件"SC"＞"ch06"＞"3-3-2"＞"zhoucheng-ZP.prt"，然后单击"表格"工具条中的"零件明细表"按钮，在工作区合适位置单击，系统将根据该文件中零件的种类，在该位置创建装配工程图的零件明细表，如图 6-86 所示。

（三）添加零、部件序号

为了便于图样的阅读、管理以及零件的生产和维修等，在装配图中需对每个不同类型的零件或组件进行编号，这种编号称为零、部件的序号。

单击"表格"工具条中的"自动符号标注"按钮，打开"零件明细表自动符号标注"对话框，选取零件明细表后单击 确定 按钮，接着在制图区中选取要标注零件序号的视图，并单击对话框中单击 确定 按钮，即可自动为该视图添加零件序号，选中所标注的零件序号度拖动，可调整其位置，结果如图 6-87 所示。

素材："SC"＞"ch06"＞"3-3-2"＞"zhoucheng-ZP.prt"
效果："SC"＞"ch06"＞"3-3-2"＞"zhoucheng-ZP-ok.prt"

4	GUNDONGTI	12
3	BAOCHIJIA	1
2	NEIQUAN	1
1	WAIQUAN	1
PC NO	PART NAME	QTY

图 6-86 轴承装配体的零件明细表

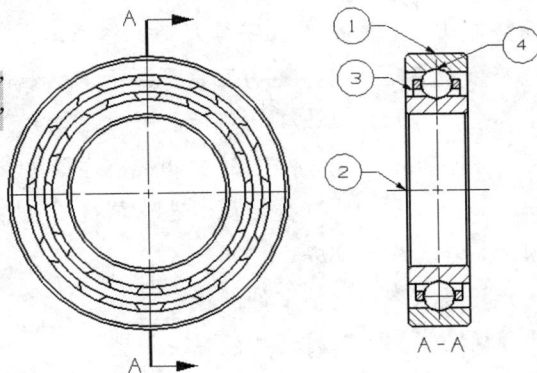

图 6-87 轴承装配体的零件序号

提示

　　使用"自动符号标注"命令所创建的零件序号与明细表中的序号是一一对应的，且只有在生成明细表后才可生成其零件序号。

　　在 UG 中，除了自动创建零件序号外，利用"注释"工具条中的"标识符号"按钮，还可手动添加零件序号，其方法与标注基准代号类似，此处不再赘述。

四、任务实施

　　制作思路

　　由图 6-88 所示上模组件三维装配图可知，其工程图可用两个视图来表达，基本视图表达组件的外形及部分零件的位置，阶梯剖视图表达各零件的装配位置。创建完视图后，需创建图框、标题栏、明细栏，并为该组件添加零件序号。在创建剖视图时，需要对于打料杆、大凸模、小凸模及螺钉等标准件作不剖处理。此外，为清楚表达各零件，还需要设置剖切线的间距或角度。

　　制作步骤

　　（一）创建视图

　　步骤 1▶　创建基本视图。打开本书配套素材文件"SC">"ch06">"6-3">"shangmuzujian-ZP.prt"，将图纸大小设置为 A2，比例设置为 1:1，进入制图模块后创建图 6-89 所示的俯视图。

图 6-88　上模组件三维装配图

　　步骤 2▶　创建选择"首选项">"制图"菜单，取消视图边界线；选择"首选项">"视图"菜单，在打开的对话框中选择"光顺边"选项卡，取消其中的"光顺边"复选框；单击"剖视图"按钮，创建阶梯剖视图，最后调整剖切符号的样式及字母大小，结果如图 6-89 所示。

　　步骤 3▶　调整剖切位置。由于剖切线的位置不当，造成图 6-89 所示位置处零件显示不全。为此，双击剖切符号打开"剖切线"对话框，选中"移动段"单选钮，接着选取图 6-89 所示竖直方向上的剖切线，在其左侧合适位置单击，依次单击 应用 和 取消 按钮，关闭"剖切线"对话框；选取剖视图并右击，从弹出的快捷菜单中选择"更新"菜单项，结果如图 6-90 所示。

　　步骤 4▶　调整零件的投影效果。选择"编辑">"视图">"视图中剖切"菜单，打开"视图中剖切"对话框；在要编辑的剖视图上单击，然后单击对话框中"体或组件"标签栏中的"选择对象"选项，按住【Ctrl】键在装配导航器中选取"daliaogan"、"datumu"、

"xiaotumo"及四个"luoding"选项，接着选中"变成非剖切"单选钮，如图 6-91 所示；单击 确定 按钮后更新剖视图，结果如图 6-92 所示。

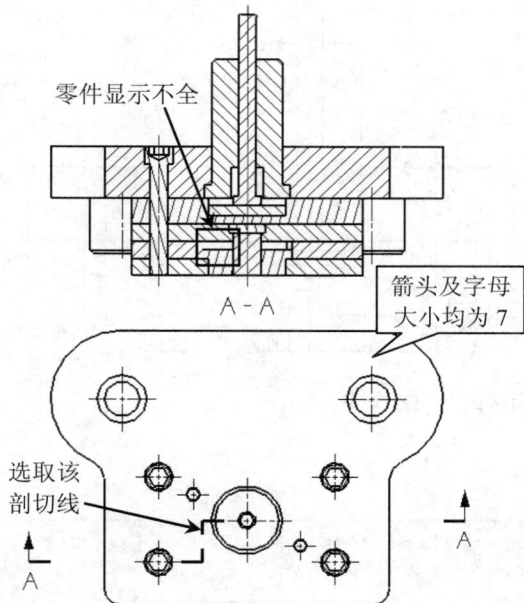

图 6-89　创建基本视图和剖视图

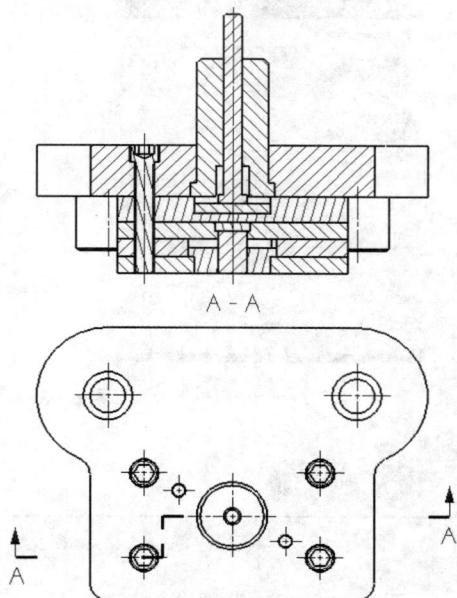

图 6-90　调整剖切位置

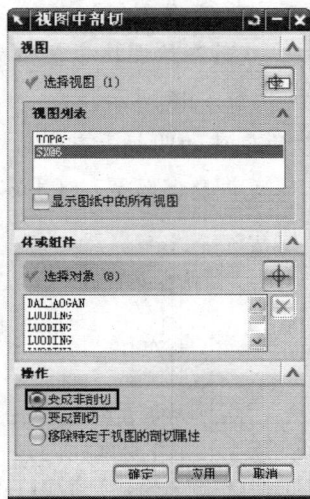

图 6-91　"视图中剖切"对话框

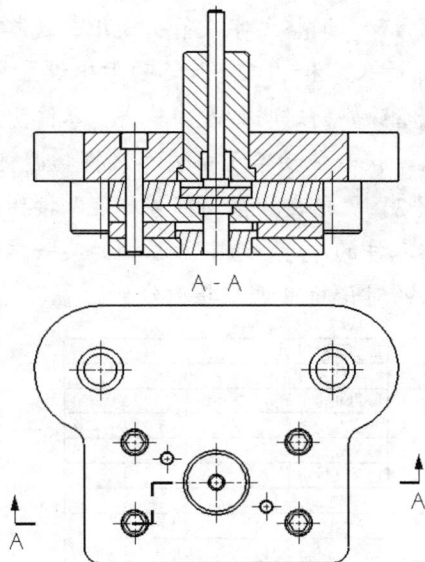

图 6-92　调整零件的投影效果

步骤 5▶　调整剖面线的间距及角度。在要调整的剖面线上双击，在打开的"剖切线"对话框中修改其距离和角度，如图 6-93 所示（本例中的剖面线均采用系统默认角度，其距离除图 6-93 中所注外，其余也采用默认设置）。

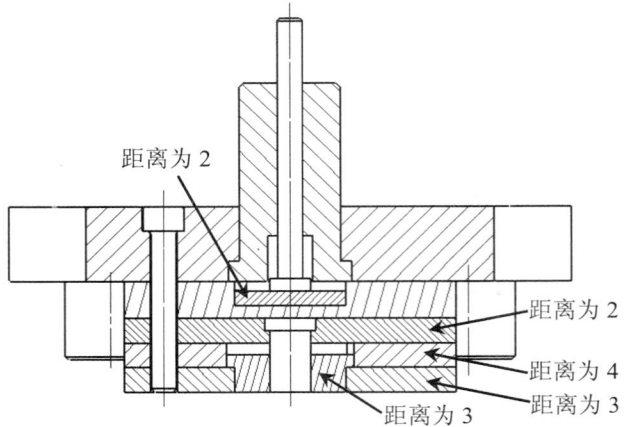

图 6-93　调整剖面线的距离及角度

提示

为了便于读者看清楚，图 6-93 中仅显示当前操作的剖视图，以下类似情况不再赘述。

（二）添加明细表和零件序号

步骤 1▶　调整文字及箭头大小。选择"首选项" > "注释"菜单，在打开的对话框的"直线/箭头"和"文字"选项卡中设置将箭头和字符大小设置为 7。

步骤 2▶　创建明细表。单击"零件明细表"按钮，然后在绘图区合适位置单击放置明细表，接着拖动单元格边界线将其调整为一个表格，如图 6-94 所示。

步骤 3▶　单击"自动符号标注"按钮，选取上步所创建的明细表，然后在剖视图中添加各零件的序号；选中所添加的某一零件序号并拖动，可调整其位置；双击零件序号，利用弹出的对话框可调整指引线的位置，结果如图 6-95 所示。

13	LUODING	4
12	XIAOTUMU	2
11	DINGJIANKUAI	1
10	AOMU	1
9	DIANBANO2	1
8	DATUMU	1
7	TUMUGUDINGBAN	1
6	DALIAOGAN	1
5	DALIAOBAN	1
4	DIANBANO1	1
3	MUBING	1
2	DAOTAO	2
1	SHANGMUZUO	1
PC NO	PART NAME	QTY

图 6-94　创建明细表

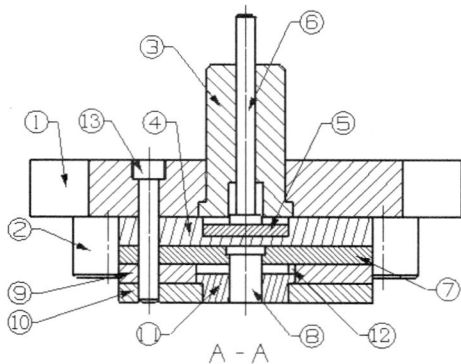

图 6-95　添加零件序号

（三）创建图框和标题栏

步骤1▶ 绘制图框。调出"草图工具"工具条，利用"矩形"按钮□和"自动判断"按钮⟋绘制长为594，宽为420的矩形，然后利用"偏置曲线"命令⟲将该矩形向内偏移10，最后隐藏所有尺寸标注。

步骤2▶ 绘制表格。单击"表格"工具条中的"表格注释"按钮▦，在制图区合适位置单击放置该表格，然后对其进行合并、插入列和删除行等操作，创建图6-96所示的表格。

步骤3▶ 调整表格。单击选取整个表格并右击，在弹出的快捷菜单中选择"单元格样式"选项，在打开的"注释样式"对话框中选择"单元格"选项卡，将除表格外框线外的所有边界线设置为细线，将"文本对齐"方式设置为"中心"▤；选择"文字"选项卡，将字体设置为"chinesef_fs"。

步骤4▶ 输入表格内容。在要输入文字的单元格内双击，输入文字后按【Enter】键或【↓】方向键继续输入其他文字，结果如图6-97所示。

图6-96　创建并编辑表格

上模组件	比例	质量	材料
	1：1		
制图			
审核			

图6-97　设置表格并输入文字

（四）调整标题栏、明细表和图框的相对位置

步骤1▶ 调整标题栏的对齐位置。选取整个标题栏并右击，从弹出的快捷菜单中选择"样式"选项，接着在打开的对话框中选择"截面"选项卡，将其对齐位置设置为"右下"，如图6-98所示。

步骤2▶ 调整标题栏的位置。选取整个标题栏并右击，从弹出的快捷菜单中选择"原点"选项，在打开的"原点工具"对话框中单击"点构造器"按钮，然后在"原点位置"下拉列表中选择"交点"选项，如图6-99所示。

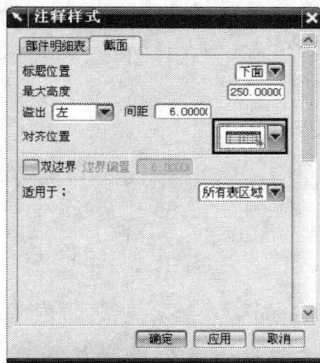

图6-98　调整表格的对齐位置

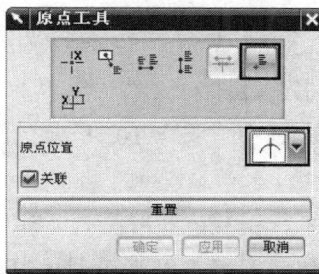

图6-99　"原点工具"对话框

步骤3▶ 单击图框线右下角的两条直线，如图 6-100 所示，最后单击"原点工具"对话框中的 **确定** 按钮，可使标题栏与图框的最下和最右边线重合。

步骤4▶ 采用同样方法，将明细表的对齐位置设置为"右下"，然后选择明细表并移动光标，使明细表的最下边线与标题栏最上边线重合，明细表最右边线与图框最右边线重合，结果如图 6-82 所示。

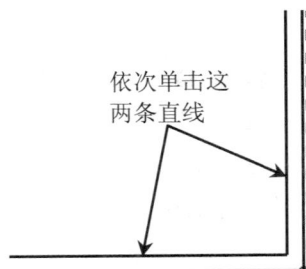

依次单击这两条直线

图 6-100　选择两直线的交点

综合实训

（一）创建机床用盖板工程图

打开本书配套素材文件"SC" > "ch06" > "sx-1.prt"，利用本项目所学知识，采用 A3 图纸并按 1:1 创建其零件工程图，其三维模型及工程图如图 6-101 所示。

素材："SC" > "ch06" > "sx-1.prt"
效果："SC" > "ch06" > "sx-1-end.prt"
视频："SP" > "ch06" > "sx-1.exe"

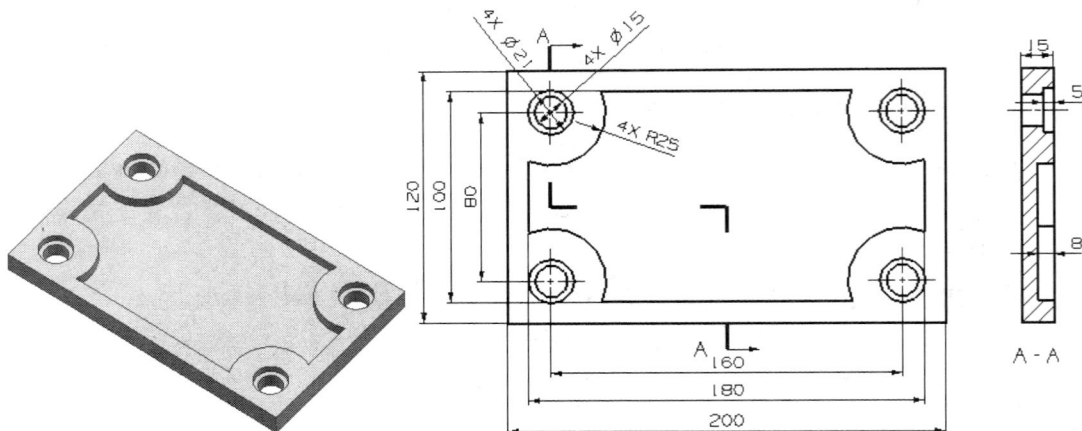

图 6-101　机床用盖板三维模型及工程图

（二）创建传动轴的工程图

打开本书配套素材文件"SC" > "ch06" > "sx-2.prt"，利用本项目所学知识，采用 A3 图纸并按 1:1 创建图 6-102 所示的工程图。

提示：

创建基本视图后，利用"剖视图"命令在合适位置剖切，然后分别向左或右水平移动光标，在合适位置单击以生成剖视图，接着拖动该视图至合适位置，或利用"移动/复制视图"命令移动视图，最后擦去图中不需要的投影线，以生成图中所示的两个移出断面图。

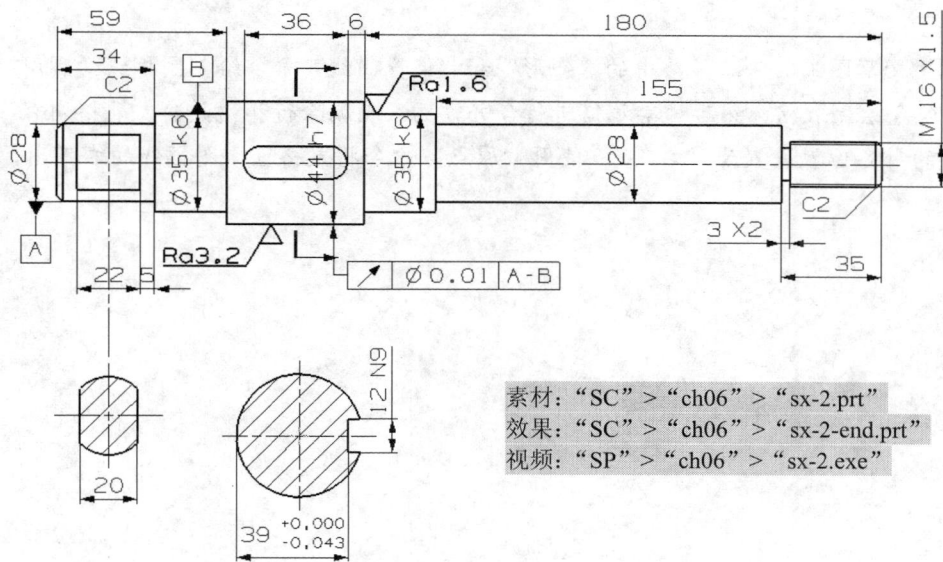

图 6-102 传动轴工程图

（三）为旋转支架工程图添加图框和标题栏

打开本书配套素材文件"SC" > "ch06" > "sx-3.prt"，利用本项目所学知识为该工程图添加图框和标题栏，结果如图 6-103 所示。

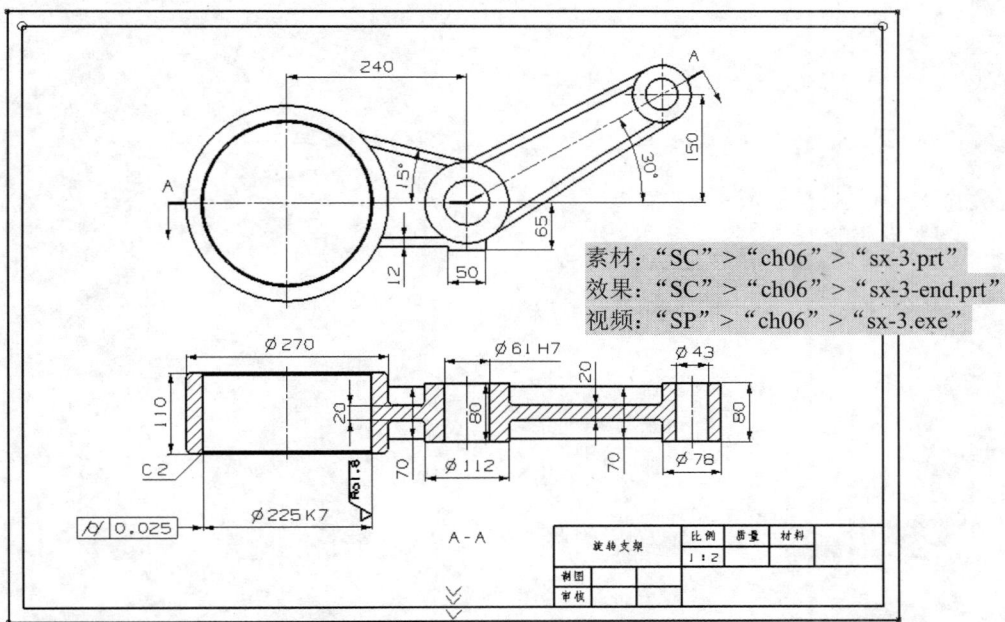

图 6-103 为旋转支架工程图添加图框和标题栏

提示：

利用"草图工具"工具条中的"矩形"和"偏置曲线"命令绘制图框线；利用"表格注释"命令绘制表格，然后对单元格进行合并、插入或删除行和列并输入表格内容，最后将表格的对齐位置设置为"右下"，使用"原点"命令将表格置于图框线的右下角。

项目七 注塑模设计

模具是工业生产中应用极为广泛的工艺装备，其成型产品涵盖家用电器、仪器仪表、建筑器材、汽车工业和日用五金等诸多领域。如今，模具生产技术的高低，已成为衡量一个国家产品制造业水平高低的重要标志。理论上，金属的压铸与注塑模具相同，但金属与塑料的性能差异较大，因此设计过程中需要注意的细节有所不同。本项目中，主要以注塑模具为例，来讲解模具的整个设计过程。

【学习目标】

◇ 掌握分模设计的思想和一般流程，并能够根据产品模型的形状和结构，为其创建分型线、分型面，以及型芯和型腔。
◇ 掌握修补模型上孔、槽等常用模具修补工具的使用方法。
◇ 了解模架类型的适用场合，并能够合理地选择和添加标准模架。
◇ 掌握顶出系统、浇注系统和冷却系统的创建方法。

任务一　旋钮分模设计

一、任务目标

掌握使用注塑模向导模块进行模具设计的一般步骤。

二、任务设置

对图 7-1 所示旋钮的三维模型进行分析，确定其分型面并进行分模，其材料为 ABS。

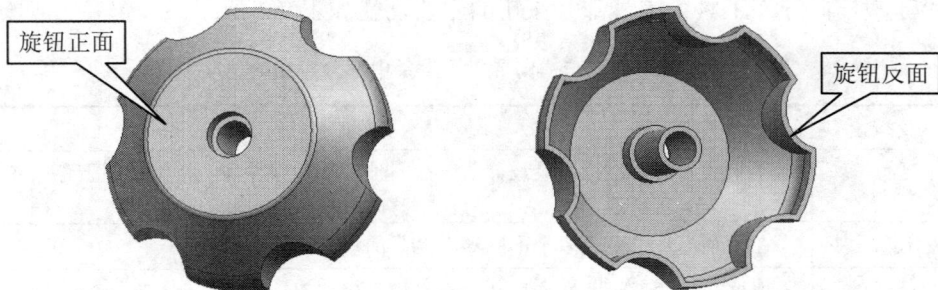

图 7-1　旋钮三维模型

三、相关知识

（一）模具设计过程及注塑模向导

在进行分模前，需要先对要创建模具的零件进行拔模和分型分析，以确定该零件是否能合理地脱模。图 7-2 所示为使用注塑模向导模块进行模具设计的流程图。

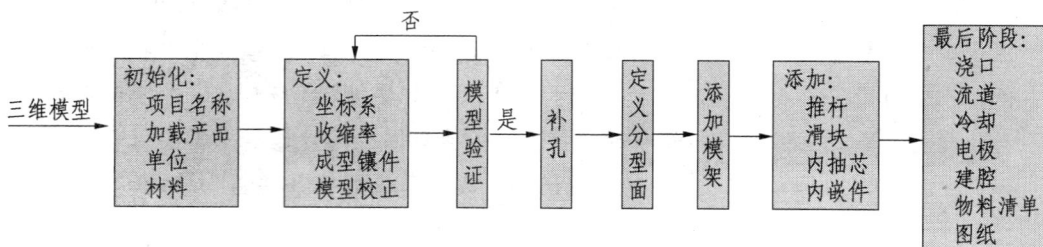

图 7-2　UG 中注塑模设计流程图

注塑模向导是 UG NX 7.0 的一个软件应用模块，专门用于注塑模具的设计。使用该模块能够很容易地进行产品零件的分模，为其添加模架、镶块、滑块、推杆和定位环，为复杂型芯或型腔轮廓创建电火花加工的电极，创建模具的浇注系统和冷却系统等。

要进行注塑模具设计，一般应先进入 UG 的建模模块，然后在"标准"工具条中选择"开始"＞"所有应用模块"＞"注塑模向导"菜单，打开"注塑模向导"工具条，如图 7-3 所示。

图 7-3　"注塑模向导"工具条

"注塑模向导"工具条中，部分按钮的主要功能如表 7-1 所示。

表 7-1　"注塑模向导"工具条中部分按钮的功能

名称及按钮	功　能
初始化项目	用来载入需要进行模具设计的产品零件。载入零件后，将生成用于存放布局、型腔、型芯等一系列文件
多腔模设计	在一个模具中生成多个不同塑料制品的型芯和型腔
模具 CSYS	根据产品的形状和结构特征，定义模具坐标系
收缩率	设定收缩率，以补偿液态塑料凝固为固态塑料制品而产生的收缩量

名称及按钮	功　能
工件	用于定义毛坯的形状及尺寸
型腔布局	用于定义一个模具中放置的多个零件产品的位置，以合理地安排一模多件
注塑模工具	提供各种修补工具，以修补产品模型上的孔、槽等，从而改变型芯和型腔的结构，简化分模过程
分型	把毛坯分割成型芯和型腔的过程，其中包括创建分型线、分型面、型芯和型腔等
标准件	用于从标准件库中提取标准件。注塑模向导模块中的标准件包括螺钉、锁块、定位环、导柱，以及镶块、电极、顶出系统和冷却系统等
浇口	生成浇口。浇口是液态溶液进入零件成型区域的入口，浇口的大小及位置直接影响到液态塑料的流动速度和方向
流道	产生流道。流道是液态塑料流进浇口套而未流到浇口之前的通道，它会不可避免地影响塑料进入模腔后的热学和力学性能，对产品的质量产生客观影响
冷却	生成冷却系统。构建冷却系统用于消除模具因受热而产生的精度损失和变形，以缩短产品的生产周期
电极	生成电极组。具有复杂特征的型芯和型腔，采用一般方法很难加工时，就需要在毛坯上用电火花等特种加工方法进行设计
修剪模具组件	用于修剪镶块、电极和标准件，以形成型芯或型腔的局部形状
腔体	在型芯或型腔上需要安装标准件的区域建立该标准件的空腔，以便安装标准件
物料清单	基于模具的装配状态产生的与装配信息相关的模具零件列表
装配图纸	用于自动创建模具的装配图纸
孔表	生成组件中所有孔的表格，该表格分别包含各孔的直径、深度等参数
视图管理器	用于控制装配结构部件的可见性和颜色等

（二）模具设计准备过程

在分模前，需要先初始化项目（即加载要分模的产品模型），然后设置其模具坐标系、收缩率、工件和型腔布局等。下面以图7-4所示产品模型为例，来讲解分模前的相关操作。

1. 项目初始化

项目初始化是使用注塑模向导模块进行模具设计的第一步，使用"项目初始化"命令可以设置模具装配文件的路径、名称，并通过指定产品的材料设置其收缩率。项目初始化的操作步骤如下。

步骤 1▶ 打开本书配套素材文件 "SC" > "ch07" > "1-3-2" > "1-3-2.prt"，如图7-4所示，然后单击"注塑模向导"工具条中的"初始化项目"按钮，打开"初始化项目"对话框，此时，系统自动选择工作区中的零件为要加载的模型，如图7-5所示。

步骤 2▶ 在该对话框中可设置文件的存储路径和名称，在"材料"下拉列表中选择制作该产品所需要的材料，这里选择"ABS"，采用该材料所设定的收缩率1.005，然后单

击 确定 按钮，便可将该模型加载到模具装配结构中。

素材："SC" > "ch07" > "1-3-2" > "1-3-2.prt"
效果："SC" > "ch07" > "1-3-2" > "ok" > "1-3-2_top_010.prt"

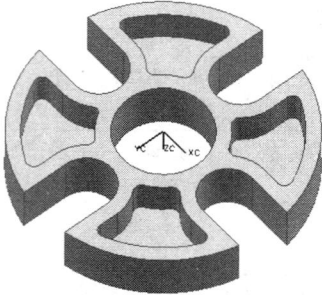

图 7-4　素材

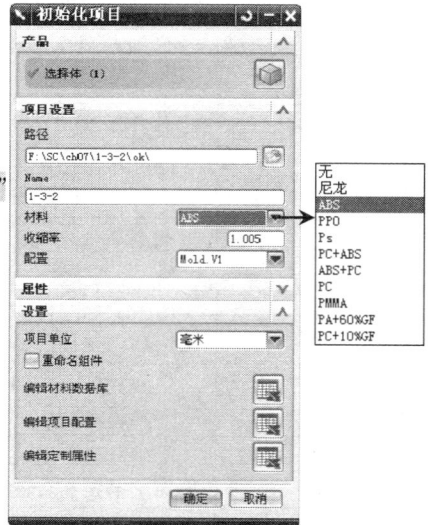

图 7-5　"初始化项目"对话框

注意

如果"初始化项目"对话框的"材料"下拉列表中仅有"尼龙"选项，说明"Mold Wizard"文件没安装完整。为便于读者操作，请打开 UG7.0 软件的安装文件"X:\Program Files\ug7.0\MOLDWIZARD"，然后将其中的所有文件复制，然后将其粘贴到本书配套素材"SC\ch07\MOLDWIZARD"文件夹中，最后再用配套素材中的"MOLDWIZARD"文件夹替换软件的安装文件中的"MOLDWIZARD"文件夹即可。

在"初始化项目"对话框的"设置"标签栏中单击"编辑材料数据库"按钮，可打开 Excel 表格形式的材料数据库，在该表格中可添加注塑材料或修改材料的收缩率，更改后可将其保存以便调用。

加载产品模型后，装配导航器中会出现许多新的项目，如图 7-6 所示。初始化过程中产生了两个装配结构，即方案装配结构和产品装配结构。方案装配结构的后缀为 top，cool，fill，misc，layout，产品装配结构包含在 layout 的节点下，后缀有 combined，prod 等。

> * *_top（文件名_top_010）：表示方案总文件，包含并控制装配组件和模具设计的相关数据。

> * *_cool（文件名_cool_001）：用于放置模具冷却系统文件。

> * *_fill（文件名_fill_014）：用于放置浇口、流道等文件。

图 7-6　装配导航器

> ➤ *_misc（文件名_misc_005）：用于放置通用标准件和不是独立的标准件部件，如定位环、锁模块等。
>
> ➤ *_layout（文件名_layout_022）：用于放置节点 prod 的位置，多腔和多件模有多个分支来放置各个 prod 节点的位置。

2. 设置模具坐标系

注塑模向导模块规定 XC-YC 平面是模具装配的主分型面，模具坐标系的原点位于凸模和凹模接触面的中心，+ZC 轴方向为顶出方向。模具坐标系的功能是把当前产品工作坐标系的原点平移到模具绝对坐标系的原点上，使绝对坐标原点在分型面上。设置模具坐标系的方法如下。

步骤 1▶ 利用 "格式" > "WCS" 菜单下的子菜单项，把坐标系从坐标原点移到分型面上，并使 +ZC 轴指向顶出方向。本例中，产品模型的坐标系位于分型面上，且 +ZC 轴为顶出方向，故不需要重新设置坐标系。

步骤 2▶ 单击 "注塑模向导" 工具条中的 "模具 CSYS" 按钮 ，打开 "模具 CSYS" 对话框，在该对话框中选择定位坐标系的方式，如选中 "当前 WCS" 单选钮（如图 7-7 所示），然后单击 按钮，即可将产品模型的工作坐标系原点平移到模具绝对坐标原点上。

3. 设置收缩率

塑料受热膨胀，遇冷收缩，因而采用热加工方法制得的塑件，冷却成型后的尺寸一般小于其模具尺寸。因此，在设计模具时，必须把塑件的收缩量补偿到模具的相应尺寸中，这样才可能得到符合要求的塑件。通常用收缩率来表示塑料收缩的大小。

单击 "注塑模向导" 工具条中的 "收缩率" 按钮 ，打开 "缩放体" 对话框（如图 7-8 所示），在该对话框 "类型" 标签栏中选择收缩类型，如 "均匀"（即材料在各个方向上的收缩比例相同），在 "比例因子" 标签栏中设置收缩比例，然后单击 按钮完成收缩率的设置。

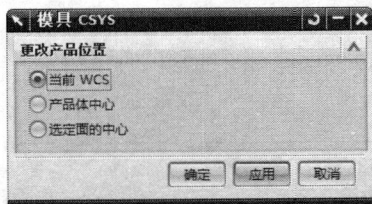

图 7-7 "模具 CSYS" 对话框

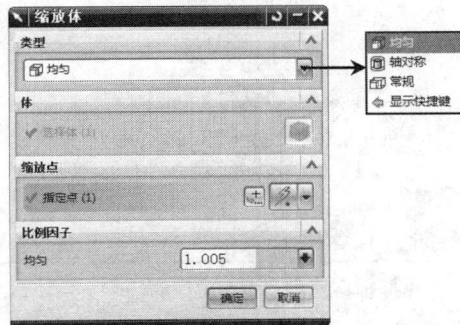

图 7-8 "缩放体" 对话框

"类型" 下拉列表中其他几种收缩类型的作用如下。

> ➤ **轴对称：**可分别设置材料在指定轴向方向上和其他方向上的收缩率。

> ➤ **常规**：分别设置产品模型在 X，Y，Z 轴方向上的收缩率。

注意

> 如果在"项目初始化"过程中已经设置了产品模型的收缩率，则此处不再需要设置收缩率；如果前面没有设置收缩率，或要求产品模型不按"均匀"方式收缩时，则需要重新设置收缩率。

4. 创建工件

工件是用来生成模具型腔和型芯的毛坯实体,所示工件的尺寸是在产品模型的外形尺寸上各增加一部分尺寸。

单击"注塑模向导"工具条中的"工件"按钮 ，打开"工件"对话框（如图 7-9 所示），用户可单击该对话框中的"绘制截面"按钮 进入草图环境，以修改或绘制工件的截面草图（也可保持默认设置），然后在"尺寸"标签栏的"限制"区域中设置工件高度，最后单击 确定 按钮创建工件，结果如图 7-10 所示。

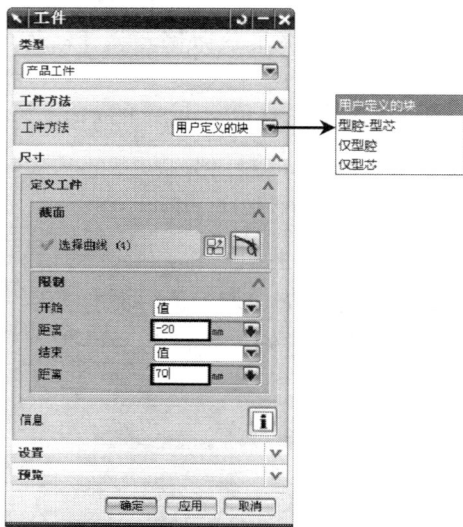

图 7-9　"工件"对话框

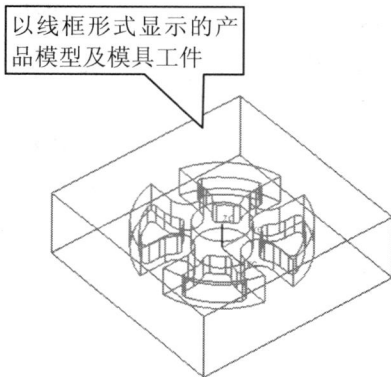

以线框形式显示的产品模型及模具工件

图 7-10　创建工件效果

提示

> 创建工件时，一般情况下，读者只需修改工件的厚度参数即可。工件的厚度参数不能超过产品零件太多，否则将极大地浪费模具材料，毕竟型腔、型芯的材料要比模具、模板的材料昂贵得多。
>
> 要更改工件的尺寸，需再次单击"注塑模向导"工具条中的"工件"按钮 ，然后在打开的"工件"对话框中进行操作。

5．型腔布局

利用"型腔布局"命令可实现制作"一模多腔"的注塑方案，可将型腔以矩形或圆形方式排列，具体操作如下。

步骤1▶ 单击"注塑模向导"工具条中的"型腔布局"按钮⬜，打开"型腔布局"对话框，系统自动选中工作区中的工件。

步骤2▶ 在"布局类型"标签栏中选择布局方式，如"矩形"，采用默认选中的"平衡"单选钮，在"平衡布局设置"标签栏中设置型腔数，如图7-11所示，然后在"布局类型"标签栏中选择"指定矢量"选项，在工作区选取工件的棱边作为布局方向，如图7-12所示。

步骤3▶ 单击"生成布局"标签栏中的"开始布局"按钮⬜，生成矩形排列的工件，然后单击"编辑布局"标签栏中的"自动对准中心"按钮⬜，将模具坐标系移动至矩形阵列中心，最后单击 关闭 按钮即可，结果如图7-13所示。

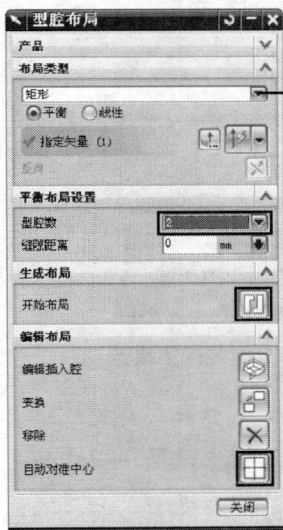

图7-11 "型腔布局"对话框　　图7-12 指定布局方向　　图7-13 型腔布局形式

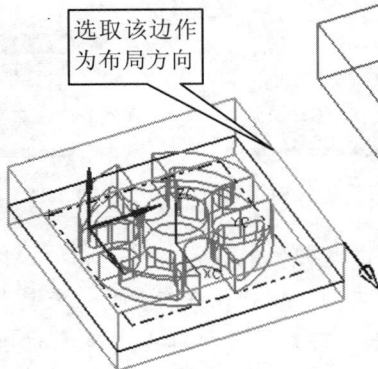

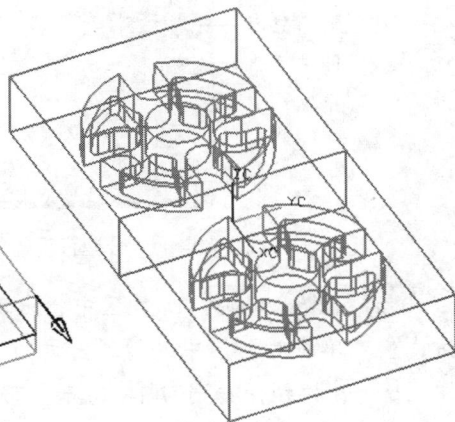

提示

> 使用"型腔布局"命令创建多个腔体后，则在后续的分模操作中，腔体布局产生的所有产品模型均会相应地进行相同操作，但工作区仅显示其中一个产品模型。

（三）分模设计

分模是基于产品模型创建型腔和型芯的过程。一般情况下，在创建工件之后，就可以进行分模设计了。在UG中，单击"注塑模向导"工具条中的"分型"按钮⬜，打开"分型管理器"对话框，该对话框中集成了用于分模操作的诸多命令按钮，如图7-14所示。

要进行分模设计，需要创建分型线、创建分型面、检查并分析未定义的区域、创建/删除曲面补片、抽取区域和分型线、创建型腔和型芯等操作。产品模型的复杂程度不同，其分模的操作顺序也有所不同。

1. 创建分型线

分型线是指分型面与产品最大轮廓的交线。指定塑件的顶出方向后，系统会根据产品模型的形状等因素自动搜索分型线。

步骤 1▶ 创建分型线。单击"分型管理器"对话框中的"编辑分型线"按钮 ，在打开的"分型线"对话框中单击"自动搜索分型线"按钮，打开"搜索分型线"对话框，如图 7-15 所示。

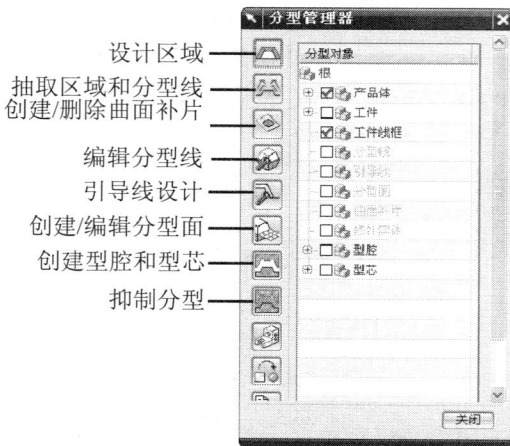

图 7-14 "分型管理器"对话框   图 7-15 选择分型线的生成方式

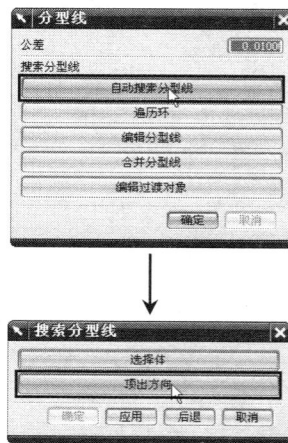

步骤 2▶ 此时，工作区中将出现一个箭头，用以表示顶出方向。如果需要更改顶出方向，可单击对话框中的"顶出方向"按钮，在打开的"矢量"对话框中设置顶出方向并单击 确定 按钮，如图 7-16 所示，否则，直接单击 应用 和 确定 按钮，返回"分型线"对话框，最后单击 确定 按钮完成分型线的创建，结果如图 7-17 所示。

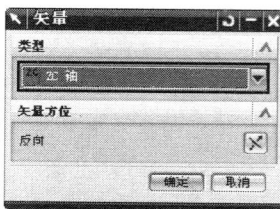

图 7-16 "矢量"对话框   图 7-17 分型线

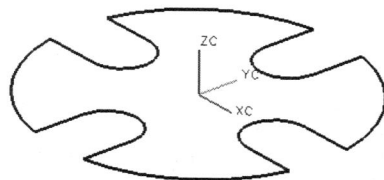

2. 创建分型面

分型面是用来分割型腔和型芯的分型片体，它是以分型线为边界向四周按一定方式延伸或扩展而形成的一组连续的封闭曲面。分型面的创建方法如下。

步骤1▶ 单击"分型管理器"对话框中的"创建/编辑分型面"按钮，在打开的"创建分型面"对话框中单击"创建分型面"按钮，打开"分型面"对话框，如图7-18所示。

步骤2▶ 选中"分型面"对话框中的"有界平面"单选钮，然后单击 确定 按钮即可创建分型面，如图7-19所示。

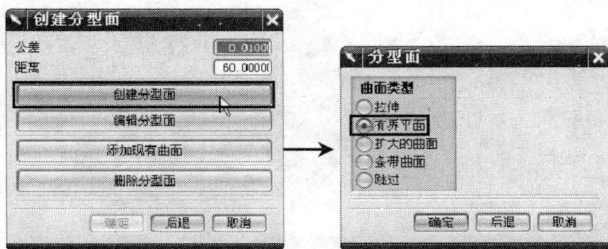

图 7-18 选择创建分型面的方式　　　　图 7-19 创建分型面

3. 检查并分析未定义的区域

创建分型面后执行"设计区域"命令，系统将按照用户的设置分析并检查型芯和型腔面，并自动指派型芯和型腔区域。

执行"设计区域"命令后，沿脱模方向上，产品模型上没有设计脱模斜度的区域将不会自动指派型芯或型腔区域。此时，可手动为这些未定义的区域指派成型对象。具体操作如下。

步骤1▶ 单击"分型管理器"对话框中的"设计区域"按钮，打开"MPV初始化"对话框，同时，工作区将出现一个用于表示脱模方向的箭头。本例中，该箭头所指方向与脱模方向一致，故直接单击 确定 按钮，打开"塑模部件验证"对话框，如图7-20所示。

步骤2▶ "塑模部件验证"对话框中的未定义的区域即为用户必须指派的区域，勾选"交叉竖直面"复选框，然后单击"设置区域颜色"按钮，再次取消选中的"交叉竖直面"复选框，则产品中未定义的区域将显示为绿色。

步骤3▶ 单击选取模型图7-21所示孔的圆柱面，然后选中对话框中的"型芯区域"单选钮，单击 应用 按钮，即可将孔的圆柱面指派为型芯区域。

步骤4▶ 选取模型中未设置脱模斜度的其他表面，然后选中对话框中的"型腔区域"单选钮，单击 应用 按钮，将所选面指派为型腔面。此时，对话框中未定义的区域显示0个未定义面，且产品模型上仅显示两种颜色，最后单击 取消 按钮即可。

提示

　　在为未定义的面指定型腔或型芯时，为了能够分清楚型腔或型芯，读者可按照图7-20所示"塑模部件验证"对话框中"型腔区域"和"型芯区域"后的颜色来判断。

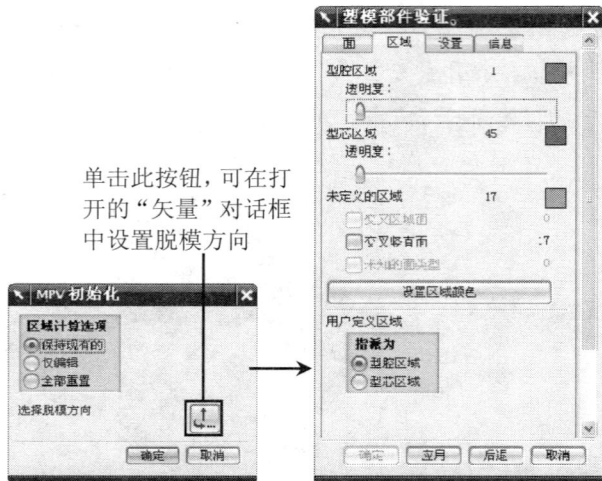

单击此按钮,可在打开的"矢量"对话框中设置脱模方向

图 7-20　打开"塑模部件验证"对话框

指派孔的圆柱面为型芯区域

图 7-21　指派未定义的区域

4．曲面补片

对于有通孔、槽等结构的产品模型,在分模设计时,需将产品模型内部的开放区域进行修补,从而使型腔面和型芯面分别成为一个或多个封闭的区域。该修补操作可在抽取型芯和型腔区域之前的任意阶段进行。

步骤 1▶ 单击"分型管理器"对话框中的"创建/删除曲面补片"按钮 ◈ ,打开"自动孔修补"对话框,如图 7-22 所示。此时,系统将自动选中需要封闭的环。

步骤 2▶ 单击该对话框中的"自动修补"按钮,系统将自动生成一个曲面(如图 7-23 所示),最后单击 后退 按钮,关闭"自动孔修补"对话框。

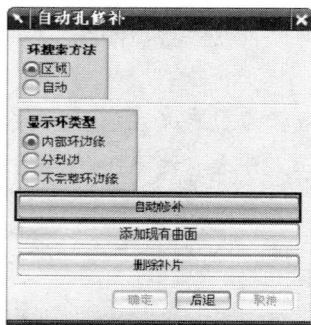

图 7-22　"自动孔修补"对话框

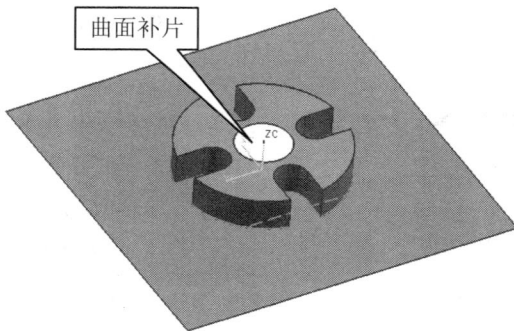

曲面补片

图 7-23　曲面补片

5．抽取型腔和型芯区域

执行"抽取区域和分型线"命令后,系统会根据前面的设置自动搜索边界面和修补面,再将这些区域分配给型腔和型芯,从而使型腔区域和型芯区域分离。此外,在抽取区域和分型线的过程中,还可以验证产品模型中是否有未被指派的区域。

步骤 1▶ 单击"分型管理器"对话框中的"抽取区域和分型线"按钮 △ ,打开"定义区域"对话框（如图 7-24 所示），在该对话框的"定义区域"列表框中显示了模型所有面和个数、未定义面的个数、型腔和型芯面的个数。

步骤 2▶ 在"定义区域"标签栏中选择"型腔区域"或"型芯区域"选项，通过拖动"面属性"标签栏下面的滑块，可查看组成型腔或型芯的面。

步骤 3▶ 确认型腔和型芯的组成无误后，选中"定义区域"标签栏中的"所有面"，然后勾选"创建区域"复选框，最后单击 确定 按钮，完成抽取区域和分型线操作。

6. 创建型腔和型芯

在完成上面的操作后，使用"创建型腔和型芯"命令，便可将型腔和型芯区域分别缝合成片体来分割工件，如分割成功，将显示生成的型腔和型芯片体。具体操作如下。

步骤 1▶ 单击"分型管理器"对话框中的"创建型腔和型芯"按钮，打开"定义型腔和型芯"对话框，如图 7-25 所示。

图 7-24 "定义区域"对话框

步骤 2▶ 在"选择片体"列表框中选择"所有区域"选项，然后勾选"设置"标签栏中的"检查几何体"和"检查重叠"复选框，单击 确定 按钮，打开"查看分型结果"对话框并显示创建的型腔，再次单击 确定 按钮显示创建的型芯，如图 7-26 所示。

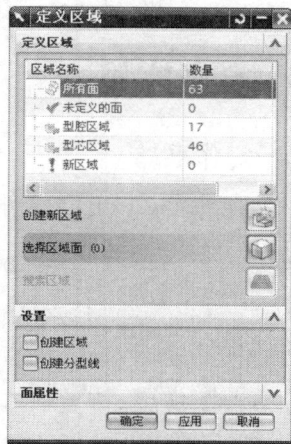

图 7-25 "定义型腔和型芯"对话框　　　　图 7-26 型腔和型芯

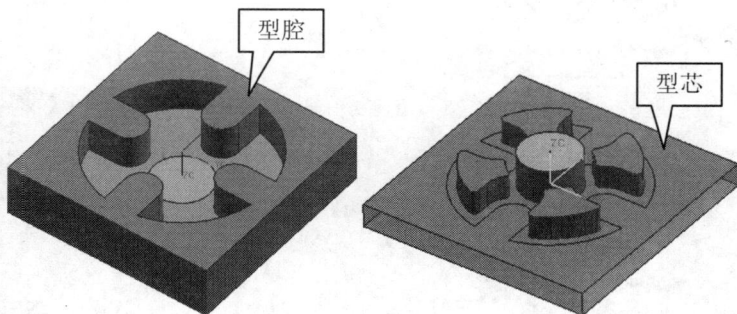

提示

"定义型芯和型腔"对话框中的"检查几何体"复选框用于检查每个面的几何状态是否有不良的几何体，如果有则高亮显示；"检查重叠"复选框用于检查并高亮显示重叠的片体。

通过上述操作后，产品模型的分模操作已完成，用户可在"窗口"主菜单中选择"*_cavity"和"*_core"文件，以查看所创建的型腔和型芯。

四、任务实施

制作思路

该旋钮的结构比较简单，分模前需要对中间孔进行补片，将旋钮底面最大轮廓线作为分型线，分型面为平面。其分模过程为：进行项目初始化加载产品模型，然后设置模具坐标系、收缩率和模具工件，接着利用分模管理器创建分型线、分型面、补片等操作，最后生成型腔和型芯。

制作步骤

步骤 1▶ 加载产品模型。打开本书配套素材文件"SC" > "ch07" > "7-1" > "7-1.prt"，然后选择"开始" > "所有应用模块" > "注塑模向导"菜单，打开"注塑模向导"工具条；单击"初始化项目"按钮，参照图 7-27 所示的对话框设置文件的保存路径、产品所用材料和收缩率等，最后将"项目单位"设置为"毫米"。

步骤 2▶ 移动坐标系的位置。选择"格式" > "WCS" > "原点"菜单，在打开的"点"对话框中选择"圆弧中心/椭圆中心/球心"选项，接着选取图 7-28 所示旋钮底面外边缘的圆弧边线，单击 确定 按钮，可将当前工作坐标系移至旋钮底面中心处。

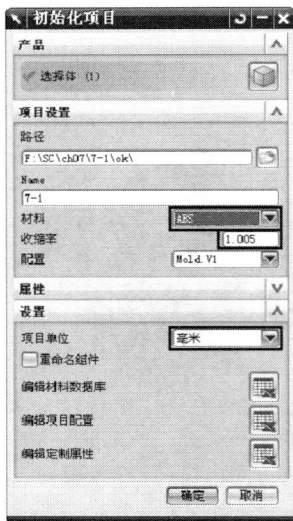

图 7-27 "初始化项目"对话框

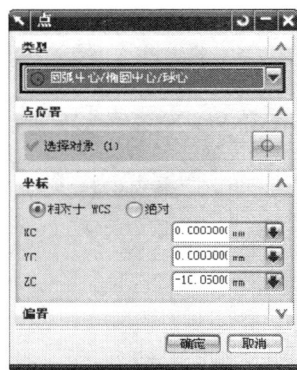

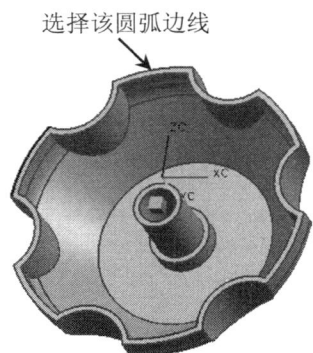

图 7-28 移动当前工作坐标系的位置

步骤 3▶ 调整坐标系的方向。选择"格式" > "WCS" > "旋转"菜单，在打开的"旋转 WCS 绕…"对话框中选择图 7-29 所示的单选钮，采用默认的旋转角度 90，最后单击 确定 按钮即可，结果如图 7-30 所示。

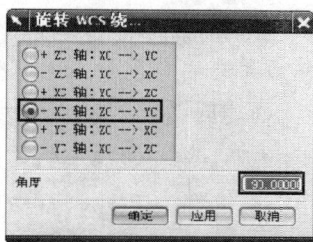

图 7-29　"旋转 WCS 绕…"对话框

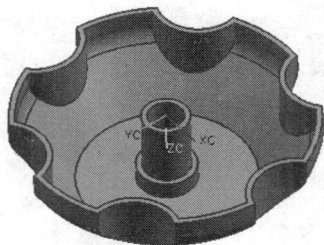

图 7-30　旋转坐标系效果

步骤 4▶　设置模具坐标系。由图 7-30 中可知，XC-YC 所在的面即为产品模型的最大面，+ZC 轴为顶出方向，故不必再变换坐标系，直接单击"模具 CSYS"按钮，在打开的对话框中选中"当前 WCS"单选钮，最后单击 确定 按钮即可。

步骤 5▶　创建工件。单击"工件"按钮，在打开的"工件"对话框中设置工件的尺寸（如图 7-31 所示），最后单击 确定 按钮，结果如图 7-32 所示。

图 7-31　设置工件的参数

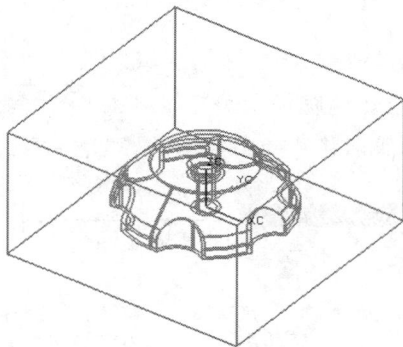

图 7-32　创建工件效果

步骤 6▶　创建分型线。单击"分型"按钮，打开"分型管理器"对话框，然后单击"编辑分型线"按钮，在打开的"分型线"对话框中单击"自动搜索分型线"按钮，采用默认的顶出方向，创建图 7-33 所示的分型线。

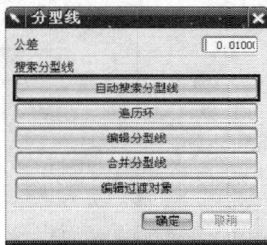

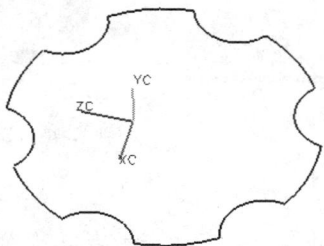

图 7-33　创建分型线

步骤 7▶ 创建分型面。单击"分型管理器"对话框中的"创建/编辑分型面"按钮，在打开的"创建分型面"对话框中输入距离值"30"，然后单击"创建分型面"按钮，接着在打开"分型面"对话框中选中"有界平面"单选钮，创建图 7-34 所示的分型面。

步骤 8▶ 曲面补片。选中"分型管理器"对话框中"产品体"选项前的复选框，使工作区中显示产品模型，然后单击"创建/删除曲面补片"按钮，打开"自动孔修补"对话框，选中"自动"单选钮后单击"自动修补"按钮，系统自动生成一个曲面，如图 7-35 所示。

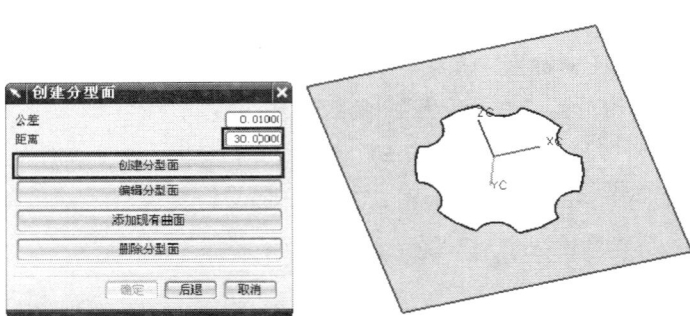

图 7-34 创建分型面   图 7-35 曲面补片

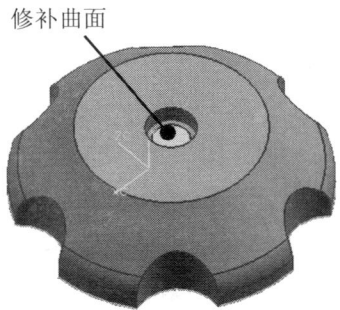

步骤 9▶ 指派未定义的区域。单击"设计区域"按钮，打开"MPV 初始化"对话框，采用默认的脱模方向直接单击 确定 按钮，打开"注塑模部件检验"对话框，然后参照图 7-36 所示将孔的圆柱面设置为型芯区域，将其余 12 个区域设置为型腔区域。

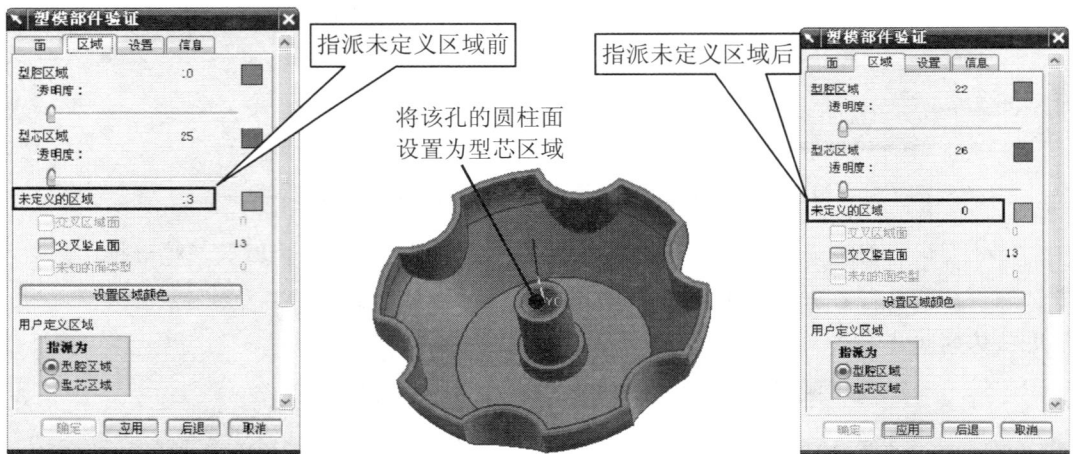

图 7-36 指派未定义的 13 个区域

步骤 10▶ 抽取型腔和型芯区域。单击"抽取区域和分型线"按钮，由打开的"定义区域"对话框可知，该产品模型中没有未定义的面，故选中"所有面"选项后勾选"创建区域"和"创建分型线"复选框，如图 7-37 所示，最后单击 确定 按钮即可。

步骤 11▶ 单击"创建型腔和型芯"按钮🖼，打开"定义型腔和型芯"对话框，在"选择片体"标签栏中选择"所有区域"选项，然后勾选"设置"标签栏中的"检查几何体"和"检查重叠"复选框，创建图 7-38 所示的型腔和型芯。

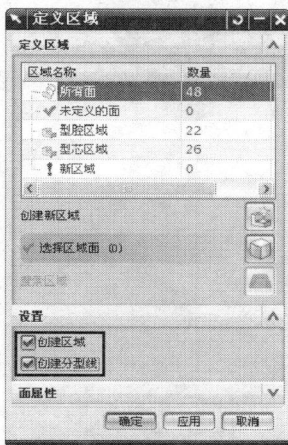

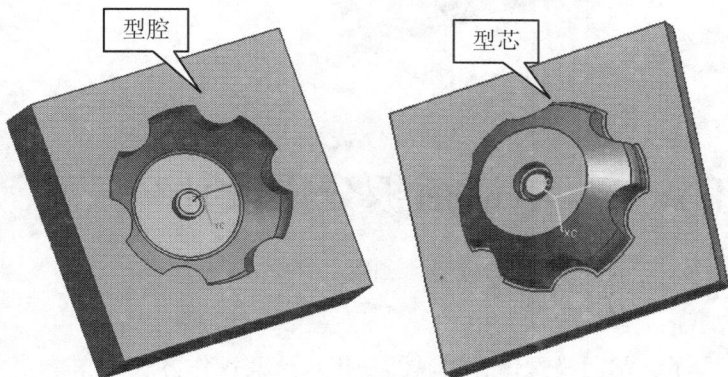

图 7-37 抽取型腔和型芯区域

图 7-38 型腔和型芯效果

步骤 12▶ 至此，旋钮模型的分模工作已经创建完毕。选择"文件">"全部保存"菜单，将分模过程中所创建的型腔、型芯等所有文件保存。

五、巩固练习——明信片盒分模设计

结合本项目所学知识，对图 7-39 所示的明信片盒进行分模设计，其材料为 Ps。

素材："SC">"ch07">"1-5-1">"1-5-1.prt"
效果："SC">"ch07">"1-5-1">"ok">"1-5-1_top_010.prt"
视频："SP">"ch07">"1-5-1.exe"

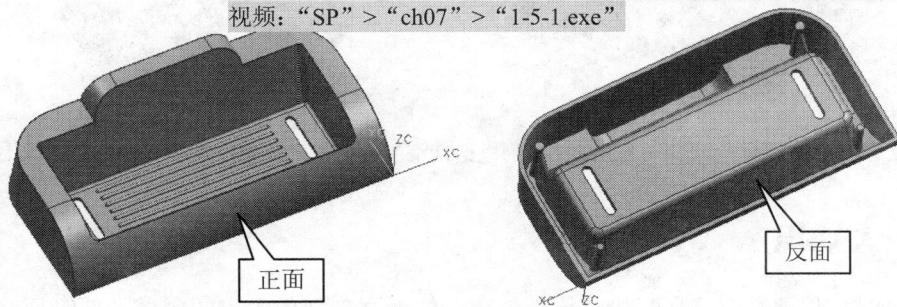

图 7-39 明信片盒模型

提示：

加载模型后，可将模具坐标系设置在明信片盒底面的中心处，其分型线为底面最大轮廓线。分模前，需对模型上的孔进行修补，其型腔和型芯效果如图 7-40 所示。

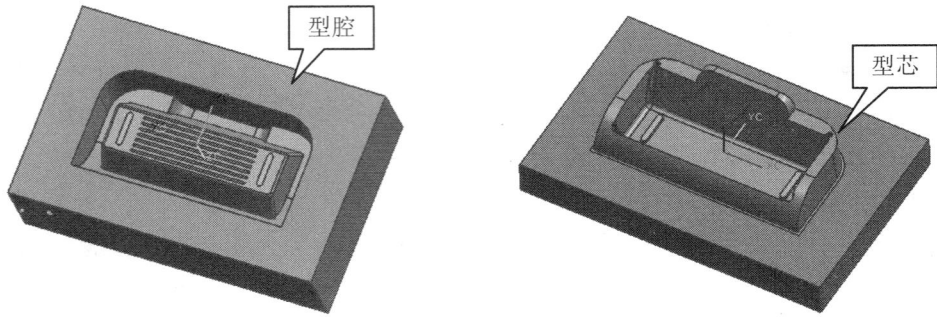

图 7-40　型腔和型芯效果

任务二　电话插板分模设计

一、任务目标

了解常用模型修补工具的使用场合及操作方法。

二、任务设置

利用本任务所学知识，对图 7-41 所示的电话插板模型进行分模设计。

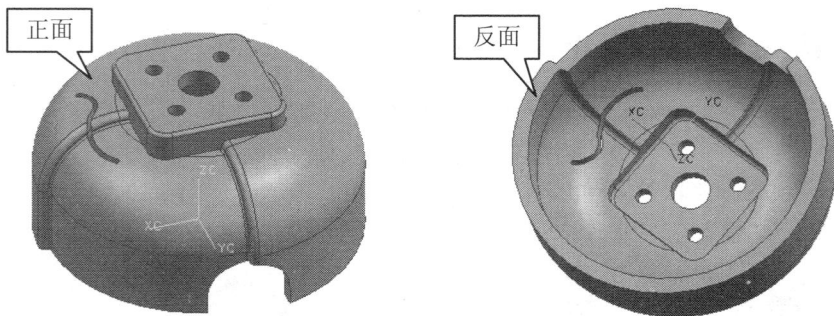

图 7-41　电话插板三维模型

三、相关知识

抽取型腔和型芯时，是假想将模型的内、外表面分别作为封闭区域的，但是这样的假想面要让软件识别出来，就必须把产品模型上的孔、槽等开放区域覆盖起来，由此可见，修补零件是分模前需要完成的工作。

UG 中的大部分修补命令位于"注塑模工具"工具条中，其零件的修补大致可分为表面修补和实体修补两种。单击"注塑模向导"工具条中的"注塑模工具"按钮 ✗，即可打开"注塑模工具"工具条，如图 7-42 所示。

图 7-42　"注塑模工具"工具条

（一）曲面补片

"曲面补片"命令用于修补完全位于同一个平面或曲面上的孔，是最简单的修补方法。

单击"注塑模工具"工具条中的"曲面补片"按钮，打开"选择面"对话框，如图 7-43 所示，单击选取要补片的面，此时，系统会自动搜寻所选面上的封闭环，然后单击 确定 按钮，即可修补该面上的孔，如图 7-44 所示。

素材："SC" > "ch07" > "2-3-1" > "2-3-1_parting_024.prt"

图 7-43　"选择面"对话框

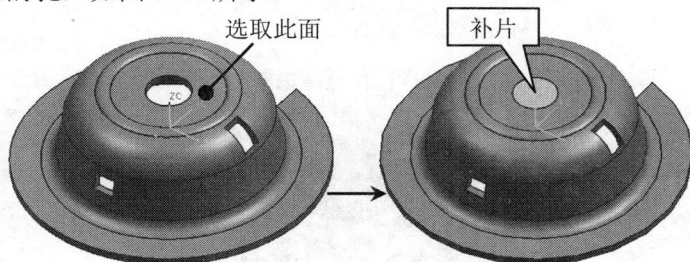

图 7-44　曲面补片效果

（二）边缘补片

执行"边缘补片"命令后，通过选择相连的曲线或边界环来修补曲面。与"曲面补片"命令不同的是，使用该命令可修补横跨多个面的开口区域或封闭区域。边缘补片的具体操作方法如下。

步骤 1▶　单击"边缘补片"按钮，打开"开始遍历"对话框，取消选中的"按面的颜色遍历"复选框，如图 7-45 所示，然后在要修补处的棱边上单击（如图 7-46 所示），打开图 7-47 所示的"曲线/边选择"对话框。

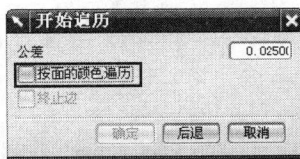

图 7-45　"开始遍历"对话框

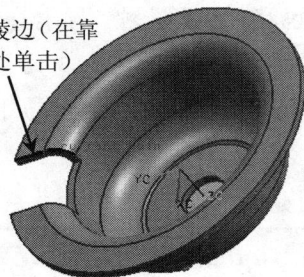

图 7-46　选取要补片的封闭环

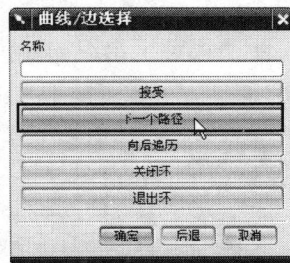

图 7-47　"曲线/边选择"对话框

步骤 2▶ 当模型上所选中的棱边为所需棱边时,单击"曲线/边选择"对话框中的"接受"按钮,否则,单击"下一个路径"按钮调整所选棱边,采用该方法依次选取图 7-48 所示的棱边。

步骤 3▶ 单击"曲线/边选择"对话框中的"关闭环"按钮,打开图 7-49 所示的"添加或移除面"对话框。采用默认选中的三个参考面(如图 7-50 所示),单击 确定 按钮,即可完成边缘补片,结果如图 7-51 所示。

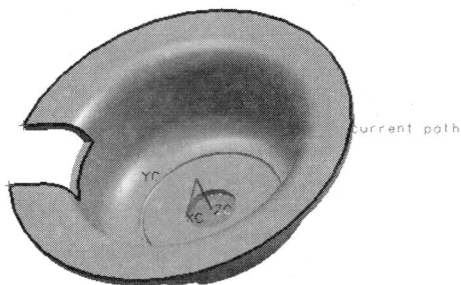

图 7-48 选取要封闭区域的棱边

图 7-49 "添加或移除面"对话框

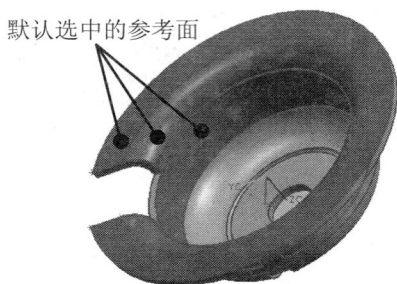

图 7-50 选择参考面

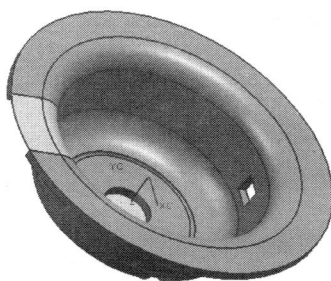

图 7-51 边缘补片效果

(三)创建方块

使用"创建方块"命令可对实体模型进行修补,且修补所产生的实体将被自动几何链接到型芯和型腔组件中。使用"创建方块"命令不能对总装配体文件"*_top"进行操作。

单击"创建方块"按钮 ,打开"创建方块"对话框(如图 7-52 所示),在该对话框的"类型"标签栏中选择"对象包容方块"选项,接着在要创建方块的边界面上单击,此时,单击模型上出现的箭头并拖动,使要创建的方块完全包含要修补的孔(如图 7-53 所示),最后单击 确定 按钮即可完成方块的创建,结果如图 7-54 所示。

提示

在"类型"下拉列表中选择"一般方块"选项,可通过设置方块的重心和尺寸来创建长方体。

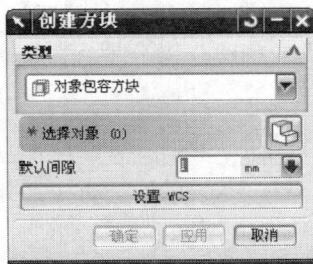

图 7-52 "创建方块"对话框

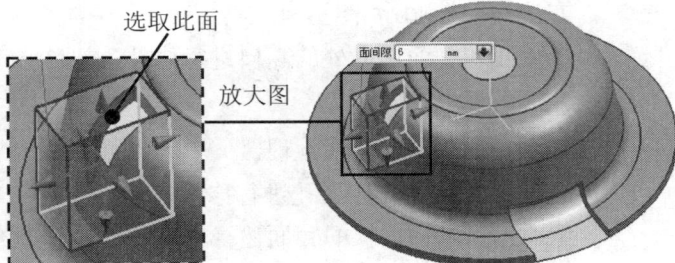

图 7-53 选择要创建方块的边界面

（四）分割实体

使用"创建方块"命令修补的孔会多出许多不必要的部分，这时可使用"分割实体"命令，通过面、基准平面或其他几何体对该方块进行分割，常用于修剪镶件或滑块。分割实体命令的具体操作方法如下。

步骤 1▶ 单击"分割实体"按钮，打开"分割实体"对话框，选择要分割的方块，打开图 7-55 所示的"分割实体"对话框。

步骤 2▶ 选择用于分割方块的面，如选取图 7-54 所示的面，然后单击 确定 按钮，打开"修剪方法"对话框，如图 7-56 所示。

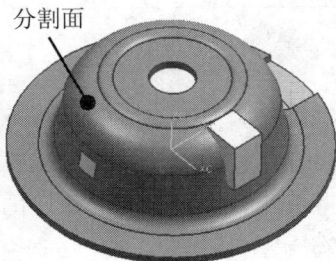

图 7-54 创建方块

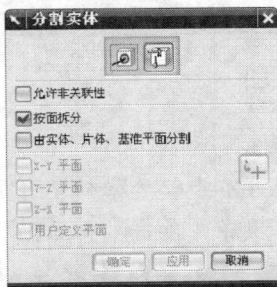

图 7-55 "分割实体"对话框

图 7-56 "修剪方法"对话框

步骤 3▶ 通过单击"修剪方法"对话框中的"翻转修剪"按钮，可调整要修剪掉的部分，如图 7-57 所示，最后单击 确定 按钮，完成实体的分割。

四、任务实施

制作思路

该电话插板为壁厚均匀的壳体，上面有孔、槽等结构。加载该产品模型，并定义模具坐标系和工件后，可采用以下两种方法创建分型线、分型面、型腔和型芯部分。

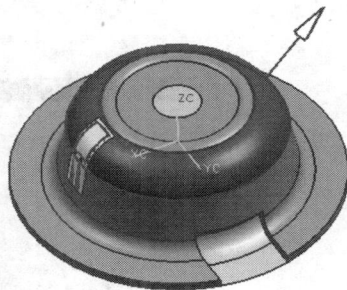

图 7-57 确定修剪方向

➢ **方法一**：先利用"注塑模工具"工具条中的相关按钮，对模型上方的五个圆柱孔、异形孔和底面边缘处的豁口进行修补，然后将底面最大轮廓线作为分型线，如图 7-58 所示。

➢ **方法二**：利用"分型管理器"中的"创建/删除曲面补片"按钮 ，对模型上方的五个圆柱孔和异形孔进行修补，然后利用"编辑分型线"按钮 自动搜索分型线，以电话插板的底面边缘轮廓线作为分型线，如图 7-59 所示。

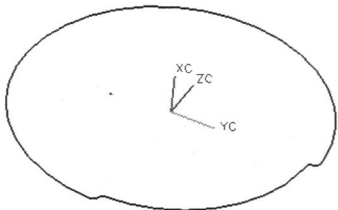

图 7-58　分型线（方法一）　　　　　　　　图 7-59　分型线（方法二）

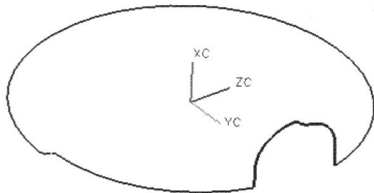

本例中，先以方法一为例，来讲解电话插板的分模设计。关于方法二的操作过程，读者可在学习完方法一后，根据后面的提示自行进行操作。

制作步骤

方法一：

步骤 1▶　加载产品模型。打开本书配套素材"SC"＞"ch07"＞"7-2"＞"7-2.prt"文件，然后打开"注塑模向导"工具条，单击"初始化项目"按钮 ，在打开的"初始化项目"对话框设置文件的保存路径，产品的材料 PC＋ABC，单位为毫米。

步骤 2▶　创建模具坐标系。选择"格式"＞"WCS"＞"旋转"菜单，在打开的对话框中选择图 7-60 所示的单选钮，单击 确定 按钮将当前坐标系绕+YC 轴旋转 90°，结果如图 7-61 所示；单击"模具 CSYS"按钮 ，将当前坐标系设置为模具坐标系。

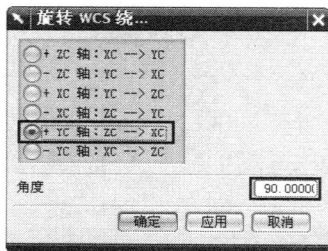

图 7-60　"旋转 WCS 绕…"对话框　　　　图 7-61　旋转坐标系效果

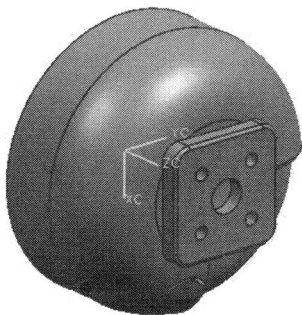

步骤3▶ 创建工件。单击"工件"按钮 ◇，打开"工件"对话框，然后参照图7-62所示的参数设置工件的尺寸。

步骤4▶ 曲面修补。单击"注塑模向导"工具条中的"注塑模工具"按钮 ✕，然后在打开的"注塑模工具"工具条中单击"曲面补片"按钮 ▧，选取图7-63所示的平面，将该平面上的五个孔修补。

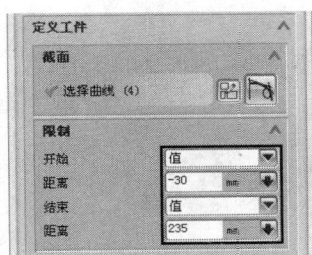

图7-62　设置工件参数

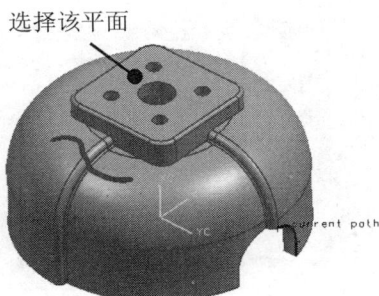

选择该平面

图7-63　选择修补面

步骤5▶ 边缘补片。单击"注塑模工具"工具条中的"边缘补片"按钮 ▦，在打开的"开始遍历"对话框取消"按面的颜色遍历"复选框；选取图7-64所示的边缘线1，打开图7-65所示的"曲线/边选择"对话框；单击"接受"按钮，然后利用"下一个路径"和"接受"按钮，依次选取图7-64所示的棱边，在该豁口处创建曲面。

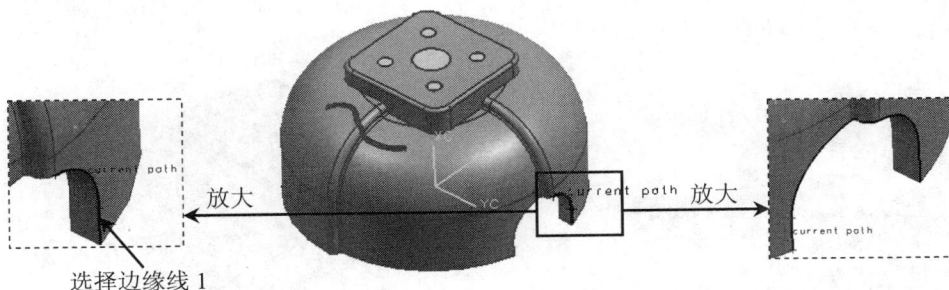

放大　　　　放大

选择边缘线1

图7-64　选择要修补的边缘线

步骤6▶ 参照上步方法，利用"边缘补片"命令修补图7-66所示异形孔。

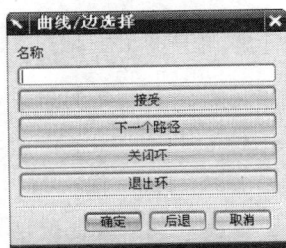

图7-65　"曲线/边选择"对话框

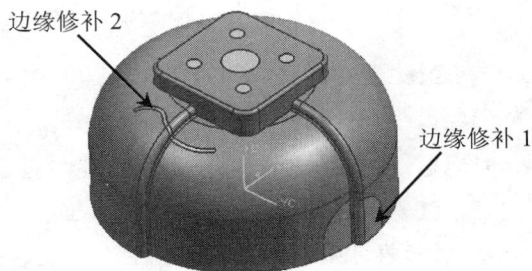

边缘修补2

边缘修补1

图7-66　边缘修补效果

步骤 7▶ 创建分型线。单击"分型"按钮 ⬚，打开"分型管理器"对话框，然后单击"编辑分型线"按钮 ⬚，在打开的对话框中单击"编辑分型线"按钮，打开"编辑分型线"对话框；依次选取模型底面的外侧边缘线，如图 7-67 所示，最后单击两次 确定 按钮即可。

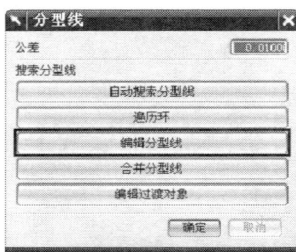

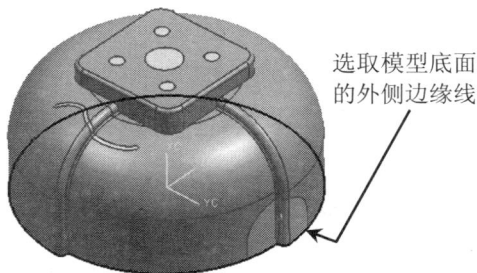

图 7-67　创建分型线

注意

此处若使用"自动搜索分型线"功能，将不会得到本例中所需要的分型线。

步骤 8▶ 创建分型面。单击"创建/编辑分型面"按钮 ⬚，在打开的"创建分型面"对话框中直接单击"创建分型面"按钮，打开"分型面"对话框，选中"有界平面"单选钮创建图 7-68 所示的分型面。

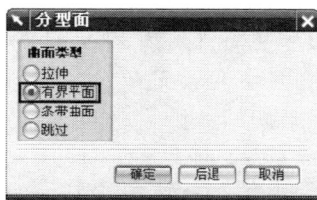

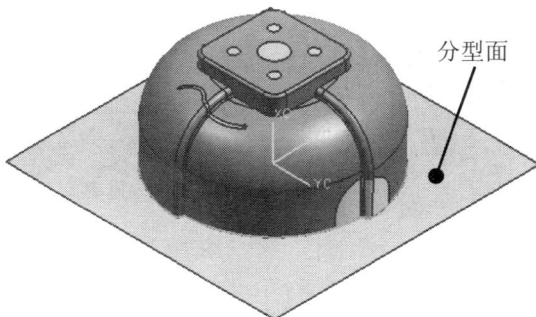

图 7-68　创建分型面

步骤 9▶ 指派未定义的区域。单击"设计区域"按钮 ⬚，采用默认的脱模方向单击 确定 按钮，打开"注塑模部件检验"对话框，如图 7-69 所示；分别为该对话框中"未定义的区域"设置区中的 15 个面指派型芯区域或型腔区域。

步骤 10▶ 抽取型腔和型芯区域。单击"抽取区域和分型线"按钮 ⬚，由打开的"定义区域"对话框可知，该产品模型中没有未定义的面，故选中"所有面"选项后勾选"创建区域"复选框，如图 7-70 所示，最后单击 确定 按钮。

步骤 11▶ 单击"创建型腔和型芯"按钮，打开"定义型腔和型芯"对话框，在"选择片体"标签栏中选择"所有区域"选项，其他设置如图 7-71 所示，所创建的型腔和型芯如图 7-72 所示。

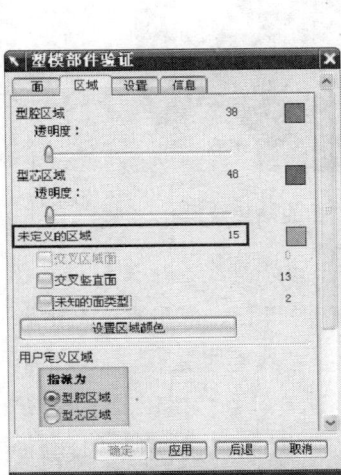

图 7-69 指派未定义的区域　　图 7-70 抽取区域和分型线　　图 7-71 "定义型腔和型芯"对话框

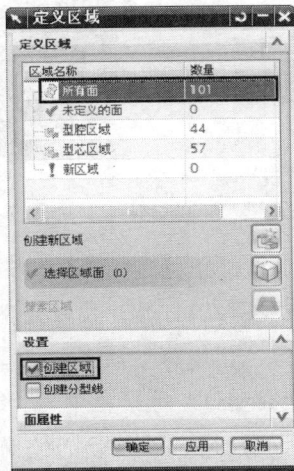

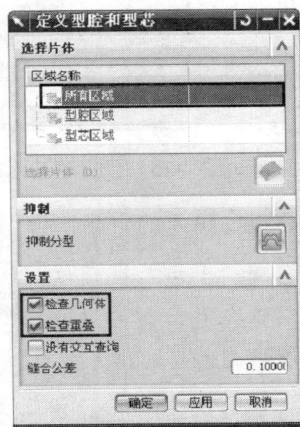

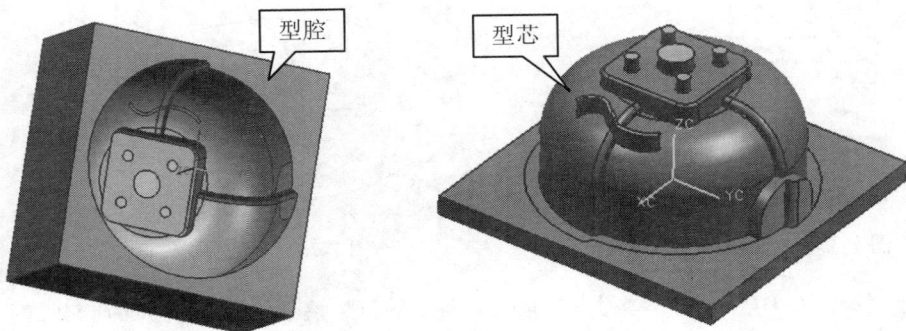

图 7-72 型腔和型芯效果

步骤 12▶ 至此，旋钮模型的分模工作已经创建完毕。选择"文件">"全部保存"菜单，将分模过程中所创建的型腔、型芯等所有文件保存。

方法二：

打开本书配套素材"SC">"ch07">"7-2.prt"文件，参照方法一中步骤 1~步骤 3，分别加载产品模型、定义模具坐标系和工件，然后进行以下操作。

步骤 1▶ 曲面补片。单击"分型"按钮，然后在打开的"分型管理器"对话框中单击"创建/删除曲面补片"按钮，打开"自动孔修补"对话框；选中其中的"自动"单选钮（如图 7-73 所示），然后单击"自动修补"按钮，可自动在五个圆柱孔和异形孔处创建曲面，结果如图 7-74 所示。

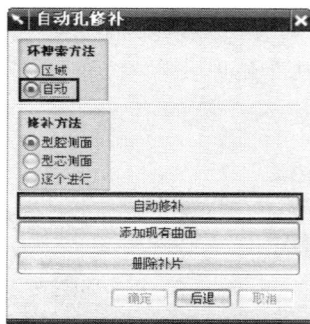

图 7-73　"自动孔修补"对话框

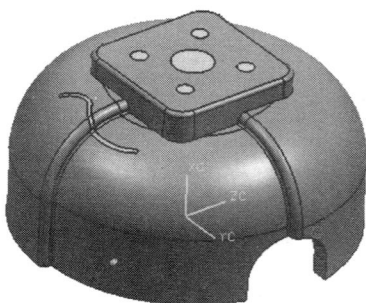

图 7-74　曲面补片效果

步骤 2▶　创建分型线。单击"编辑分型线"按钮 🔧，打开"分型线"对话框，如图 7-75 所示，单击"自动搜索分型线"按钮，打开"搜索分型线"对话框，采用默认的脱模方向，依次单击 应用 和 确定 按钮，创建分型线并返回至"分型线"对话框。

步骤 3▶　编辑分型线。单击"分型线"对话框中的"编辑过渡对象"按钮，打开"编辑过渡对象"对话框，依次选取图 7-76 所示豁口处的轮廓曲线，单击两次 确定 按钮即可将所选对象转换为过渡曲线。

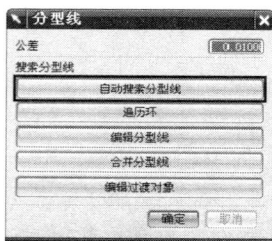

图 7-75　"分型线"对话框

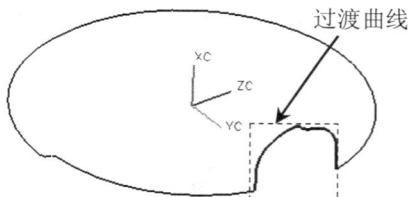

图 7-76　分型线

步骤 4▶　创建分型面。单击"创建/编辑分型面"按钮 🔧，在打开的"创建分型面"对话框中直接单击"创建分型面"按钮，打开图 7-77 所示的"分型面"对话框；选中"有界平面"单选钮后单击"第一方向"按钮，在打开的对话框中将方向矢量设置为"YC 轴"，如图 7-78 所示。

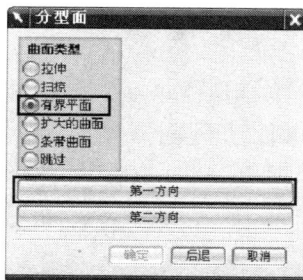

图 7-77　"分型面"对话框

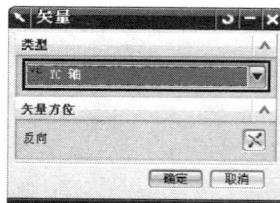

图 7-78　设置第一方向矢量

步骤 5▶ 采用同样的方法，将第二方向的方向矢量设置为"YC 轴"；取消"分型面"对话框中的"全部锁定"复选框，分别拖动各滑块，调整平面的大小（如图 7-79 所示），此时，工作区如图 7-80 所示；单击 确定 按钮，打开"查看修剪片体"对话框，单击 确定 按钮，完成分型面的创建，结果如图 7-81 所示。

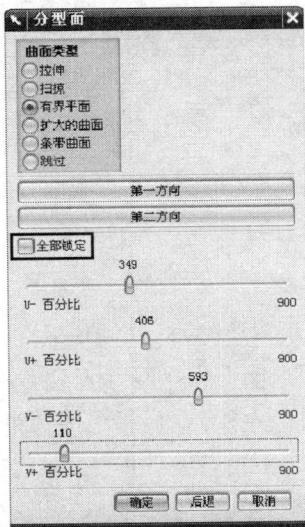

图 7-80　分型面的大小预览

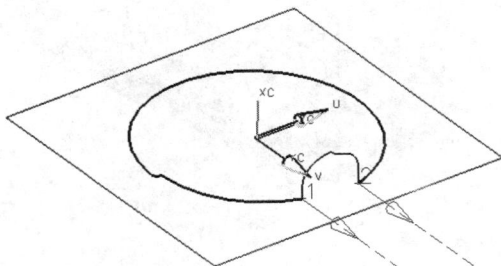

图 7-79　设置分型面的大小

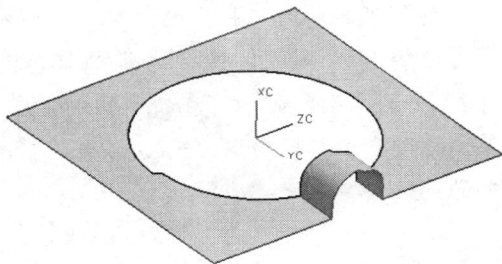

图 7-81　分型面效果

步骤 6▶ 采用同样的方法，利用"分型管理器"对话框中的相关按钮，对未定义的区域指派型腔和型芯，然后抽取型腔和型芯区域，最后创建型腔和型芯，结果如图 7-82 所示。

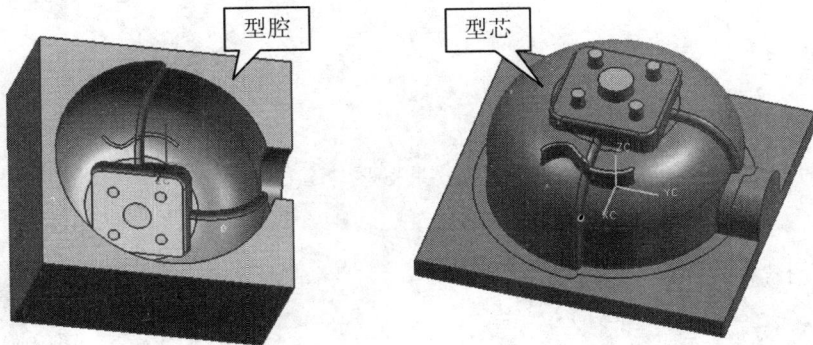

图 7-82　型腔和型芯

五、巩固练习——手机前盖分模设计

结合本项目所学知识，对图 7-83 所示的手机前盖进行分模设计，其材料为 PC＋ABS。

素材："SC" > "ch07" > "2-5-1" > "2-5-1.prt"
效果："SC" > "ch07" > "2-5-1" > "ok" > "2-5-1_top_010.prt"
视频："SP" > "ch07" > "2-5-1.exe"

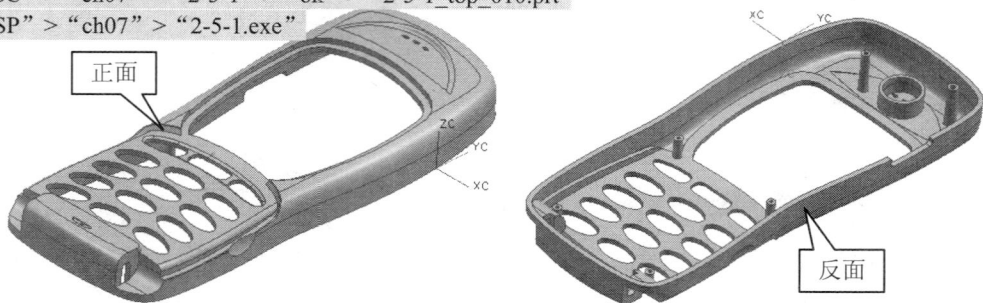

图 7-83　手机前盖模型

提示：

（1）将模具坐标系设置在手机前盖底面的正中心，并对模型上的孔进行修补，然后利用 "分型管理器" 对话框中的 "编辑分型线" 按钮 自动搜索分型线，接着单击 "分型线" 对话框中的 "编辑过渡对象" 按钮，选取图 7-84 所示的曲线为过渡曲线。

（2）创建分型面时，可在打开的 "分型面" 对话框中选择 "扩大的曲面" 单选钮，指定第一方向和第二方向均为 – XC，并拖动滑块调整分型面的大小，以创建图 7-85 所示的分型面。

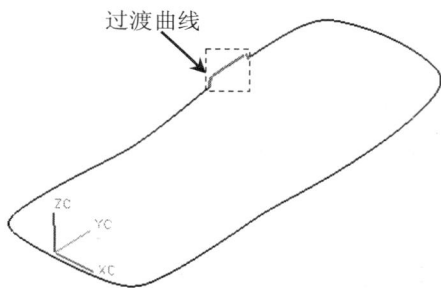

图 7-84　分型线

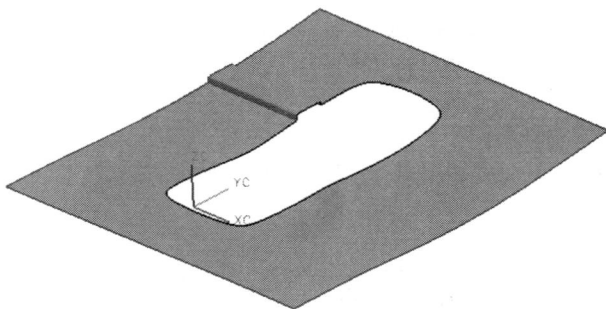

图 7-85　分型面

（3）抽取型腔和型芯区域，其分模效果如图 7-86 所示。

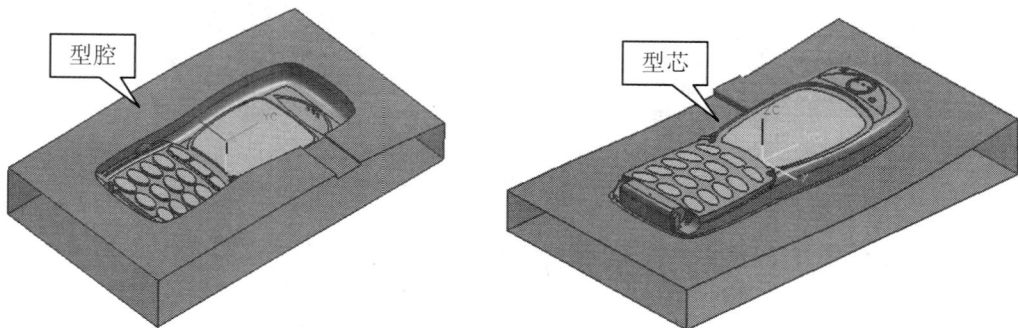

图 7-86　型腔和型芯

任务三　插座罩模具设计

一、任务目标

（1）了解不同模架的适用场合，并能够正确添加标准模架。

（2）掌握浇注系统、冷却系统和顶出系统的设计方法。

二、任务设置

对图 7-87 所示的插座罩零件进行分模设计，然后为其添加标准模架，并设计浇注系统、冷却系统和顶出系统等。要求一模两腔，材料为 ABS，并对模具使用过程中易磨损部分进行镶块设计，其模具装配效果如图 7-88 所示。

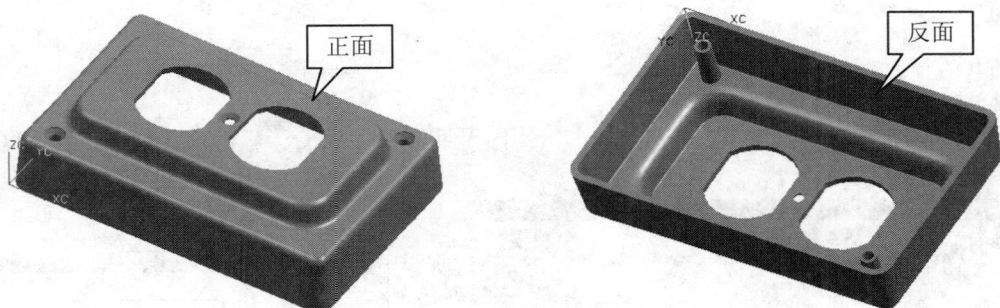

图 7-87　插座罩零件

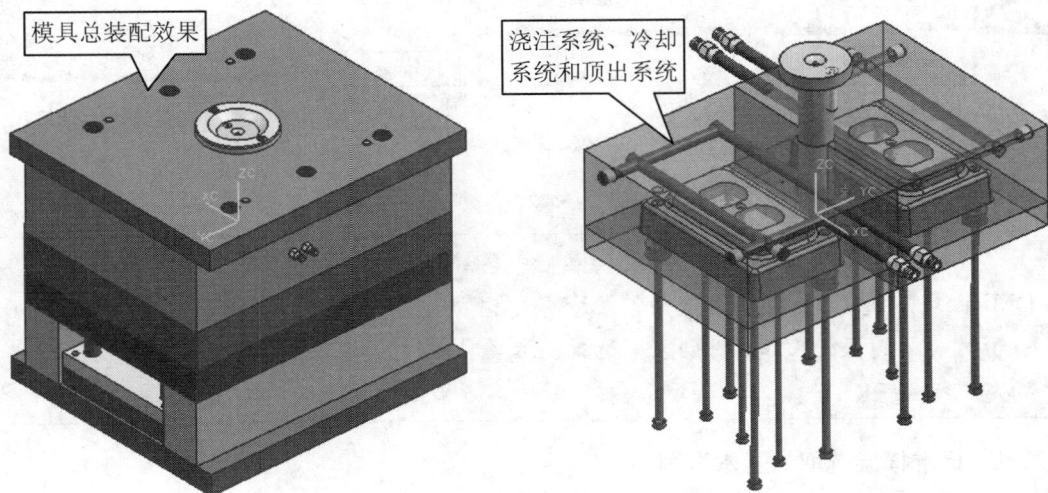

图 7-88　插座罩模具设计效果

三、相关知识

（一）添加标准模架

模架由定模座板、定模板、动模板、动模座板、推板、支承板等结构件组成，有连接和支撑整套模具的作用。为了便于机械化操作，标准模架的结构、形式和尺寸都已实现标准化和系列化。读者可在图 7-89 所示的"注塑模向导"工具条中选择"模架"命令，然后在打开的图 7-90 所示的"模架设计"对话框中进行操作。

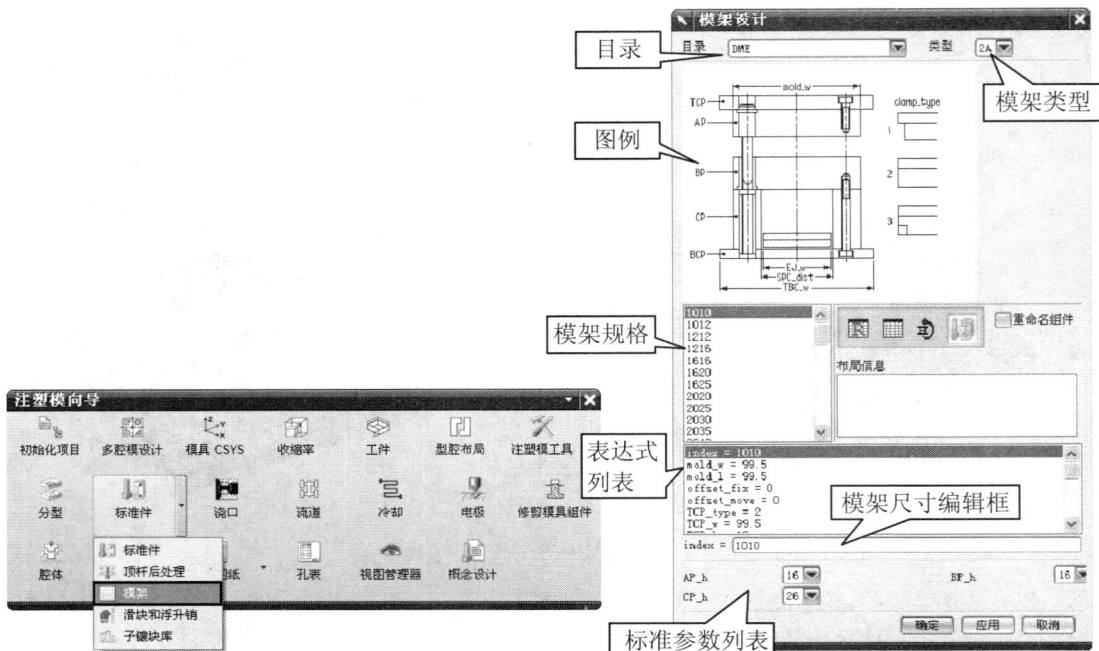

图 7-89　选择"模架"命令　　　　图 7-90　"模架设计"对话框

> **提示**
>
> 各国的模架制造商已制定了各自的标准，最著名的有德国的 HASCO、美国的 DME、日本的 FUTABA 和中国的 LKM。要使用不同制造商家的模架，可在图 7-90 所示对话框的"目录"下拉列表中选择。本项目中，主要介绍中国模架制造商所提供的龙记模架 LKM。

1. 标准模架选取的基本准则

龙记标准模架有大水口模架、细水口模架和简化型细水口模架三种。选择模架时应从产品零件的结构、模具分型要求和经济成本等多个方面考虑。

➤ **大水口模架（LKM_SG）**：大水口模架又称两板模，只有一个分型面，且以分型面为界将整个模架分为定模和动模两部分，通常分型面以下的部分为动模，分型面以上的部分为定模。主流道在定模一侧，分流道设在分型面上。大水口模架用于制造结构简单，对外观要求不是很严格的产品零件，且制造出的产品零件需要进行机加工处理。通常，能用大水口模架的情况下不要选用细水口模架。

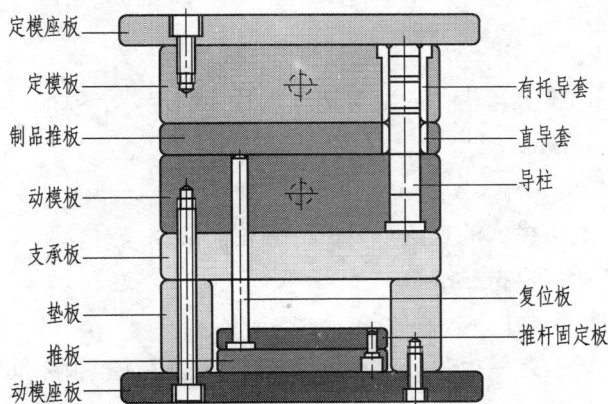

图 7-91　A 型大水口模架

> **细水口模架（LKM_PP）**：细水口模架又称双/多分型面模架，比大水口模架多了四支控制模板开合行程的导柱及一块推料板，如图 7-92 所示。因模板的数量及定模板、动模板、支承板等的组合顺序不同，模架的类型可有多种。细水口模架的流道及浇口不在同一分模线上，设计复杂，成本较高，常用于产品外观不允许有浇口痕迹的产品。

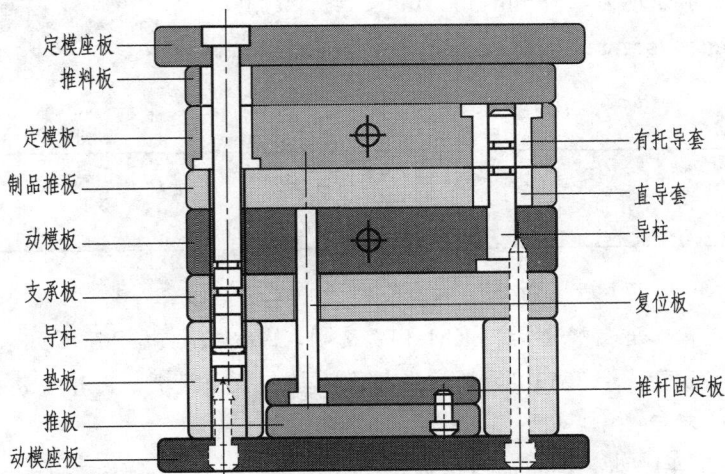

图 7-92　DA 型细水口模架

> **简化型细水口模架（LKM_TP）**：简化型细水口模架是细水口模架的简化版本，其功能与细水口模架基本相同，不同之处在于简化型细水口模架少了四组导柱及

导套。若模仁较小，定模板不太厚时，使用细水口模架太浪费材料，此时可选用简化型细水口模架。

2．标准模架的选用规格

模架尺寸大小主要取决于模仁（即工件）尺寸。确定标准模架的型号后，需要设置模板与模仁间的尺寸关系。

（1）确定模架宽度尺寸

模架宽度尺寸可由推板与模仁的相对宽度尺寸来确定，一般推板应与模仁宽度相当，或两者相差应在 5～10mm。

（2）确定模架长度尺寸

模架长度尺寸一般按模仁的长边与复位杆圆柱面的距离至少应为 10mm，但模架的长度也不宜太长，否则会造成材料浪费。

（3）确定模架高度尺寸

模架高度尺寸主要指定模板、动模板和方铁的高度，其他模板之间的厚度都是标准件。其中，方铁的高度由零件的顶出行程得出，一般等于零件顶出行程再加上 10～15mm；动模板与定模板的高度与模架的尺寸有关，一般等于开框深度再加上 25～80mm。

3．添加标准模架的方法

步骤 1▶ 打开本书配套素材文件"SC" > "ch07" > "3-3-1" > "3-3-1_top_010.prt"（如图 7-93 所示），然后利用"实用工具条"工具条中的"测量距离"按钮 ▤，测量模仁的长、宽，以及动、定模仁的高度尺寸。本例中，模仁的长、宽尺寸分别为 155mm，115mm，动、定模仁的高度分别 35mm，55mm。

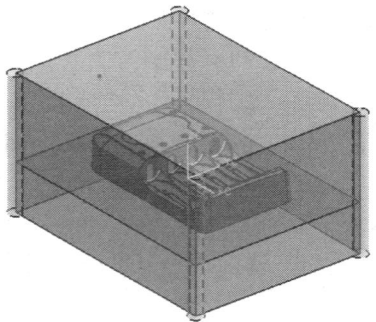

图 7-93　模仁效果

> 单击"注塑模向导"工具条中的"工件"按钮 ◈，也可查看动、定模仁的高度尺寸。

步骤 2▶ 单击"注塑模向导"工具条中的"模架"按钮 ▦，打开"模架设计"对话框。在"目录"下拉列表中选择"LKM_PP"选项，然后在"类型"下拉列表中选择"DC"，接着选择模架的长宽型号"2530"，最后在标准参数列表中设置 AP_h，BP_h 和 Mold_type 选项，如图 7-94 所示。

步骤 3▶ 单击 应用 按钮加载该模架，然后在工作区查看模架的方向，以及模架与模仁边缘的相对位置。若模该模架的尺寸、方向或类型不合适，可在图 7-94 所示的"模架设计"对话框中进行修改。本例中，需旋转模架，即单击"布局信息"列表区域上方的"旋转模架"按钮 ▣，效果如图 7-95 所示。

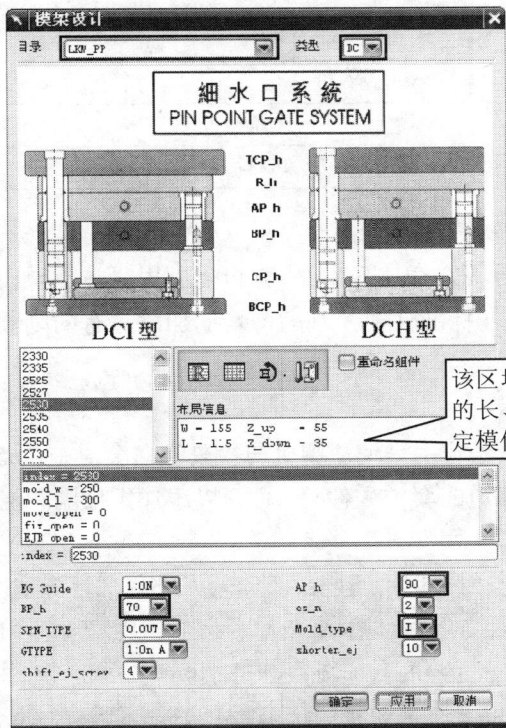

图 7-94 "模架设计"对话框

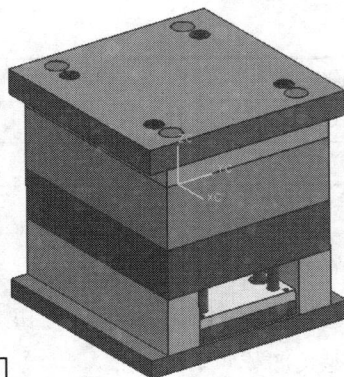

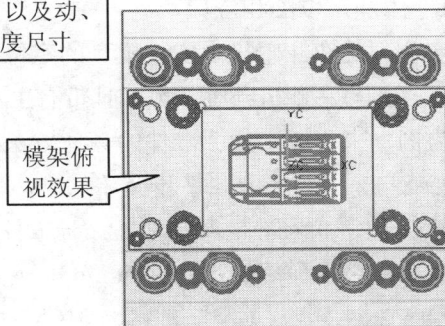

图 7-95 加载的模架效果

提示

标准参数列表中各选项下的变量均为常用值,读者也可在表达式列表中对其进行设置。其设置方法为,先在表达式列表中先选中要修改的选项,然后在其下的参数列表框中输入要修改的值后按【Enter】键即可。

模架的长、宽尺寸,以及部分模板的厚度等,均可单独设置。一般情况下,仅修改模架的类型、长度、宽度,以及定模板和动模板的厚度。表达式列表中常见参数变量的名称及含义如表7-2所示。

表 7-2 参数变量的名称及其含义

变量名称	含 义	变量名称	含 义
index	模架的长宽尺寸	CP_h	方铁高度
mold_w	模架的宽度	EF_w	推板宽度
mold_l	模架的长度	EJA_h	推件固定板厚度
move_open	分型面与动模板的厚度差	EJB_h	推板厚度
fix_open	分型面与定模板的厚度差	AP_h	定模板高度
EJB_open	推板与下模座板的间隙高度（挡钉高）	BP_h	动模板高度

变量名称	含　义	变量名称	含　义
TCP_h	上模座板厚度	U_h	支承板厚度
BCP_h	下模座板厚度	R_h	卸料板厚度

（二）标准件

模具中常用的定位圈、浇口套、弹簧和顶杆等，在 UG7.0 中都可以利用"注塑模向导"工具条中的"标准件"按钮 来添加。这些标准件中，有的可自动加载，有的则需要自定义加载点。

1．添加定位圈和浇口套

定位圈是在注塑机上安装模具的定位零件，其作用是使注塑机与模具浇口套对中；浇口套是直接与注塑机喷嘴接触，且带有主流道通道的套类零件。下面，以添加定位圈和浇口套为例，来讲解添加标准件的具体方法。

步骤1▶ 单击"注塑模向导"工具条中的"标准件"按钮 ，打开"标准件管理"对话框。在"目录"列表框中选择标准件的供应商"FUTABA_MM"选项，在"部件列表"中选择要添加的组件"Locating Ring Interchangeable"选项，如图 7-96 所示。

步骤2▶ 在"类型"列表框中选择定位圈的类型"M_LRB"选项，然后参照图 7-96所示设置该定位圈的参数，最后单击 确定 按钮，系统将自动将定位圈添加到模架中，结果如图 7-97 所示。

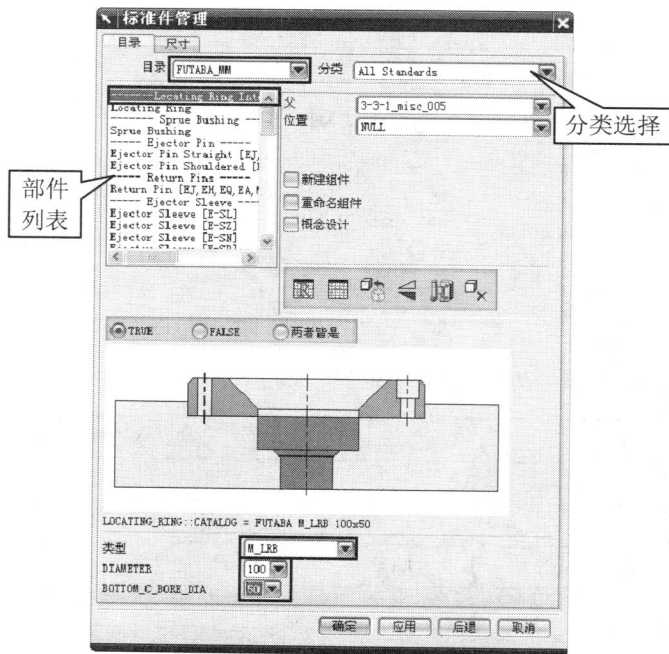

图 7-96　设置定位圈的类型及尺寸

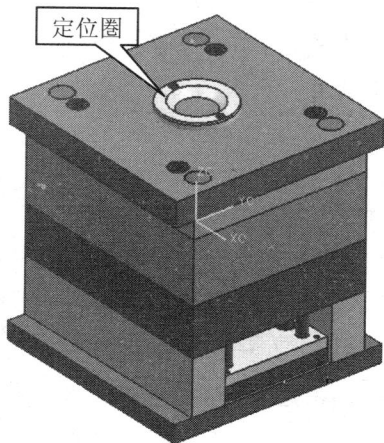

图 7-97　定位圈效果

步骤3▶ 单击"注塑模向导"工具条中的"腔体"按钮，打开"腔体"对话框，在"工具类型"列表框中选择"组件"选项，然后在工作区选择定模座板为目标体，选择定位圈为刀具体，最后单击 确定 按钮可为定位圈创建腔体，如图 7-98 所示。

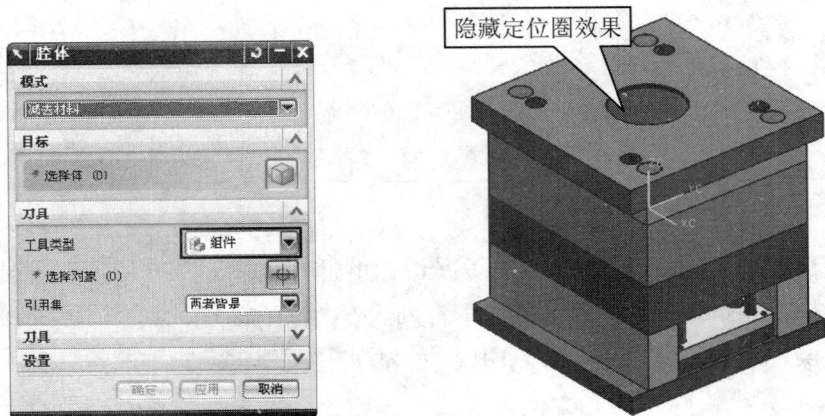

图 7-98 创建定位圈的腔体

步骤4▶ 单击"标准件"按钮打开"标准件管理"对话框，在"分类"列表或部件列表中选择"Sprue Bushing"选项，参照图 7-99 所示设置浇口套的类型及参数，最后单击 确定 按钮，浇口套将自动添加到模架中，结果如图 7-100 所示。

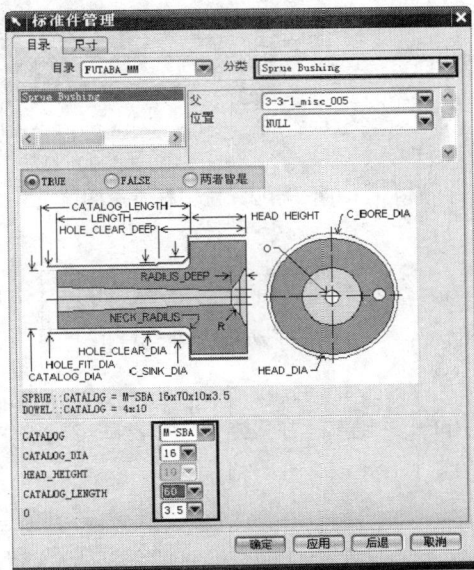

图 7-99 设置浇口套类型及参数

图 7-100 添加浇口套效果

提示

对于所添加的定位圈和浇口套等标准件，均需要为其创建腔体。读者可根据步骤3的操作方法创建浇口套和模仁的腔体。其中，浇口套的目标体为定模座板、推料板和定模板；模仁腔体的目标体为定模板和动模板，刀具体为型腔实体。

为了使读者能够看的更加清楚，图 7-100 中重点显示与当前操作相关的零部件，其余零部件中有的没有完整显示，但不影响读者操作和看图。以下类似情况不再赘述。

2. 添加顶杆或顶针

顶杆和顶针是用于顶出塑件或浇注系统凝料的杆件。在图 7-99 所示对话框的"类型"列表框中选择"Ejector Pin"选项，则"部件列表"区域中将分别显示顶杆和顶针的名称，用户可根据模具结构进行选择。图 7-101 所示为顶杆示意图。

3. 添加拉料杆

在模具开启过程中，冷料穴里存留的冷料也必须与塑件一起顶出，此时就必须利用拉料杆将主浇道凝料从主浇道衬套中拉出来，或将冷料从冷料穴中顶出。在"类型"列表框中选择"Sprue Puller"选项，然后设置其参数即可。图 7-102 所示为拉料杆示意图。

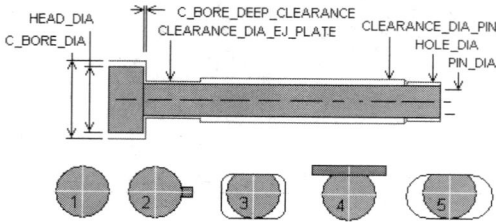

图 7-101　顶杆示意图

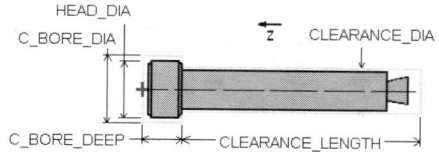

图 7-102　拉料杆示意图

4. 弹簧

弹簧主要是帮助顶出元件或模板快速复位。在"类型"列表框中选择"Springs"选项，则"部件列表"区域将显示弹簧和弹簧组选项，如图 7-103 所示为弹簧示意图。

5. 斜导柱

斜导柱是为实现侧抽芯提供抽芯力和复位力的一种结构。在"类型"列表框中选择"滑动"选项，然后设置相关参数即可，其示意图如图 7-104 所示。

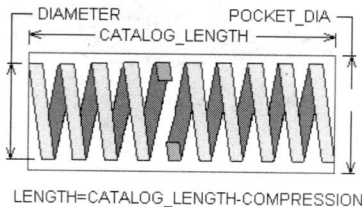

图 7-103　弹簧示意图

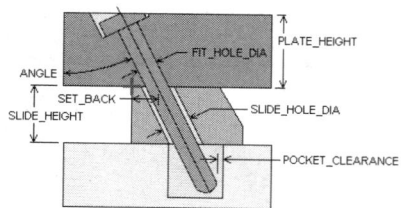

图 7-104　斜导柱示意图

6. 导套和导柱

在大批量生产时，为了避免导柱和与之配合的导向孔间产生严重磨损，在模板中使用导套可在磨损后更换导套，而不必更换模板。导柱与导套配合使用，可确定动、定模的相对位置，从而保证模具运动的精度。

在"类型"列表框中选择"引导线"选项，则"部件列表"区域将显示导套和导柱，其示意图如图 7-105 所示。

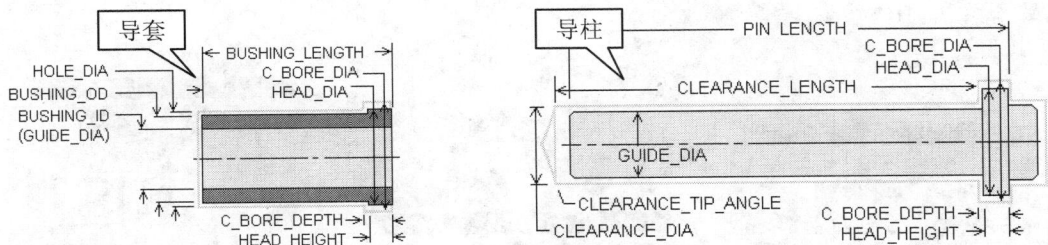

图 7-105　导套和导柱示意图

（三）浇注系统设计

塑料模具必须有引导塑料溶液进入型腔的浇注系统。浇注系统的位置及尺寸决定了注塑压力的损失程度、溶液热量的耗损大小，以及填充速度的快慢。良好的浇注系统是塑模成功与否的关键。浇注系统一般分为主流道、分流道和浇口三部分。

➤ **主流道**：溶液进入模具最先经过的一段通道，一般由标准件中的浇口套实现。

➤ **分流道**：将主流道中的溶液引导至浇口位置的通道，位于型芯或型腔的分型面上。由于分流道的形式和尺寸往往受到溶液的成型特征、塑件的大小和形状、模具中的型腔数量等因素的影响，因此没有固定的形式，可使用"注塑模向导"工具条中的"流道"按钮 🔳 来创建。

➤ **浇口**：溶液进入型腔的最后通道和关键部分，浇口的尺寸和形式与溶液的特性和产品的几何形状有关，可使用"注塑模向导"工具条中的"浇口库"按钮 🖼️ 来创建。

用浇口套来创建主流道的操作方法已经在上节标准中介绍过，下面将紧接上例，讲解分流道与浇口的创建方法，具体操作方法如下。

1. 创建分流道及其通道

步骤 1▶ 将除定模板和定模仁之外的其他所有零部件隐藏（如图 7-106 所示），然后单击"注塑模向导"工具条中的"流道"按钮 🔳，打开"流道设计"对话框。

步骤 2▶ 单击"流道设计"对话框中的"曲线通过点"按钮 ✏️，然后单击出现的"点子功能"按钮（如

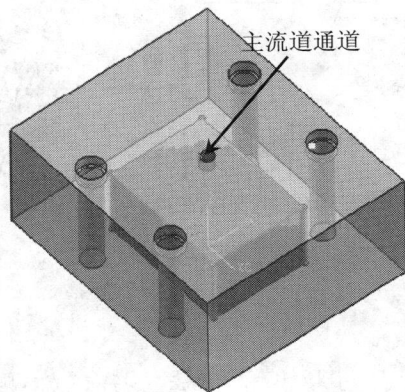

图 7-106　定模板效果

图 7-107 所示），接着在打开的"点"对话框中输入坐标值"0，0，90"，如图 7-108 所示。

步骤 3▶ 单击"点"对话框中的 确定 按钮，指定引导线的起点，接着在出现的"点"对话框中输入坐标"－30，0，90"并单击 确定 按钮，指定引导线的终点。此时，工作区中将出现一条引导线。

步骤 4▶ 单击"流道设计"对话框中的"创建流道通道"按钮，然后参照图 7-109 所示设置流道的横截面形状及相关参数，最后单击 确定 按钮，系统将自动创建梯形流道，结果如图 7-110 所示。

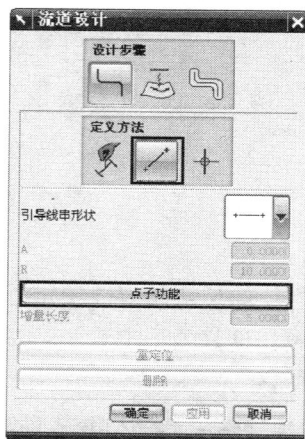

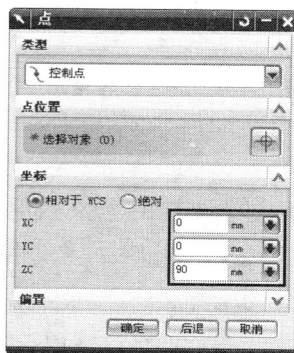

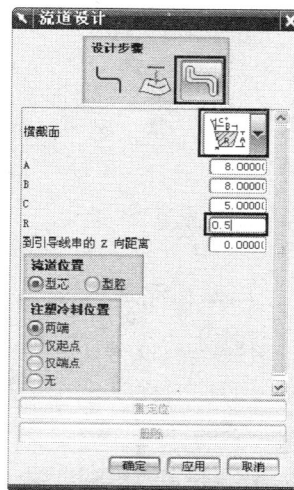

图 7-107　选择引导线的设置方式　　　图 7-108　"点"对话框　　　图 7-109　设置流道的形状及参数

步骤 5▶ 单击"腔体"按钮 打开"腔体"对话框，在"工具类型"列表框中选择"组件"选项，然后选择定模板为目标体，选择流道为刀具体，最后单击 确定 按钮并隐藏流道，结果如图 7-110 所示。

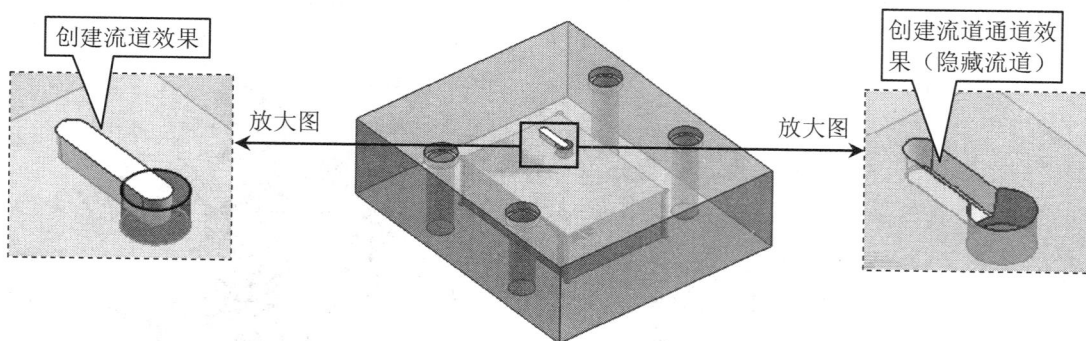

创建流道效果

放大图　　　　　　　放大图

创建流道通道效果（隐藏流道）

图 7-110　创建流道及流道通道（1）

步骤 6▶ 单击"特征"工具条中的"圆锥"按钮 ，以－ZC 轴为矢量，指定底面中心点坐标为"−25，0，90"，创建底部直径为 7，顶部直径为 3，高度为 67.5 的圆锥体，最后利用"腔体"命令在定模板上和定模仁上创建圆锥的腔体，如图 7-111 所示。

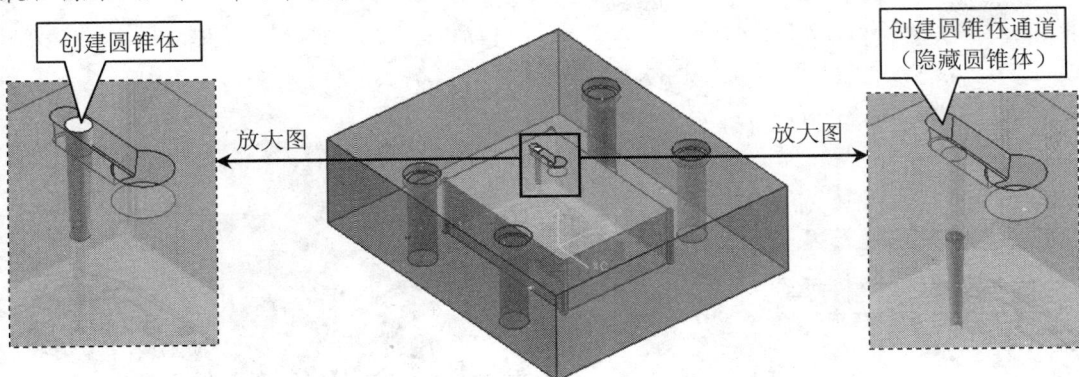

创建圆锥体

放大图

创建圆锥体通道
（隐藏圆锥体）

放大图

图 7-111　创建流道及流道通道（2）

2．创建浇口

浇口创建在分流道的未端。既可以使用"浇口库"命令直接调用浇口，也可自行创建浇口。下面，以调用浇口库中的浇口为例，来讲解浇口及浇口道的方法。

步骤 1▶　将除产品模型、动模仁和上步所创建的圆锥体之外的其他零部件隐藏。单击"注塑模向导"工具条中的"浇口库"按钮，打开"浇口设计"对话框，选中"型腔"单选钮，然后在"类型"列表框中选择浇口的类型"step pin"，如图 7-112 所示。

步骤 2▶　单击"浇口点表示"按钮，打开"浇口点"对话框（如图 7-113 所示），单击"点子功能"按钮打开"点"对话框，选择圆锥体底端圆心以指定浇口的起点，单击 确定 按钮后参照图 7-114 所示设置浇口的尺寸。

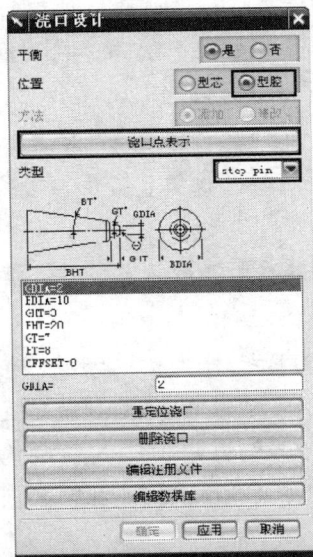

图 7-112　选择浇口类型

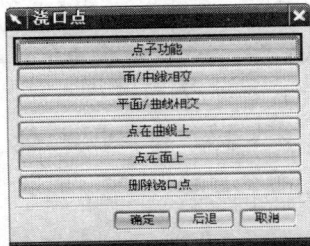

图 7-113　"浇口点"对话框

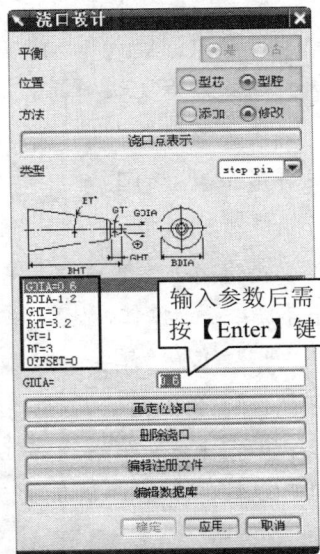

图 7-114　设置浇口参数

步骤 3▶ 单击"浇口设计"对话框中的 应用 按钮，打开"点"对话框，输入浇口的终点坐标"－25，0，19.3"并单击 确定 按钮，然后在打开的"矢量"对话框中选择"－ZC"选项（如图 7-115 所示），单击 确定 按钮后再单击"浇口设计"对话框中的 应用 按钮，完成浇口的创建，结果如图 7-116 所示。

图 7-115　选择浇口的方向

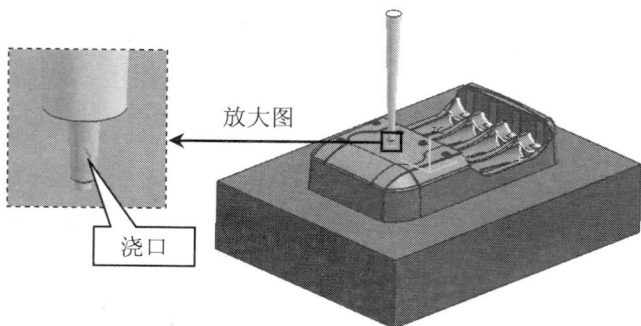

图 7-116　创建浇口效果

步骤 4▶ 单击"腔体"按钮 ，选择定模仁为目标体，选择上步所创建的浇口组件为刀具体，创建浇口通道。

（四）拉料杆设计

当塑件浇注成型后，就可开模。开模时，为防止主流道中的凝料或冷料穴中的冷料自动脱落，从而造成不必要的麻烦或损失，可使用拉料杆将凝料或冷料拉出。

本例中，将拉料杆安装在定模座板和推料板上，其目的是在开模时将定模板和定模仁中的凝料拉出。具体操作方法如下。

步骤 1▶ 单击"标准件"按钮 打开"标准件管理"对话框，在"目录"列表框中选择"FUTABA_MM"选项，在"分类"列表框中选择"Sprue Puller"选项，在"位置"列表框中选择"重定位"选项，接着参照图 7-117 所示对话框设置拉料杆的参数。

步骤 2▶ 单击"标准件管理"对话框中的 确定 按钮，打开"点"对话框，输入拉料杆顶面圆心的坐标"－30，0，143"（如图 7-118 所示），单击 确定 按钮后打开"重定位组件"对话框。

步骤 3▶ 单击"重定位组件"对话框中的 取消 按钮，接着在打开的"点"对话框中单击 取消 按钮，完成拉料杆的创建，结果如图 7-119 所示。

步骤 4▶ 单击"腔体"按钮 ，选择定模座板和卸料板为目标体，选择上步所创建的拉料杆组件为刀具体，创建拉料杆的腔体。

步骤 5▶ 单击"特征"工具条中的"圆柱"按钮 ，以 ZC 轴为矢量，以图 7-119 所示拉料杆顶面圆心为圆柱的底面中心点，创建直径为 6.5，高度为 10 的圆柱体，如图 7-120 所示。

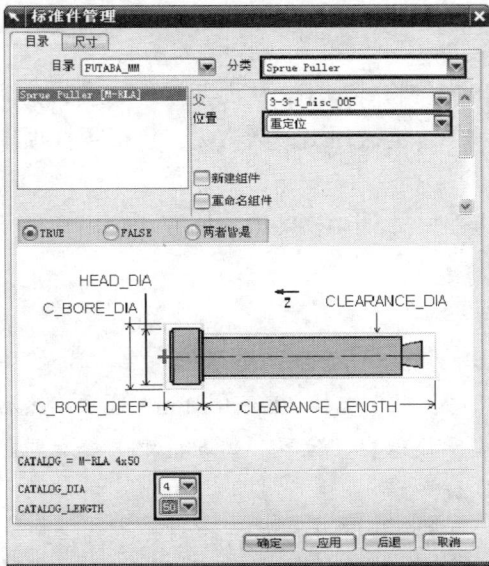

图 7-117 设置拉料杆的参数

图 7-118 指定拉料杆顶面圆心坐标

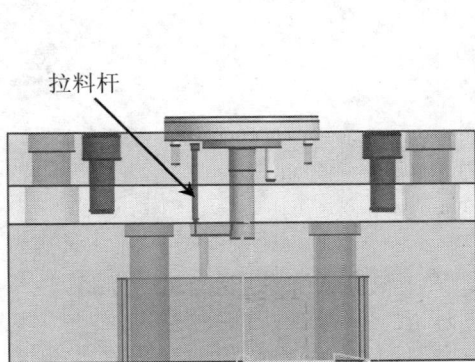

图 7-119 创建拉料杆效果

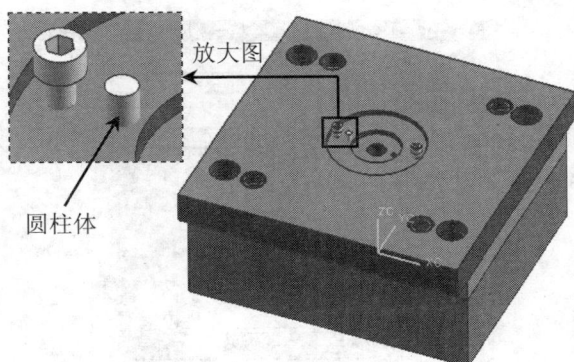

图 7-120 创建圆柱体

步骤 6▶ 选择"插入" > "组合体" > "装配切割"菜单，选取定模座板为目标体，选择上步所创建的圆柱体为刀具，创建拉料杆的定位孔，结果如图 7-121 所示。

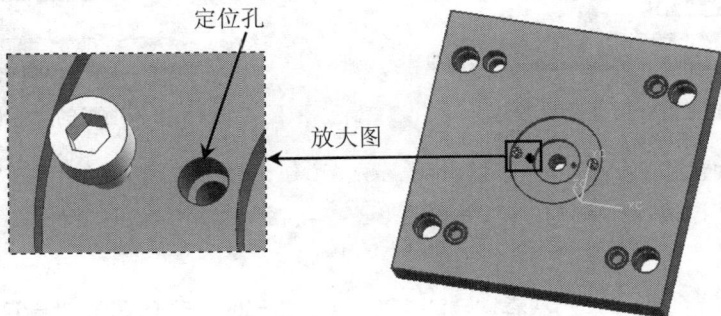

图 7-121 创建拉料杆的定位孔

（五）顶出系统设计

开模时，型腔内的成型塑件需使用顶出机构将其顶出，从而使塑件与模具分离。顶出类型有机械顶出、液压顶出和气动顶出。其中，机械顶出最为常见，包括顶杆顶出、顶针顶出、顶板顶出和顶块顶出等。

顶杆是顶出系统中最简单的一种脱模形式。本例中，采用顶杆方式顶出塑件，其操作方法如下。

1. 创建顶杆

步骤 1▶ 单击"标准件"按钮 ，打开"标准件管理"对话框，在"目录"列表框中选择"FUTABA_MM"选项，在"分类"列表框中选择"Ejector Pin"选项，然后在"目录"列表框下的部件列表中选择第一种类型，接着在"位置"列表框中选择"重定位"选项，最后参照图 7-122 所示设置该顶杆的参数。

步骤 2▶ 单击"标准件管理"对话框中的 确定 按钮，打开"点"对话框，输入顶杆的坐标"8，31，0"，如图 7-123 所示，单击 确定 按钮后打开"重定位组件"对话框。此时，系统将自动创建一个顶杆，如图 7-124 所示。

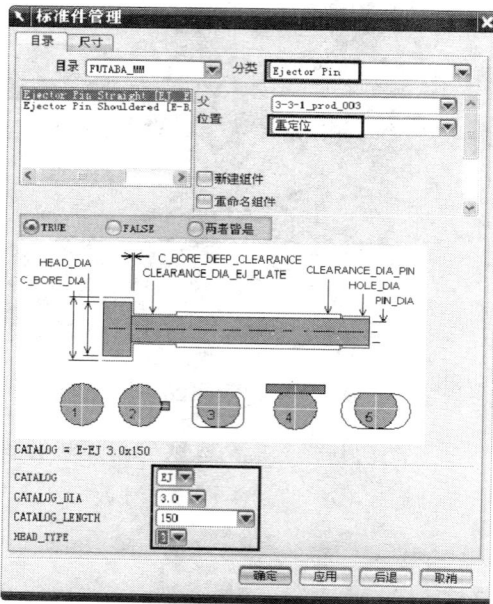

图 7-122　设置顶杆类型及参数

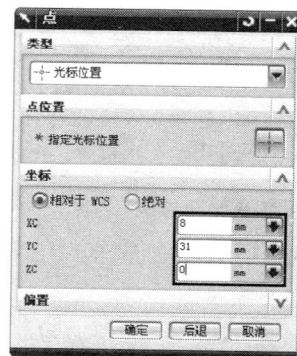

图 7-123　输入顶杆的坐标值

步骤 3▶ 单击"重定位组件"对话框中的 确定 按钮，接着在打开的"点"对话框中输入第二个顶杆的坐标值"8，-31，0"并单击 确定 按钮，创建第二个顶杆并打开"重定位组件"对话框。

步骤 4▶ 采用同样的方法，分别在"-28，20，0"、"-28，-20，0"、"-52，-15，

0"，"－52，15，0"，"31，7，0"，"31，－7，0"，"31，－23，0"，"31，23，0"，"52.5，20，0"，"52.5，－20，0"坐标点处创建顶杆，结果如图7-125所示。

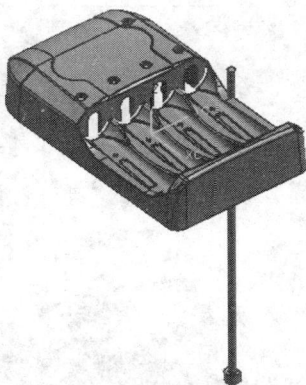

图7-124　创建第一个顶杆

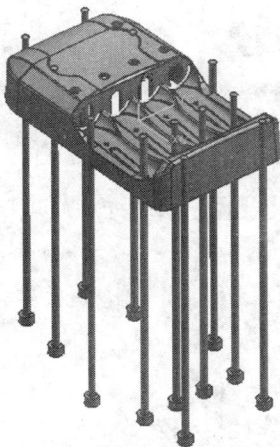

图7-125　创建其他顶杆

提示

创建顶杆时，应尽量使顶杆的分布对称，这样可使塑件在顶出时受力均匀。

2. 修剪顶杆

由图7-125所示可知，顶杆穿过了塑件，因此需要将其进行修剪。具体操作方法如下。

步骤1▶　将除塑件和顶杆外的其他所有零部件隐藏。利用"特征"工具条中的"拉伸"按钮 ▥，在当前坐标系的XY平面上创建一个矩形片体，如图7-126所示。

步骤2▶　单击"注塑模向导"工具条中的"顶杆后处理"按钮 ，打开"顶杆后处理"对话框，选取图7-126所示的六个顶杆，然后单击"顶杆后处理"对话框中的"工具片体"按钮 ，接着在"修剪曲面"列表框中选择"选择片体"选项，如图7-127所示。

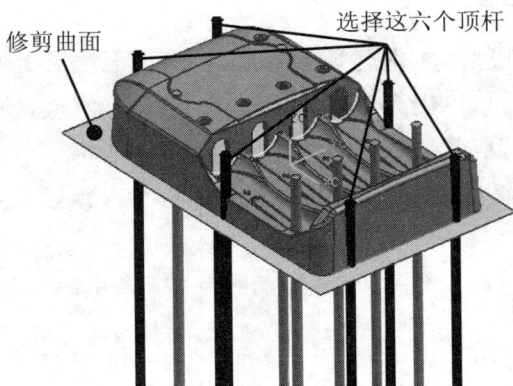

修剪曲面　　　　选择这六个顶杆

图7-126　创建修剪曲面（片体）

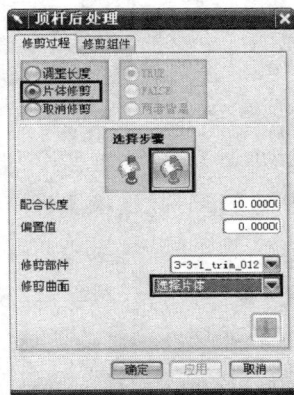

图7-127　"顶杆后处理"对话框

步骤 3▶ 在工作区选取步骤 1 所创建的矩形片体，然后单击"顶杆后处理"对话框中的 **确定** 按钮，系统将自动将超出塑件顶部的顶杆部分修剪掉，结果如图 7-128 所示。

提示

　　若要使修剪后的顶杆恢复至修剪前的长度，可选中图 7-127 所示"顶杆后处理"对话框中的"取消修剪"单选钮，然后选择已修剪的顶杆并单击 **确定** 按钮即可。

步骤 4▶ 单击"顶杆后处理"按钮 ，选择其余六个顶杆，然后单击对话框中的"工具片体"按钮 ，在"修剪曲面"列表框中选择"选择面"选项，接着选取图 7-129 所示的五个平面为修剪面，最后单击 **确定** 按钮即可。

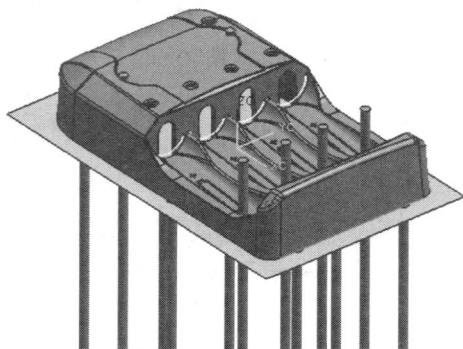

图 7-128　修剪顶杆效果

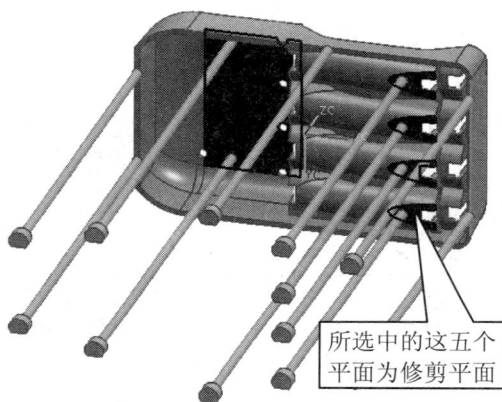

所选中的这五个平面为修剪平面

图 7-129　选择修剪平面

3．创建顶杆的腔体

　　仅显示动模板、动模仁、推杆固定板和顶杆，如图 7-130 所示。单击"注塑模向导"工具条中的"腔体"按钮 ，在"工具类型"列表框中选择"组件"选项，然后动模板、动模仁和推杆固定板为目标体，选择所创建的十二个顶杆为刀具体，创建顶杆的腔体。

（六）冷却系统设计

　　当溶液被注射到型腔后，冷却系统会使成型塑件快速降温并冷凝。模具温度对于塑件的收缩率、表面光泽、内应力和注塑周期等的影响比较明显，因此，一套良好的模具通常都需要冷却控温，并且要求冷却速度均匀，从而保证塑件的生产质量和生产效率。

　　本例中，模具的结构比较简单，冷却水道应不与顶杆相冲突。在 UG 中，冷却水道的具体创建方法如下。

步骤 1▶ 仅显示动模仁，如图 7-131 所示。单击"注塑模向导"工具条中的"冷却"按钮 ，打开"冷却组件设计"对话框，在"PIPE_THREAD"列表框中选择"M8"选项，如图 7-132 所示。

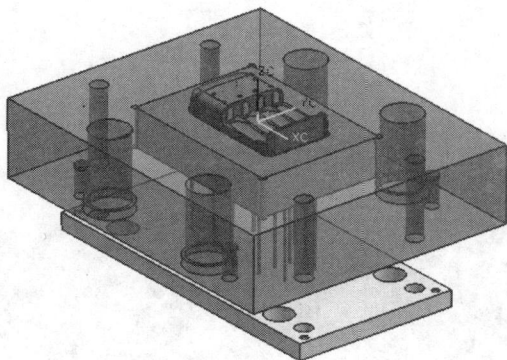

图 7-130　要显示的零、部件

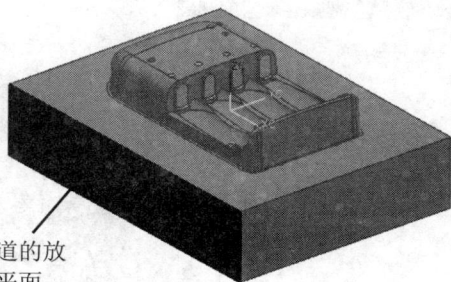

图 7-131　动模仁效果

步骤 2▶　在"冷却组件设计"对话框中选择"尺寸"选项卡，然后选择"HOLE_1_DEPTH=50"选项，接着输入"100"并按【Enter】键，再选择"HOLE_2_DEPTH=50"选项，将其值改为 100 并按【Enter】键，如图 7-133 所示。

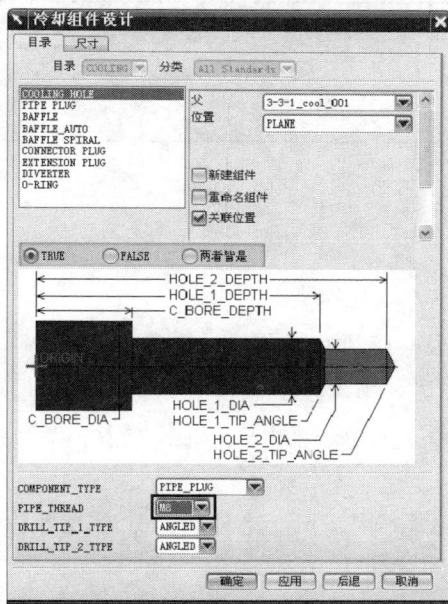

图 7-132　"冷却组件设计"对话框（1）

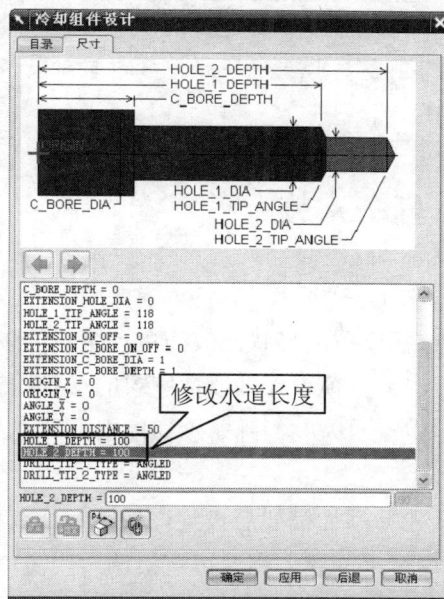

图 7-133　"冷却组件设计"对话框（2）

步骤 3▶　单击"冷却组件设计"对话框中的 确定 按钮，打开"选择一个面"对话框，在工作区选取图 7-131 所示的平面，然后在打开的"点"对话框中输入水道的坐标值"－17.5，3.5，0"，如图 7-134 所示。

步骤 4▶　单击"点"对话框中的 确定 按钮，系统将在模仁中创建一条水道，如图 7-135 所示，同时还打开"位置"对话框，单击该对话框中的 确定 按钮，可在打开的"点"对话框中输入另一条水道的坐标值"22.5，3.5，0"并单击 确定 按钮，可创建第二条水道（如图 7-136 所示），最后单击"位置"对话框中的 取消 按钮即可。

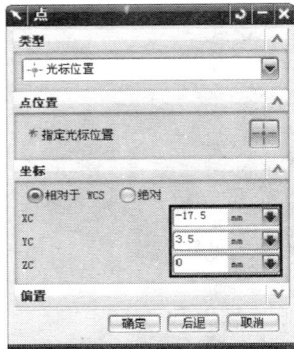

图 7-134 第一条水道的坐标   图 7-135 第一条水道效果   图 7-136 第二条水道效果

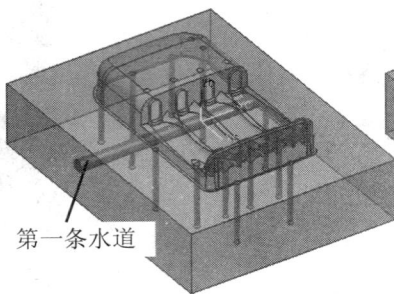

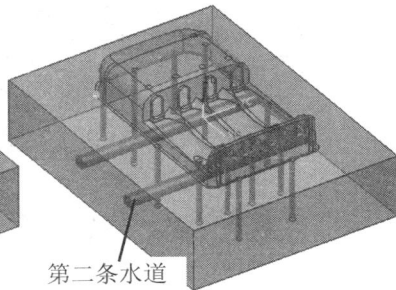

提示

　　创建完冷却水道后执行"腔体"命令，然后以定模仁为目标体创建水道。本例中，仅作了冷却水道的一部分，读者可根据自己的设计意图，使用"冷却"命令创建其他水道。

四、任务实施

制作思路

该插座罩的形状比较简单，可按照以下步骤及思路进行模具设计。

（1）分模设计。该插座罩的形状比较简单，可利用"分型管理器"中的"创建/删除曲面补片"按钮 ◈ 自动修补模型上的孔，然后将模型的底面最大轮廓线作为分型线进行分模。

（2）添加模架后设置浇注系统。其中，主流道利用浇口套来创建，分流道利用"流道"命令来创建，浇口可直接调用"浇口库"中的标准件。

（3）设置冷却管道的位置后，可利用"冷却"命令创建冷却管道（两个模腔的冷却管道相互独立），接着使用"腔体"命令创建冷却管道的通道，最后为管道的进、出口创建水塞和冷却水接头。

（4）由于该塑件体积不是太大，因此顶杆的数量不要太多，但分布要均匀。

制作步骤

（一）产品分型设计

步骤 1▶　打开本书配套素材文件"SC" > "ch07" > "7-3.prt"，然后单击"注塑模向导"工具条中的"初始化项目"按钮，参照图 7-137 所示的对话框设置文件的保存路径、产品所用材料、收缩率及单位等。

步骤 2▶ 创建模具坐标系。单击"注塑模向导"工具条中的"模具 CSYS"按钮，在打开的"模具 CSYS"对话框中选中"选定面的中心"单选钮，然后选取模型的底面（如图 7-138 所示），最后单击 确定 按钮即可。

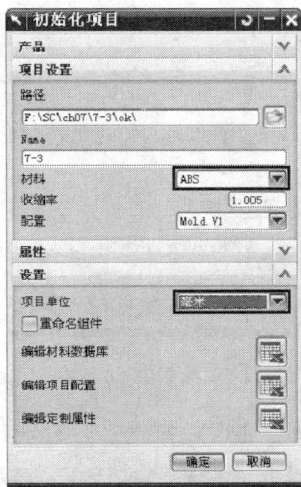

图 7-137 "初始化项目"对话框

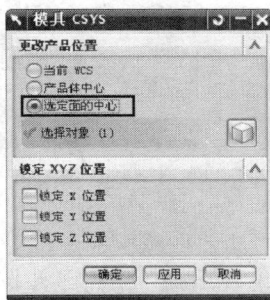

选择该平面

图 7-138 设置模具坐标系

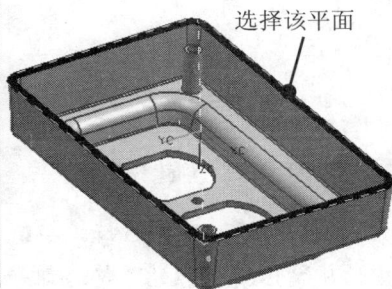

步骤 3▶ 创建工件。单击"工件"按钮，打开"工件"对话框，然后在"限制"设置区中将"开始值"设置为 − 20，将"结束值"设置为 65，最后单击 确定 按钮创建工件，如图 7-139 所示。

步骤 4▶ 曲面补片。单击"分型"按钮，然后在打开的"分型管理器"对话框中选择"创建/删除曲面补片"按钮，打开"自动孔修补"对话框；选中"自动"单选钮，然后单击"自动修补"按钮，系统将自动在模型的孔和槽处创建曲面，如图 7-140 所示。

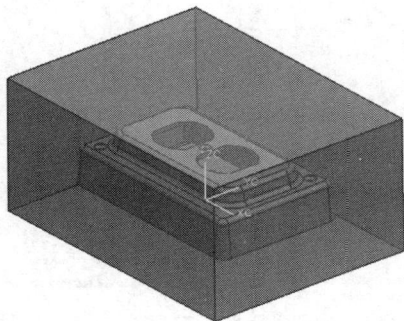

图 7-139 创建工件

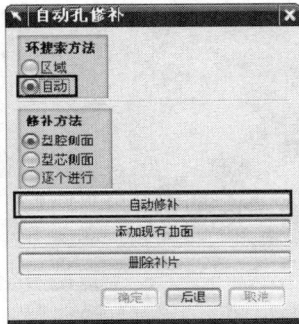

图 7-140 曲面补片

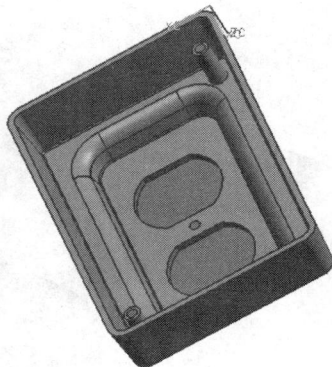

步骤 5▶ 创建分型线。单击"分型管理器"对话框中的"编辑分型线"按钮，在打开的对话框中单击"自动搜索分型线"按钮，采用系统默认的顶出方向，直接单击 应用 和 确定 按钮，系统将自动创建分型线，如图 7-141 所示。

步骤 6▶ 创建分型面。单击"创建/编辑分型面"按钮，在打开的"创建分型面"对话框中的"距离"编辑框中输入"40"，然后单击"创建分型面"按钮，打开"分型面"对话框；选中"有界平面"单选钮后单击 确定 按钮（如图 7-142 所示），所创建的分型面如图 7-143 所示。

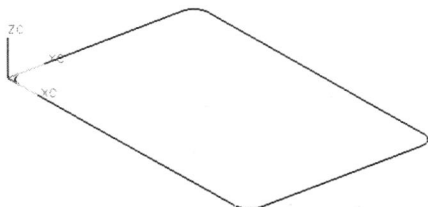

图 7-141 创建分型线

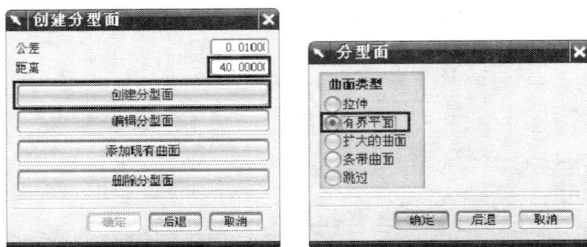

图 7-142 设置分型面的尺寸及类型

步骤 7▶ 部件验证。单击"设计区域"按钮，在打开的"MPV 初始化"对话框中选中"保持现有的"单选钮并单击 确定 按钮，打开"注塑模部件检验"对话框，直接单击该对话框中的 取消 按钮即可。

步骤 8▶ 抽取型腔和型芯区域。单击"抽取区域和分型线"按钮，由打开的"定义区域"对话框可知，该产品模型中有 8 个未定义区域，故分别选中"型腔区域"和"型芯区域"选项后勾选"创建区域"复选框，然后单击"搜索区域"按钮，在打开的对话框中通过拖动滑块来指定未定义的区域，使对话框中未定义的面为 0，如图 7-144 所示。

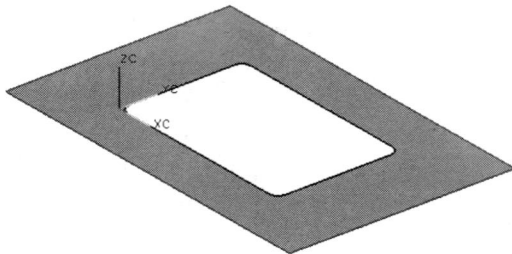

图 7-143 创建分型面

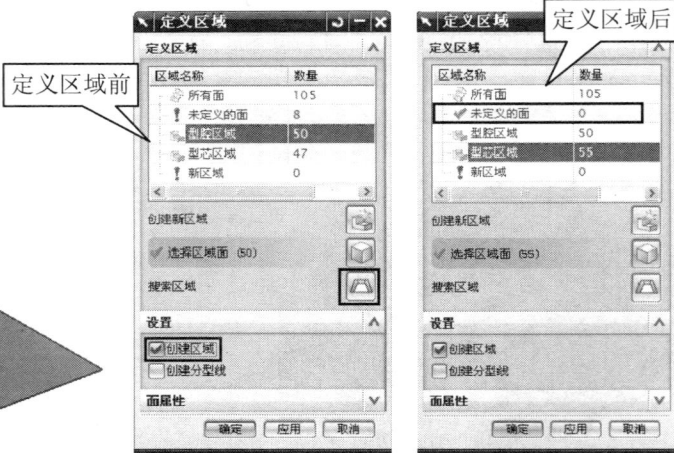

图 7-144 抽取型腔和型芯区域

步骤 9▶ 单击"创建型腔和型芯"按钮，打开"定义型腔和型芯"对话框，在"选择片体"列表框中选择"所有区域"选项，然后单击 确定 按钮即可，所创建的型腔和型芯如图 7-145 所示。

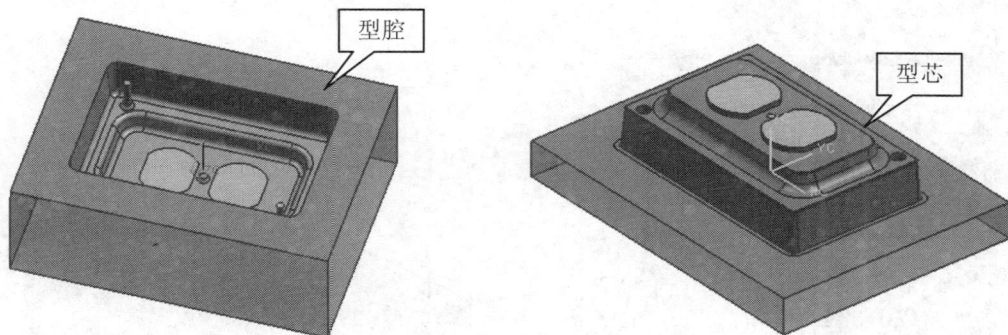

图 7-145 型腔和型芯效果

（二）添加模架

由于本任务要求一模两腔，因此，在添加模架前需先进行型腔布局，且在添加模架后，还需要分别在动模板和定模板上创建模仁型腔。具体操作方法如下。

步骤 1▶ 单击"型腔布局"按钮，打开"型腔布局"对话框，如图 7-146 所示，在"布局类型"标签栏中选择"矩形"选项，然后在"指定矢量"区域单击，在工作区选取图 7-147 所示工件的棱边。

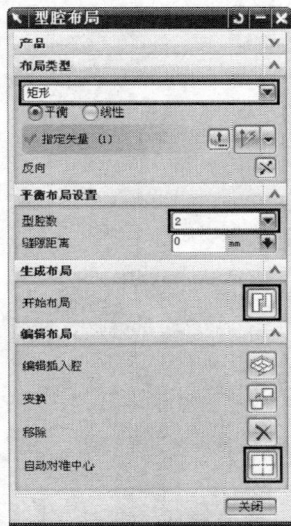

图 7-146 "型腔布局"对话框

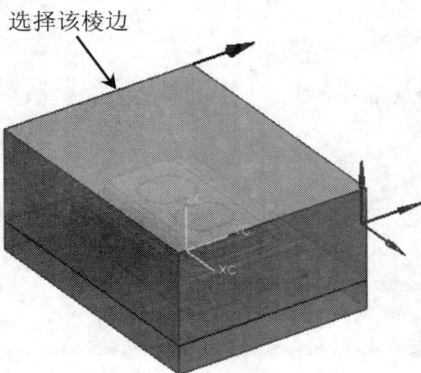

选择该棱边

图 7-147 选择矢量

步骤 2▶ 在"平衡布局设置"标签栏中将型腔数设置为"2"，然后单击"开始布局"按钮和"自动对准中心"按钮，接着单击"编辑插入腔"按钮，打开"插入腔体"对话框，参照图 7-148 所示将腔体的类型设置为"1"，将 R 值设置为 5，最后单击 确定按钮即可，结果如图 7-149 所示。

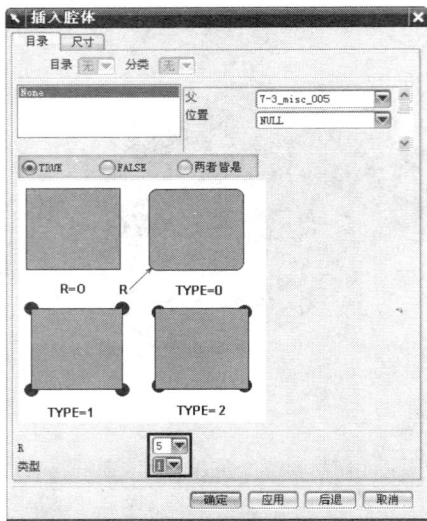

图 7-148　设置腔体的类型及参数

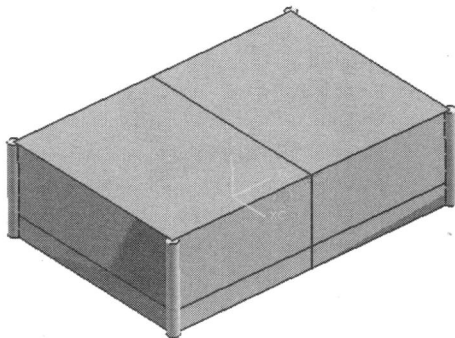

图 7-149　插入腔体组件

步骤 3▶　单击"模架"按钮，打开"模架设计"对话框，在"目录"下拉列表中选择"LKM_SG"选项，然后在"类型"下拉列表中选择"A"，接着选择模架的长宽型号"3040"，最后设置 Mold_type 为"I"，AP_h 值为"100"，BP_h 值为"55"（如图 7-150 所示），最后单击 确定 按钮添加模架，结果如图 7-151 所示。

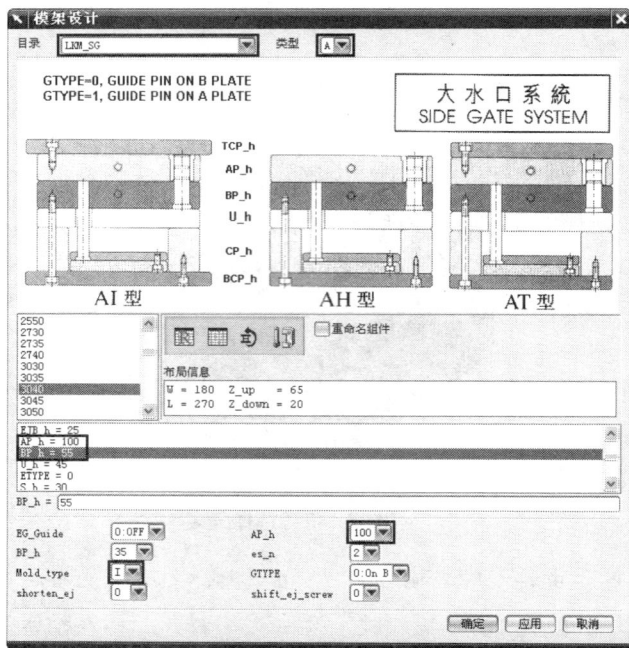

图 7-150　设置模架的类型及尺寸

图 7-151　添加模架效果

步骤4▶ 添加定位圈。单击"标准件"按钮![icon]，打开"标准件管理"对话框。在"目录"列表框中选择标准件的供应商"FUTABA_MM"选项，在"部件列表"中选择要添加的组件"Locating Ring Interchangeable"选项，然后参照图7-152所示设置定位圈的类型和参数，最后单击![确定]按钮，系统自动将定位圈添加到模架中。

步骤5▶ 为定位圈创建腔体。单击"腔体"按钮![icon]，打开"腔体"对话框，在"工具类型"列表框中选择"组件"选项，然后选择定模座板为目标体，选择上步所创建的定位圈为刀具体，最后单击![确定]按钮即可，结果如图7-153所示。

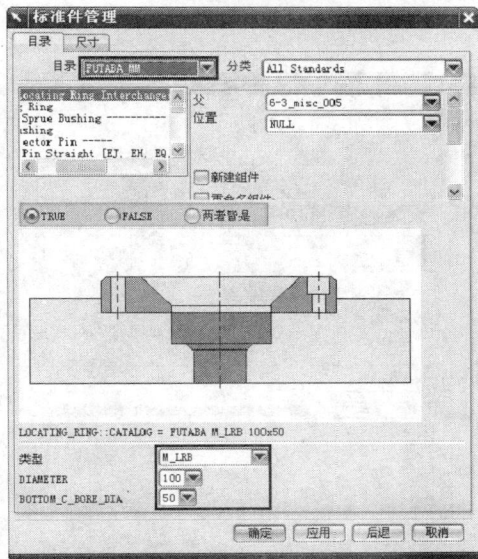

图 7-152　设置定位圈的类型及参数

定位圈

定位圈的腔体
（定位圈已隐藏）

图 7-153　创建定位圈及定位圈的腔体

步骤6▶ 创建腔体。单击"腔体"按钮![icon]，打开"腔体"对话框，分别以定模板和动模板为目标体，以步骤2所创建的插入腔体组件为目标体，创建模仁腔体，结果如图7-154所示。

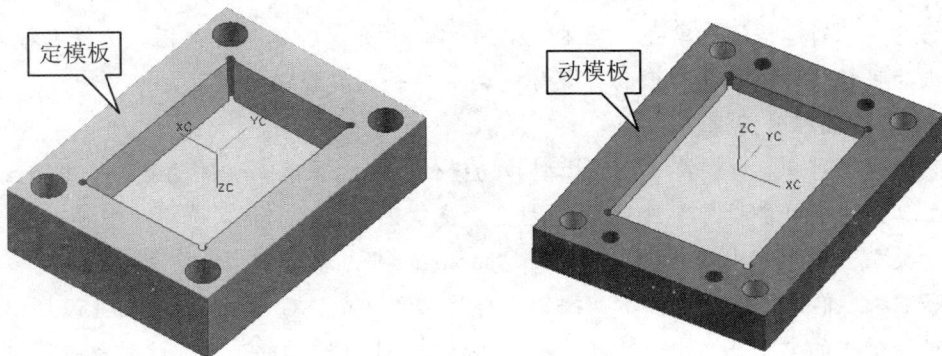

定模板

动模板

图 7-154　定模板和动模板的模仁腔体效果

（三）创建浇注系统

1. 创建主流道

步骤 1▶ 添加浇口套。单击"标准件"按钮 ，打开"标准件管理"对话框。在"目录"列表框中选择标准件的供应商"FUTABA_MM"选项，在"部件列表"中选择"Sprue Bushing"选项，将"CATALOG"设置为"M-SBC"，如图 7-155 所示。

步骤 2▶ 单击"标准件管理"对话框中的"尺寸"选项卡，然后设置浇口套的参数，即 CATALOG_DIA = 25，CATALOG_LENGTH = 120，如图 7-156 所示，单击 确定 按钮即可，结果如图 7-157 所示。

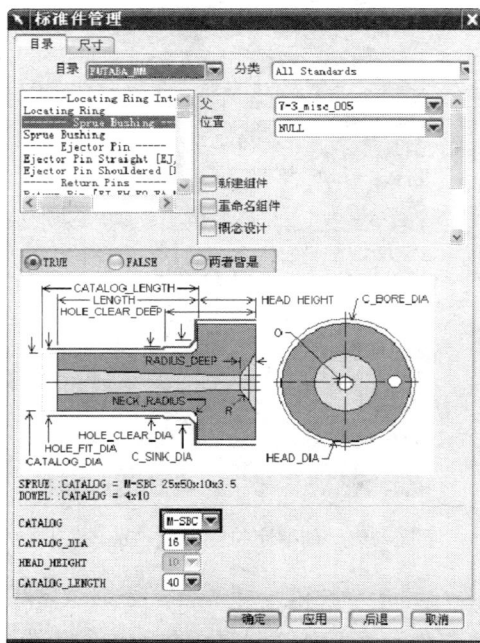

图 7-155　设置浇口套的类型

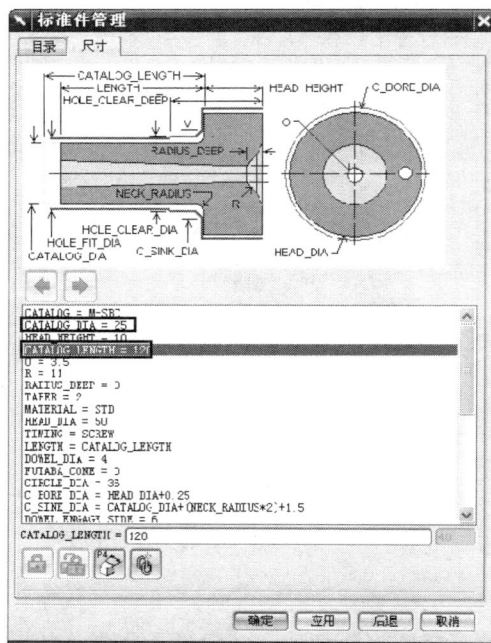

图 7-156　设置浇口套的尺寸

步骤 3▶ 创建腔体。单击"腔体"按钮 ，打开"腔体"对话框，选择定模座板和定模板为目标体，选择浇口套为刀具体，为浇口套创建腔体。

2. 创建浇口和分流道

步骤 1▶ 创建浇口。将除产品模型和动模仁之外的其他零部件隐藏。单击"注塑模向导"工具条中的"浇口库"按钮 ，打开"浇口设计"对话框，选中"型腔"单选钮，然后在"类型"列表框中选择浇口的类型"submarine"，如图 7-158 所示。

步骤 2▶ 单击"浇口点表示"按钮，打开"浇口点"对话框（如图 7-159 所示），单击该对话框中的"点在面上"按钮，然后选取图 7-160 所示的平面，此时系统将自动打开图 7-161 所示的对话框，单击该对话框中的 确定 按钮，返回至"浇口点"对话框。

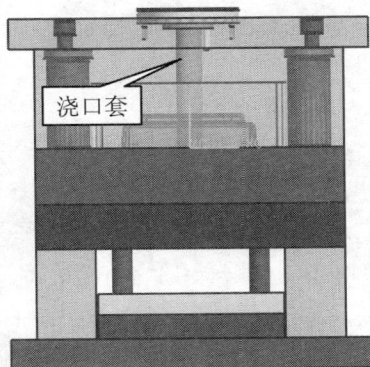

图 7-157　浇口套效果

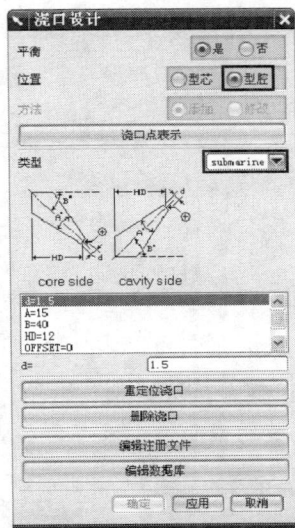

图 7-158　选择浇口类型

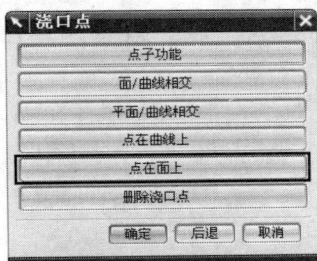

图 7-159　"浇口点"对话框

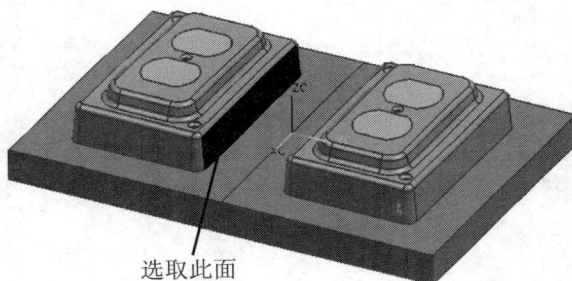

图 7-160　选择浇口点所在的面

步骤 3▶ 单击"浇口点"对话框中的 取消 按钮，返回至"浇口设计"对话框，修改浇口的参数，即"d = 1，OFFSET = 1"，接着单击 应用 按钮，在打开的"点"对话框中设置浇口的坐标（如图 7-162 所示），单击 确定 按钮，在打开的"矢量"对话框中选择"– YC 轴"（如图 7-163 所示），最后单击 确定 按钮创建浇口，结果如图 7-164 所示。

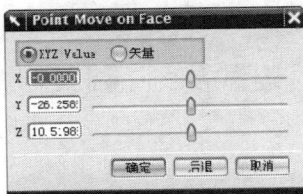

图 7-161　"Point Move on Face"对话框

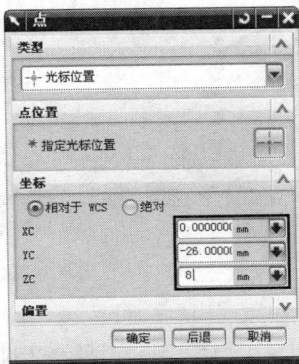

图 7-162　指定浇口坐标

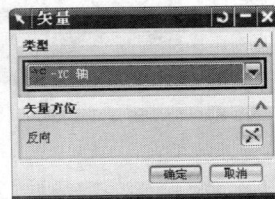

图 7-163　指定浇口方向

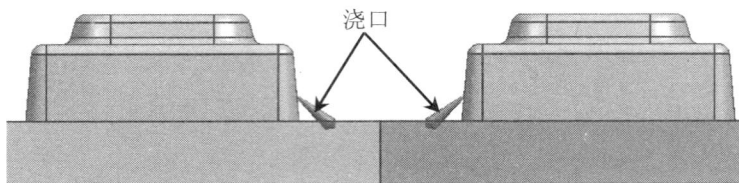

图 7-164　创建浇口

步骤 4▶　单击"注塑模向导"工具条中的"流道"按钮 ，打开"流道设计"对话框，采用默认选中的"草图模式" ，然后设置流道引导线的参数（如图 7-165 所示），单击 确定 按钮，系统将创建一条引导线；单击"创建流道通道"按钮 ，参照图 7-166 所示设置流道的截面类型及参数，最后单击 确定 按钮，结果如图 7-167 所示。

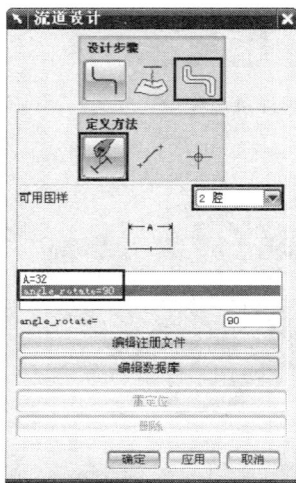

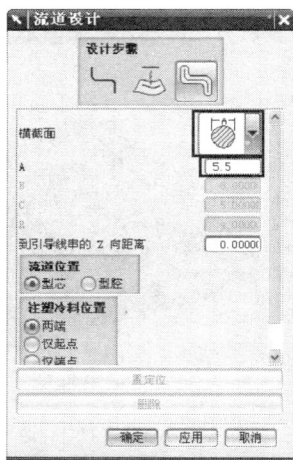

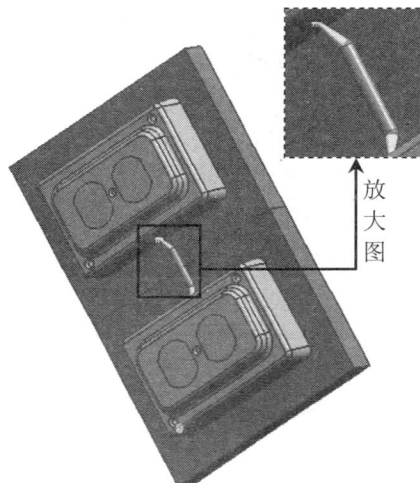

图 7-165　设置引导线参数　　图 7-166　设置流道截面类型及参数　　图 7-167　创建分流道

步骤 5▶　创建腔体。单击"腔体"按钮 打开"腔体"对话框，选择型芯和型腔为目标体，选择两个浇口和分流道为刀具体，创建流道通道，结果如图 7-168 所示。

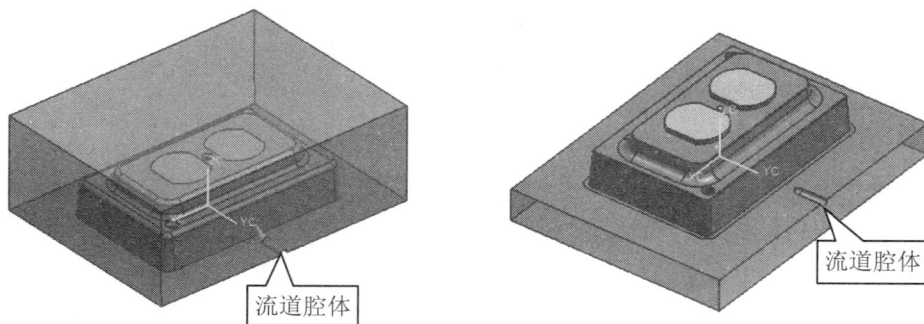

图 7-168　型腔和型芯

（四）创建冷却系统

1. 创建冷却水道

步骤1▶ 创建冷却水道。在 "7-3_top_010prt" 文件中仅显示定模板和模仁，然后单击 "冷却" 按钮 🗐，打开 "冷却组件设计" 对话框，在部件列表中选择 "COOLING HOLE" 选项，在 "PIPE_THREAD" 列表框中选择 "M10" 选项，接着单击 "尺寸" 选项卡，修改水孔的参数，即 "HOLE_1_DEPTH = 225，HOLE_2_DEPTH = 225"，如图 7-169 所示。

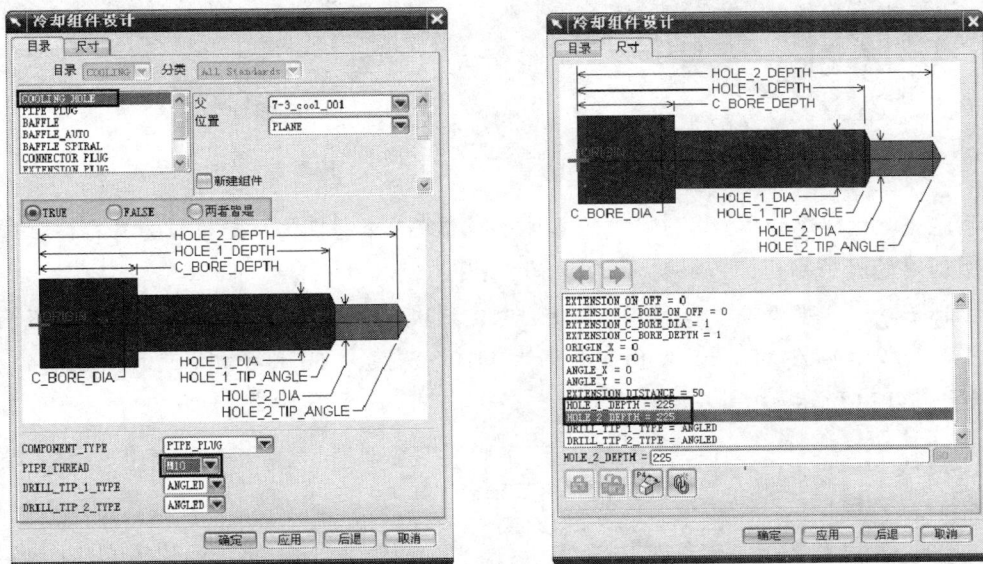

图 7-169　设置冷却水道的参数

步骤2▶ 单击 确定 按钮，打开 "选择一个面" 对话框，将视图以 "正二测视图" 方式显示，然后选取定模板的最前面（以 +XC 为法向）为放置面，然后在打开的 "点" 对话框中输入水道的放置坐标 "－22，0，0"，最后单击 确定 按钮创建水道并打开 "位置" 对话框，单击 取消 按钮即可，结果如图 7-170 所示。

步骤3▶ 单击 "冷却" 按钮 🗐，参照步骤 1 和步骤 2 的方法，以定模板的最前面（以 +XC 为法向）为放置面，创建直径为 M10，深度为 80 的水道，其坐标为 "－50，0，0"；隐藏定模板，然后以型腔体的

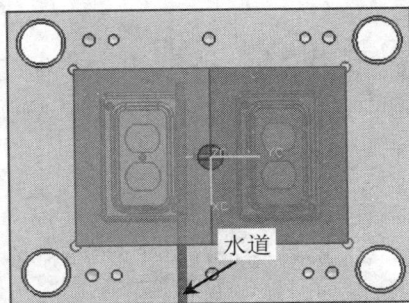

图 7-170　创建冷却水道

最前面（以 +XC 为法向）为放置面，在 XC 坐标为 "－110"（YC 和 ZC 坐标为默认值）处创建直径为 M10，深度为 168 的水道，如图 7-171 所示。

步骤4▶ 参照步骤 1 和步骤 2，以型腔体的侧面（以 －YC 为法向）为放置面，分

别在 XC 坐标为 "－70" 和 "70" (YC 和 ZC 坐标为默认值) 处创建直径为 M10, 深度分别为 110 和 90 的水道, 结果如图 7-172 所示。

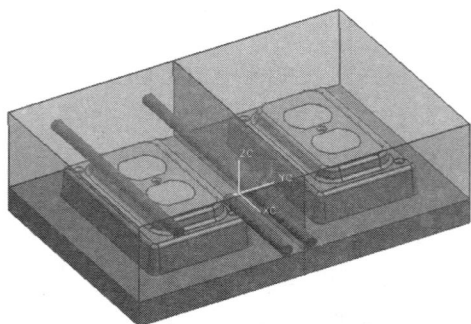

图 7-171　创建水道 (1)

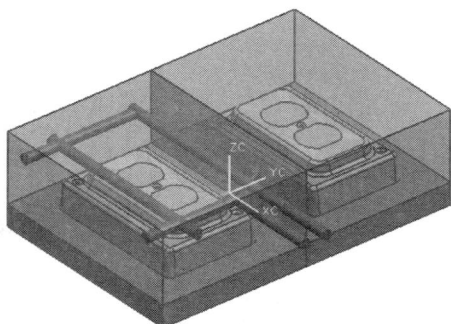

图 7-172　创建水道 (2)

步骤 5▶　创建腔体。单击 "腔体" 按钮 , 选择定模仁和定模板为目标体, 选择前面所创建的五条水道为刀具体, 创建水道通道。

步骤 6▶　参照步骤 1 和步骤 2, 分别以定模板的背面 (－XC 为法向) 为放置面, 在图 7-173 所示的 A, B 两孔处创建直径为 M10, 深度为 60 的冷却水道, 所创建的水道效果如图 7-174 所示。

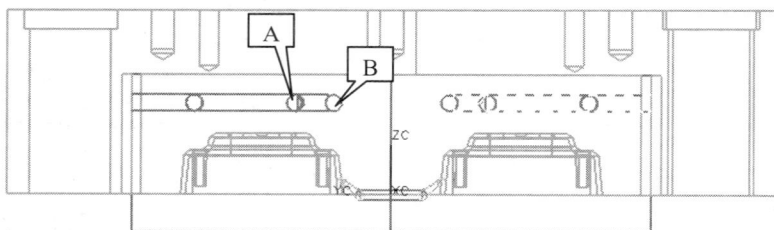

图 7-173　选择水道的位置

步骤 7▶　创建腔体。单击 "腔体" 按钮 , 选择定模板为目标体, 选择上步所创建的两条水道为刀具体, 创建水道通道, 定模板上水道孔如图 7-175 所示。

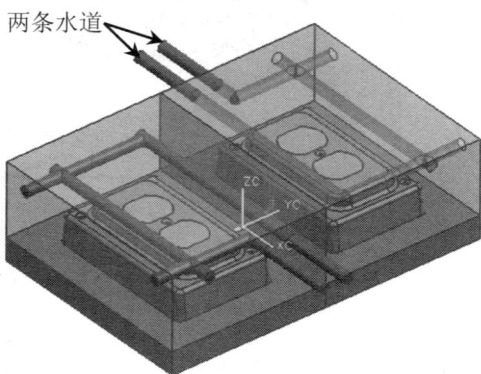

图 7-174　创建水道 (3)

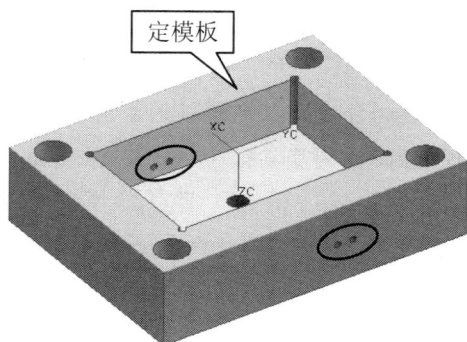

图 7-175　定模板上的水道孔

2．添加冷却标准件

步骤1▶　添加冷却水接头。显示"7-3_top_010prt"文件，单击"冷却"按钮，打开"冷却组件设计"对话框（如图 7-176 所示），在工作区单击选取图 7-177 所示的水道 1，然后在部件列表中选择"CONNECTOR PLUG"选项，接着参照图 7-176 所示设置冷却水接头的参数，最后单击确定按钮，系统将自动添加水道 1 处添加冷却水接头。

步骤2▶　单击"冷却"按钮，采用同样的方法，分别选取水道 2 和水道 3，为其添加直径为 M10 的冷却水接头（共 3 个），结果如图 7-177 所示。

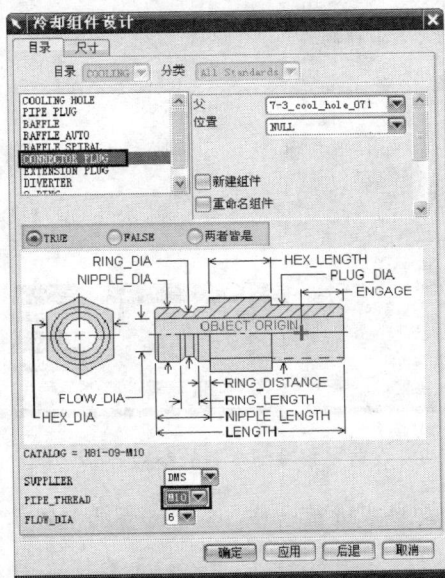

图 7-176　设置冷却水接头的参数

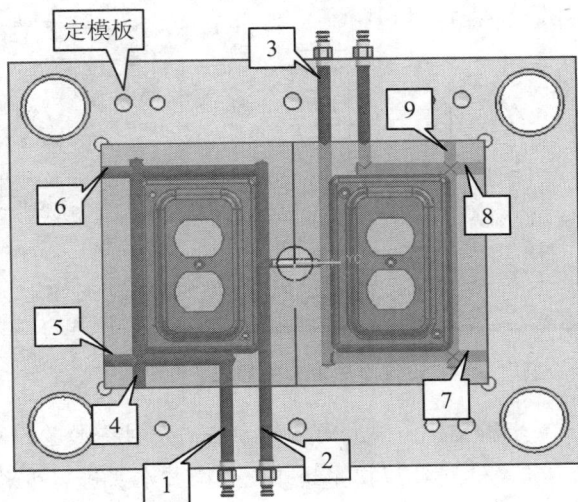

图 7-177　创建冷却水接头

步骤3▶　添加冷却水塞。单击"冷却"按钮，在工作区选取图 7-177 所示的水道 4，然后在"部件列表"中选择"PIPE PLUG"选项，参照图 7-178 所示设置冷却水塞的参数，最后单击确定按钮，系统将自动在水道 4 处添加冷却水塞。

步骤4▶　单击"冷却"按钮，采用同样的方法，分别为水道 5 和水道 6 添加冷却水塞。

注意

由于图 7-177 中水道 7～9 不是通过添加冷却水道组件直接得到的腔体，因此无法直接对这三条水道添加冷却水塞。为此，可有以下操作。

步骤5▶　单击"冷却"按钮，再次为水道 4～6 添加冷却水塞，然后单击"冷却"按钮，选取水道 5 处的冷却水塞，然后单击"冷却组件设计"对话框中的"重定位"

按钮，接着在打开的"重定位组件"对话框中单击"平移"按钮，在打开的"变换"对话框中输入 DZ 值"－260"（如图 7-179 所示），最后单击 确定 按钮，即可得到图 7-173 所示的冷却水塞 7。

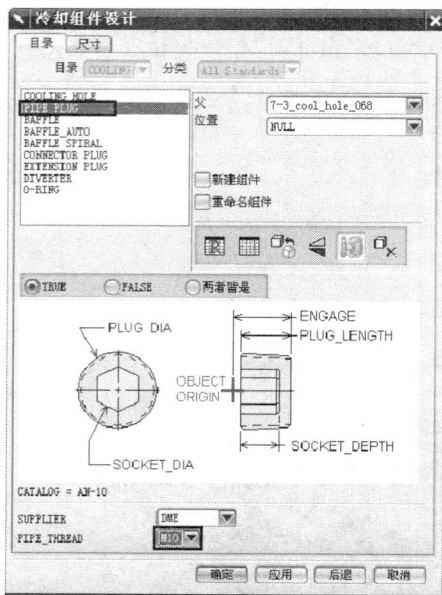

图 7-178　设置冷却水塞的参数

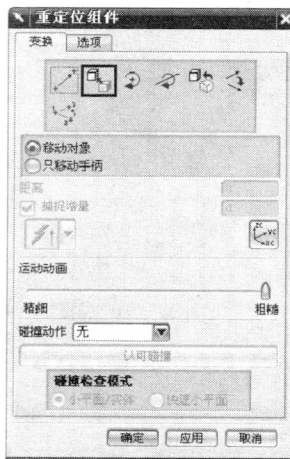

图 7-179　设置平移冷却水塞的参数

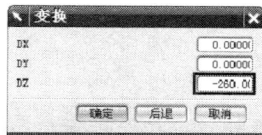

步骤 6▶ 采用同样的方法，分别将水道 6 处的冷却水塞进行平移，其平移量为 DZ＝－260；将图 7-177 中水道 4 处的冷却水塞进行平移，其平移量为 DX＝221，DZ＝－170，结果如图 7-180 所示。

（五）顶出系统设计

步骤 1▶ 添加顶杆。仅显示产品模型，单击"标准件"按钮打开"标准件管理"对话框，在"目录"列表框中选择"FUTABA_MM"选项，在"分类"列表框中选择"Ejector Pin"选项，然后参照图 7-181 所示设置该顶杆的直径，接着选择"尺寸"选项卡，设置"CATALOG_LENGTH＝169"。

步骤 2▶ 单击"标准件管理"对话框中的 确定 按钮，打开"点"对话框，捕捉任一产品模型中圆柱底面圆心并单击，例如，捕捉并单击图 7-182 所示圆柱 1 的圆心，系统将自动创

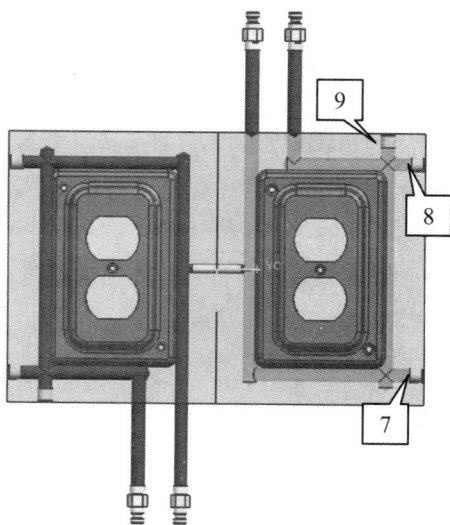

图 7-180　创建冷却水塞

建顶杆并再次打开"点"对话框，再次捕捉圆柱 2 的圆心，即可创建顶杆。

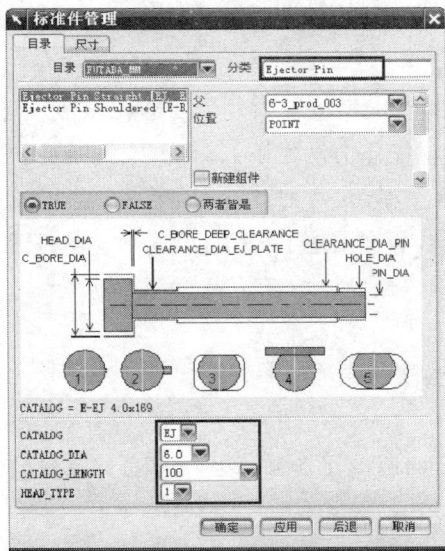

图 7-181　设置顶杆类型及参数

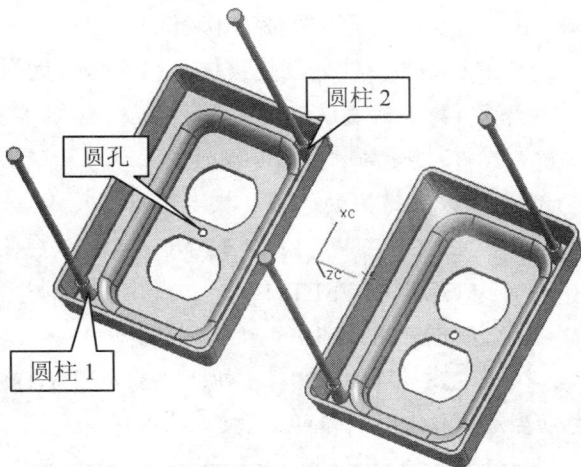

图 7-182　输入顶杆的坐标值

步骤 3▶　单击"特征"工具条中的"草图"按钮，以系统默认选中的 X-Y 平面为草图平面，然后利用"矩形"命令以图 7-182 中圆柱 1 和圆柱 2 的中心点为对角点画矩形（可利用"投影曲线"确定圆柱 1 和圆柱 2 的中心点），如图 7-183 所示。

步骤 4▶　参照步骤 1 的方法，分别在 7-183 所示矩形的另外两个角点处创建顶杆，该顶杆的直径为 6，长度为 186。

步骤 5▶　单击"标准件"按钮　　，在 7-182 所示圆孔处创建直径为 5，长度为 195 的顶杆，接着在打开的"点"对话框中的"XC"编辑框中输入"40"，单击 确定 按钮创建顶杆，再次在打开的"点"对话框中的"XC"编辑框中输入"－40"并单击 确定 按钮，结果如图 7-184 所示。

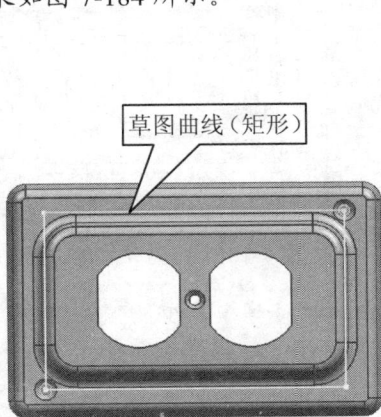

图 7-183　绘制草图

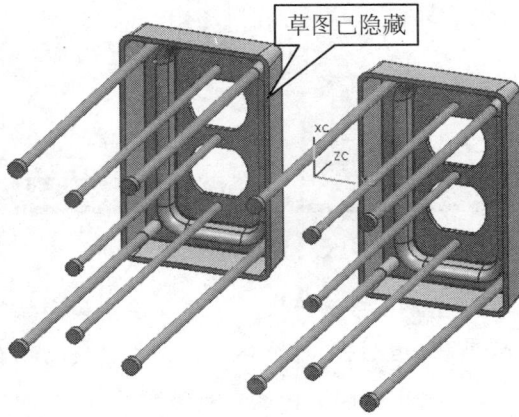

图 7-184　创建顶杆

步骤 6▶ 创建腔体。单击"腔体"按钮 ，选择推杆固定板、动模板、支承板和动模仁为目标体，选择前面所创建的六个顶杆为刀具体，为顶杆创建腔体。

（六）创建镶块

由于该产品模型的型腔中圆柱的高径比较大，容易在成型过程中发生变形和损坏，因此需要在型腔的圆柱处创建镶块，以便随时更换。具体操作方法如下。

步骤 1▶ 创建镶块。仅显示型腔，然后单击"注塑模向导"工具条中的"子镶块库"按钮 ，在打开的"子镶块设计"对话框中选择"CAVITY SUB INSERT"选项，参照图 7-185 所示设置镶块的类型，接着选择"尺寸"选项卡，修改以下表达式。

X_LENGTH＝8；Z_LENGTH＝55（镶块头部尺寸）

FOOT_OFFSET_1＝5；（镶块脚相对于镶块头部的偏移量）

FOOT_HT＝10（镶块脚高度）

步骤 2▶ 单击 确定 按钮，分别在图 7-186 所示的圆心 1 和圆心 2 处单击，系统将自动生成图 7-187 所示的镶块。

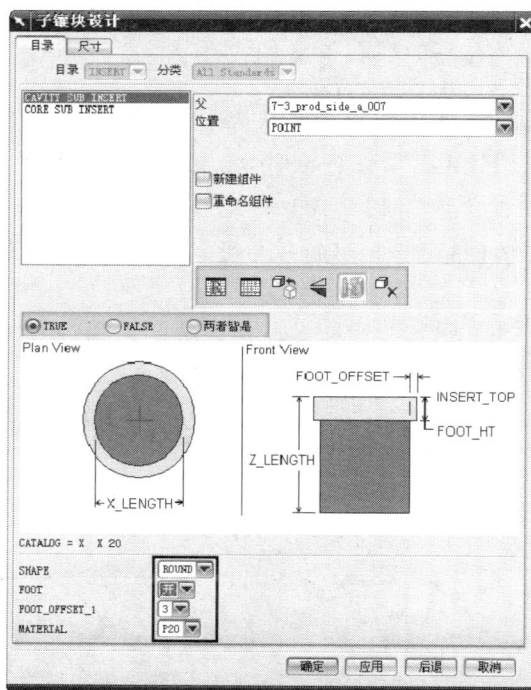

图 7-185　设置镶块的类型

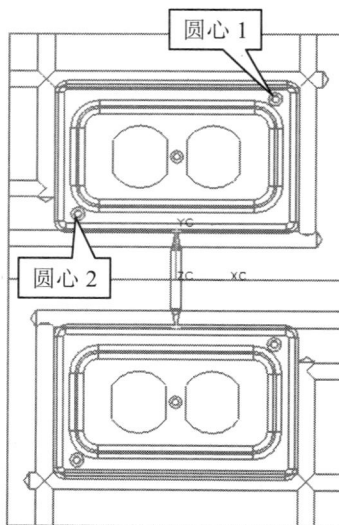

图 7-186　指定镶块的位置

步骤 3▶ 修剪镶块。单击"注塑模向导"工具条中的"修剪模具组件"按钮 ，打开"修剪模具组件"对话框，在工作区选中所创建的两个镶块，然后单击"工具片体"按钮 ，然后在"修剪曲面"列表框中选择"CAVITY_TRIM_SHEET"选项，如图 7-188 所示。

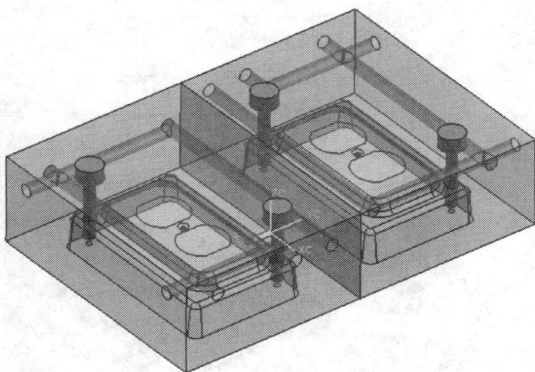

图 7-187 创建镶块效果

图 7-188 "修剪模具组件"对话框

步骤 4▶ 单击 确定 按钮,打开"消息"对话框,直接单击 确定 按钮打开"选择方向"对话框,单击"翻转方向"按钮,可调整要保留部分。本例中保留镶块头部,最后单击 确定 按钮,结果如图 7-189 所示。

步骤 5▶ 创建腔体。单击"腔体"按钮 ,选择型腔为目标体,选择前面所创建的两个镶块为刀具体,为镶块创建腔体,创建镶块腔体后的型腔效果如图 7-190 所示。

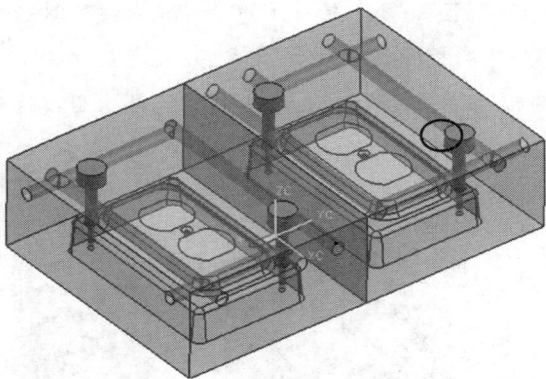

图 7-189 修剪镶块

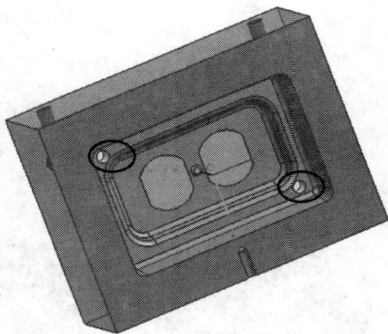

图 7-190 型腔效果

步骤 6▶ 至此,插座罩模具已经设计完毕。选择"文件" > "全部保存"菜单,将所有零部件保存。

综合实训

（一）塑料电器外壳分模

对图 7-191 所示的塑料电器外壳进行模型分析,确定其分型面的位置并对其进行分模。该塑料电器外壳的材料为 ABS。

素材："SC" > "ch07" > "sx-1" > "sx-01.prt"
效果："SC" > "ch07" > "sx-1" > "ok" > "sx-01_top_010.prt"
视频："SP" > "ch07" > "sx-1.exe"

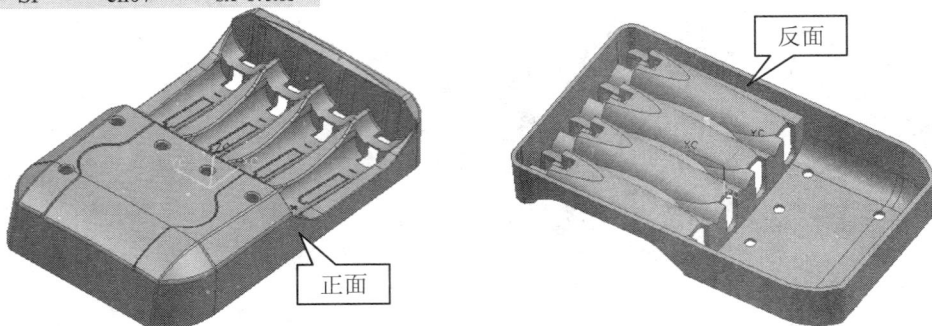

图 7-191　塑料电器外壳模型

提示：

该塑料电器外壳的模具坐标系可设置在其底面的中心处，分型线为底面的最大外轮廓线。分模前，需先修补模型上的孔和槽，其曲面的修补方法如下。

（1）利用"注塑模工具"工具条中的"曲面补片"按钮 和"边缘补片"按钮 ，修补模型上的五个圆孔。

（2）单击"曲线"工具条中的"抽取曲线"按钮 ，在打开的"抽取曲线"对话框中单击"边缘曲线"按钮，抽取四个槽口处的八条圆角边线，如图 7-192 所示。

（3）利用"曲线"工具条中的"桥接曲线"按钮 ，在上步所创建的抽取曲线处创建桥接曲线，结果如图 7-193 所示。

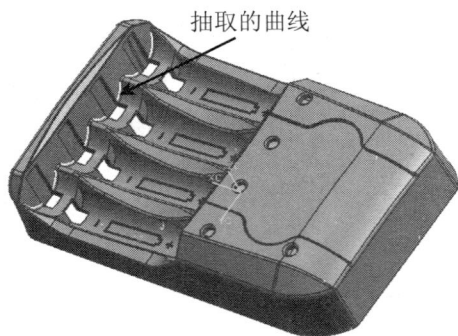

图 7-192　抽取曲线

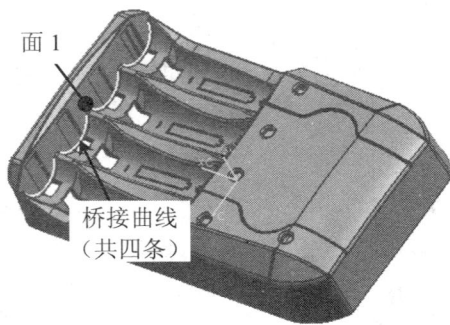

图 7-193　桥接曲线

（4）单击"注塑模工具"工具条中的"扩大曲面"按钮 ，选取图 7-193 所示的面1，将其扩大，然后将窗口切换至"sx-01_top_011.prt"文件，单击"曲面"工具条中的"修剪的片体"按钮 ，选取所创建的扩大曲面为目标，分别选取四个槽口的三条棱边和四条桥接曲线为边界对象（如图 7-194 所示），保留四个槽口内的曲面。

（5）将窗口切换至"sx-01_parting_024.prt"文件，利用"曲面"工具条中的"通过曲线网格"按钮 🖼，或"扩大曲面"和"修剪的片体"命令，创建图 7-195 所示的四个曲面。

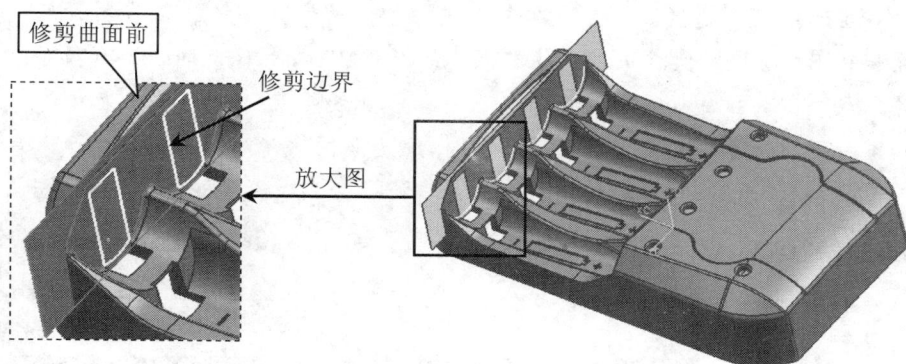

图 7-194 创建扩大曲面并修剪

（6）参照前面的方法，分别利用"抽取曲线"、"桥接曲线"和"通过曲线网格"命令创建图 7-196 所示的十二个曲面，然后利用"抽取曲线"、"桥接曲线"、"扩大曲面"和"修剪的片体"命令修补图 7-197 所示的曲面。

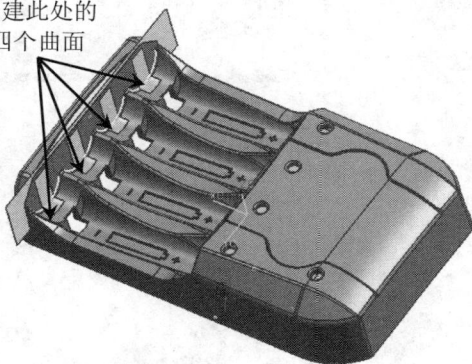

图 7-195 修补曲面（1）

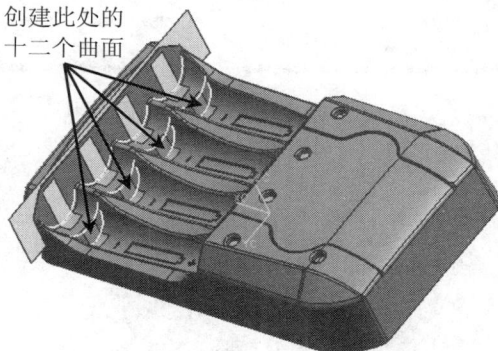

图 7-196 修补曲面（2）

（7）单击"注塑模工具"工具条中的"现有曲面"按钮 🖼，此时系统将自动选中某些属于同一个特征集的曲面，采用框选方式选取除使用"扩大曲面"命令创建的两个曲面外的所有曲面，最后单击 确定 按钮，使所有修补的曲面属于同一个特征集。

（8）创建分型线和分型面后，单击"设计区域"按钮 🖼，采用默认的脱模方向，单击 确定 按钮后系统会自动分析型腔和型芯区域，本例

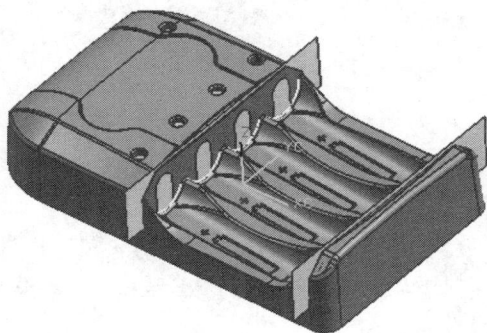

图 7-197 修补曲面（2）

中未定义的区域较多，可单击 取消 按钮先关闭"塑模部件验证"对话框。

（9）单击"抽取区域和分型线"按钮 ，打开"定义区域"对话框，选中"型腔区域"选项，然后选中"创建区域"复选框并单击"搜索区域"按钮 ，在打开的"搜索区域"对话框中拖动滑块，使滑块位于最右侧，如图 7-198 所示。此时，所有属于型腔区域的对象将显亮。

（10）采用同样的方法定义型芯区域，此时，"定义区域"对话框中将显示未定义的面为 0（如图 1-199 所示），最后对该塑料电器外壳进行分模，结果如图 7-200 所示。

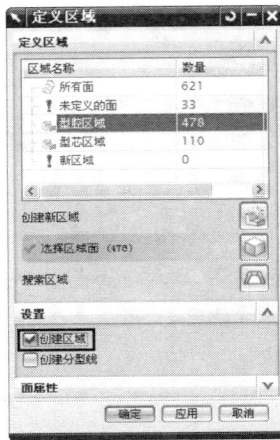

图 7-198　定义型腔区域

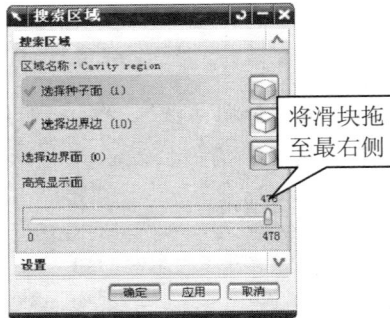

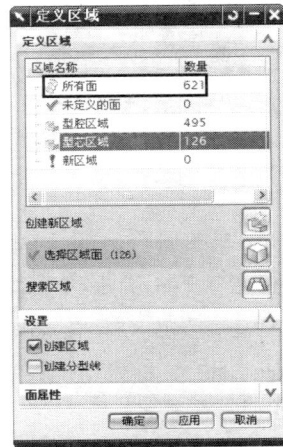

图 7-199　"定义区域"对话框

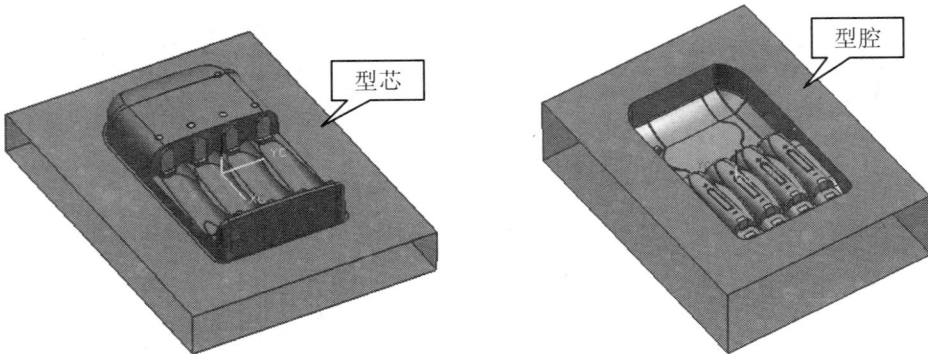

图 7-200　型芯和型腔效果

（二）吹风机外壳分模

对图 7-201 所示的吹风机外壳进行模型分析，确定分型面的位置并对其进行分模。该塑料电器外壳的材料为 ABS，要求一模两腔。

素材："SC" > "ch07" > "sx-2" > "sx-02.prt"
效果："SC" > "ch07" > "sx-2" > "ok" > "sx-02_top_010.prt"
视频："SP" > "ch07" > "sx-2.exe"

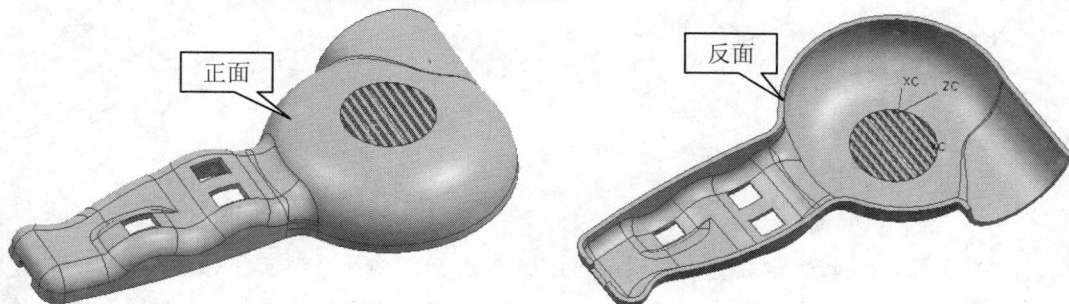

图 7-201　吹风机外壳模型

提示：

（1）该模型的分型面设置在吹风机外壳的底面，将当前模型的坐标系统 - YC 轴旋转 90°，然后单击"模具 CSYS"按钮，将当前坐标系设置为模具坐标系。以吹风机外壳的底面为界，工件的高度分别为 26 和 56，其型腔布局如图 7-202 所示。

（2）使用"注塑模工具"工具条中的"曲面补片"按钮，对图 7-203 中标识 1～4 处的槽和孔特征进行曲面修补。

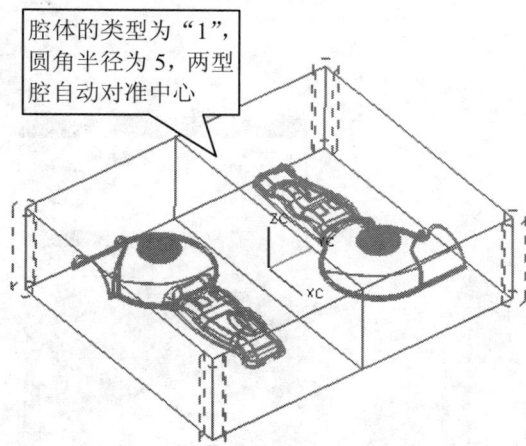

图 7-202　型腔布局

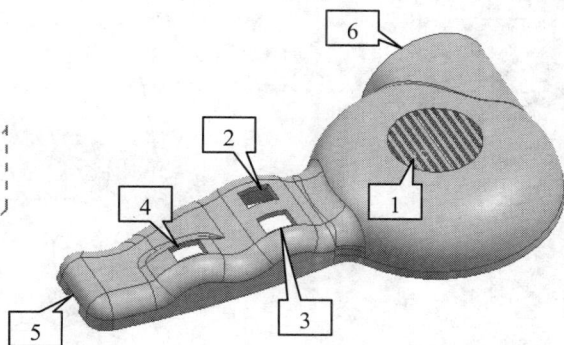

图 7-203　模型分析

（3）自动搜索并生成分型线，如图 7-204 所示。由于图 7-203 中标识 5 和标识 6 产生的分型线不能自动生成分型面，因此需要为其创建引导线。即创建分型线后单击"分型管理器"对话框中的"引导线设计"按钮，打开"引导线设计"对话框，依次在图 7-204 所框选的六条过渡曲线上创建引导线，结果如图 7-205 所示。

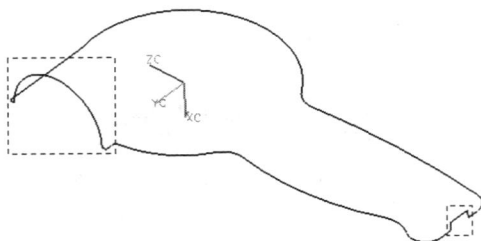

图 7-204　分型线

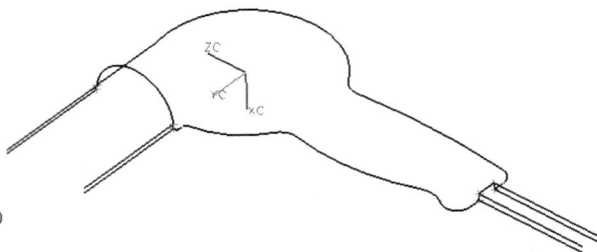

图 7-205　过渡曲线的引导线

（4）单击"创建/编辑分型面"按钮，在打开的"创建分型面"对话框单击"创建分型面"按钮，接着在打开的分型面对话框中单击"有界平面"单选钮，此时系统自动选中一条分型线并生成平面，拖动各滑块可调整分型面的大小，最后单击确定按钮，打开"查看修剪片体"对话框，利用其中的"翻转修剪的片体"按钮调整要保留的片体，所创建的分型面如图 7-206 所示。

（5）单击"抽取区域和分型线"按钮，打开"定义区域"对话框（如图 7-207 所示），选中"创建区域"复选框后，分别搜索并抽取型腔区域和型芯区域，最后创建型腔和型芯，结果如图 7-208 所示。

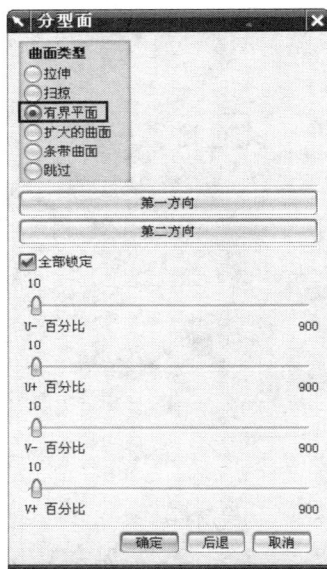

这段分型面使用"分型面"对话框中的"拉伸"单选钮创建

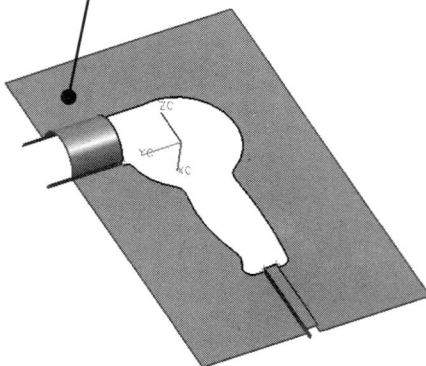

图 7-206　"分型面"对话框和分型面效果

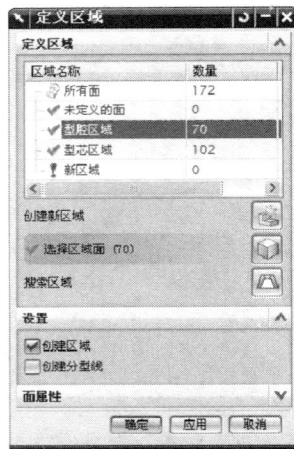

图 7-207　"定义区域"对话框

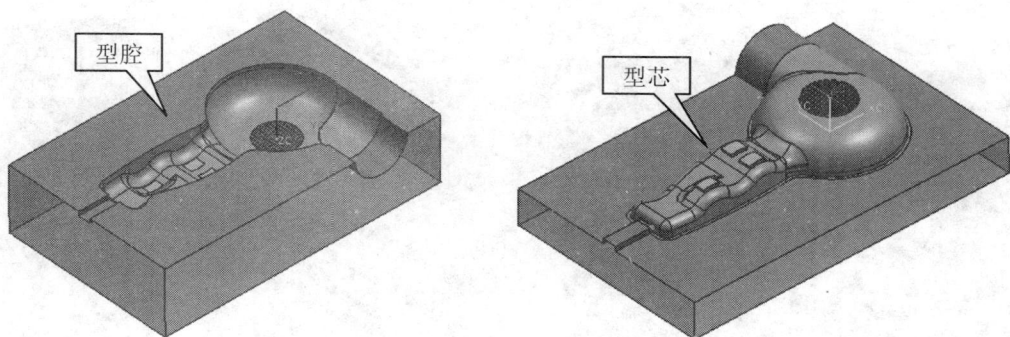

图 7-208　型腔和型芯效果

（三）吹风机外壳模具设计

紧接上例，接下来为吹风机外壳添加标准模架、创建顶杆、创建浇注系统和冷却系统，其模具设计效果如图 7-209 所示。

素材："SC" > "ch07" > "sx-3" > "sx-02.prt"
效果："SC" > "ch07" > "sx-3" > "ok" > "sx-02_top_010.prt"
视频："SP" > "ch07" > "sx-3.exe"

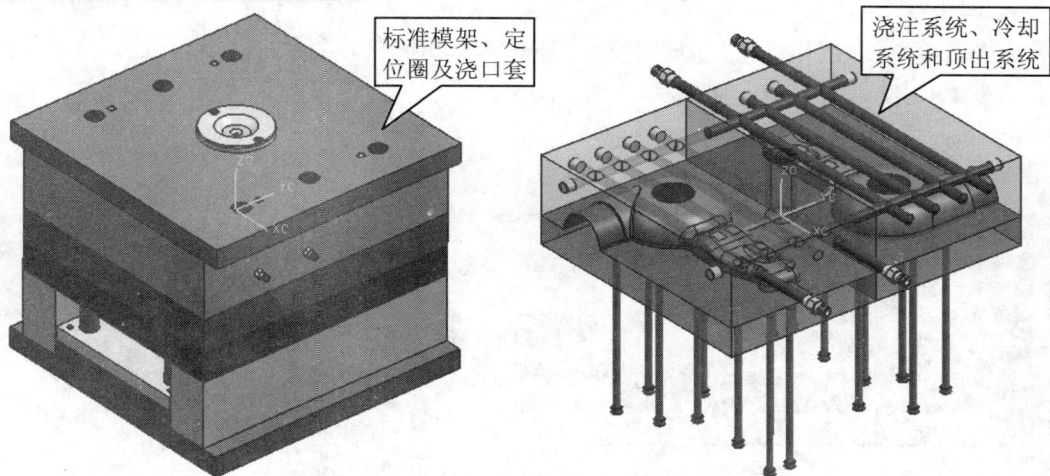

图 7-209　吹风机外壳模具设计效果

提示：

（1）添加模架并创建型腔。该模架的制造商为 "LKM_SG" 选项，类型为 "A"，模架的长宽型号 "3540"，且 AP_h 值为 "90"，BP_h 值为 "50"，Mold_type 为 "I"。

（2）创建顶杆。执行 "草图" 命令，以 X-Y 平面为草图平面绘制图 7-210 所示的八个点，然后在各点处创建顶杆，该顶杆的类型为 "Ejector Pin Straight"，直径为 6，高度为 200，最后使用 "顶杆后处理" 命令修剪顶杆，其修剪曲面为 "CORE_TRIM_SHEET"，修剪后的顶杆效果如图 7-211 所示（修剪时，应取消 "Save As Unique Part" 复选框）。

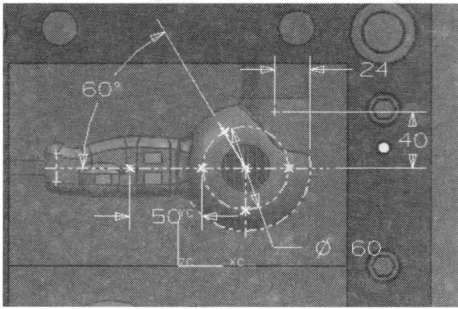

图 7-210　绘制草图

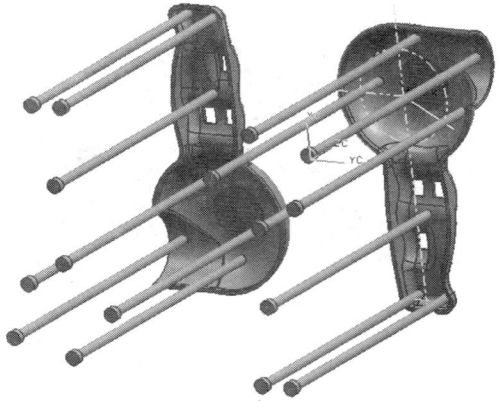

图 7-211　创建顶杆

（3）添加定位圈。该定位圈的供应商为 "FUTABA_MM"，名称为 "Locating Ring"，然后将类型设置为 "M_LRB"，DIAMETER 为 100，BOTTOM_C_BORE_DIA 为 38。

（4）添加浇口套。该浇口套的供应商为 "FUTABA_MM"，名称为 "Sprue Bushing"，然后将 CATALOG 设置为 "M_SBA"，CATALOG_DIA = 25，CATALOG_LENGTH = 110，O = 5，定位圈和浇口套的效果如图 7-212 所示。

（5）创建浇口。将浇口类型设置为 "submarine"，设置浇口在图 7-213 所示的平面上，其浇口点的坐标为 "0, 52, 8"，浇口方向为 YC 轴，在浇口的参数中将 d 设置为 1，OFFSET 设置为 1，HD 设置为 10，其他采用默认设置。

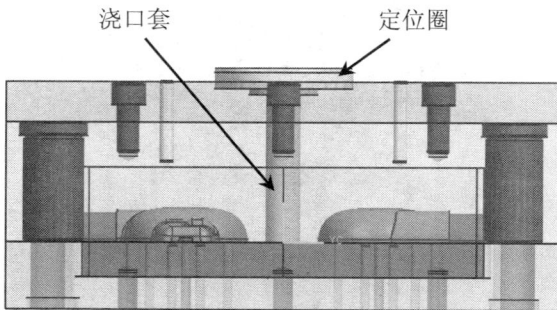

图 7-212　添加定位圈和浇口套

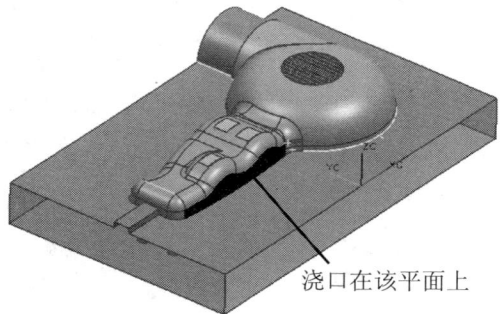

图 7-213　浇口的放置面

（6）创建分流道。分流道的引导线长为 90，旋转角度为 90，分流道的横截面为圆，其直径为 5.5，分流道如图 7-214 所示。

（7）创建冷却水孔。单击 "冷却" 按钮 📇，在打开的对话框中选择 COOLING HOLE 选项，在 "PIPE_THREAD" 列表框中选择 "M10" 选项，然后在 "尺寸" 选项卡中修改水孔的长度，即 HOLE_1_DEPTH = 235，HOLE_2_DEPTH = 235，分别创建图 7-215 所示的水孔 1~4，各水孔的 X，Y 坐标分别为 " − 40，9"，"40，9"，"14，9"，" − 14，9"，Z 轴坐标采用默认值。

（8）采用同样的方法创建图 7-215 所示的水孔 5 和 6，其水孔的 X 坐标分别为"－90"和"90"，Y 轴和 Z 轴坐标采用默认值。

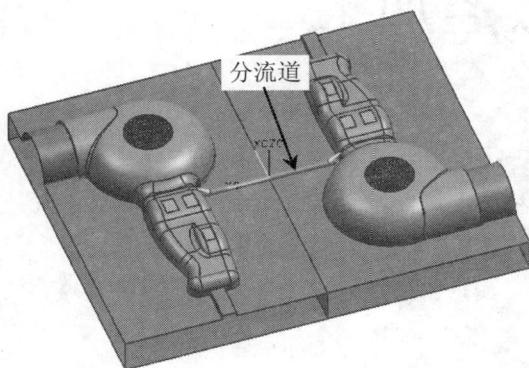

图 7-214　创建分流道

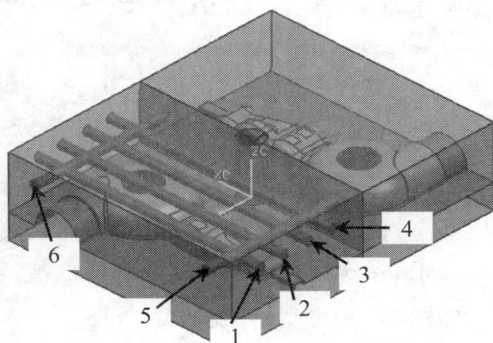

图 7-215　创建冷却水孔（1）

（9）为图 7-215 所示的六条水孔创建腔体，然后分别在定模板的前、后面上创建 4 个水孔，其水孔的长度为 65（如图 7-216 所示），最后为这 4 个水孔建腔。

（10）创建图 7-217 所示的六个冷却水堵头，其尺寸为 M10，然后将图中的堵头 1 沿 DZ 轴平移-280，将堵头 2 沿 DX 轴平移 145，然后重新创建图 7-217 所示的水堵头 1，2，4，5，最后再创建冷却水接头即可。

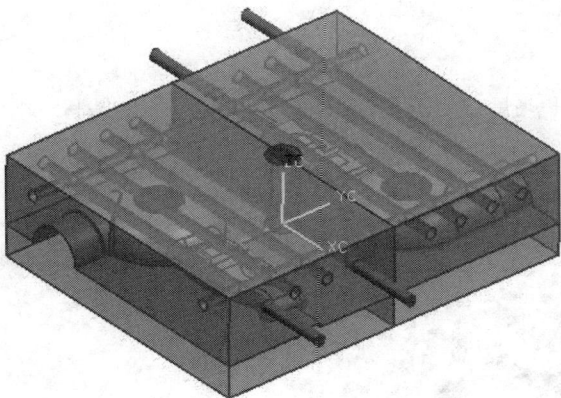

图 7-216　创建冷却水孔（2）

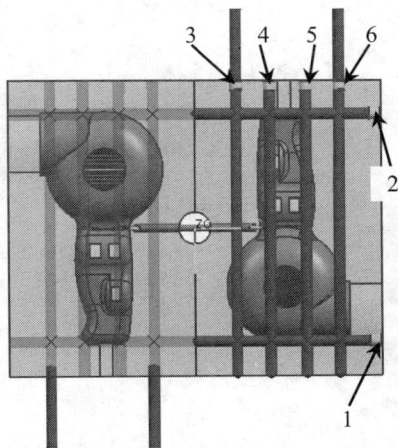

图 7-217　冷却水堵头

项目八　模具零件数控加工

　　数控加工（CAM）模块是 UG 的又一个重要模块，使用该模块可对三维模型表面所包含的几何信息进行计算分析，从而生成数控机床加工所需要的数控代码，使用这些代号便可进行产品的数控加工。UG NX 7.0 的数控加工模块所支持的加工方法有平面铣、双轴仿形铣、车削、线切割及薄片加工等，其后处理程序支持多种类型的数控机。

【学习目标】

◇　熟悉 UG NX 7.0 数控加工界面及加工流程。
◇　能够选择合适的切削刀具和切削参数，并创建合理的刀具切削轨迹。
◇　能够对简单的三维实体零件和成型零件进行数控铣加工。

任务一　动模板的数控铣编程

一、任务目标

　　熟悉 UG NX 7.0 数控加工界面及加工流程，能够对一般零件进行数控铣加工。

二、任务设置

　　利用 UG NX 7.0 的加工模块完成图 8-1 所示动模板的编程加工。

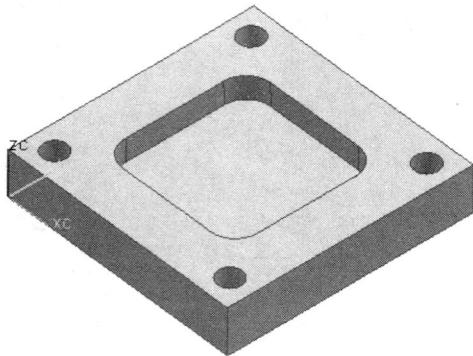

图 8-1　动模板零件

三、相关知识

（一）UG NX 7.0 数控加工类型

UG NX 7.0 的加工模块共有铣削加工、车削加工、点位加工和线切割等四大加工类型，各种加工类型的特点及使用场合如下。

➤ **铣削加工**：铣削加工是最为常用的加工方式之一，主要包括平面铣和型腔铣。其中，平面铣用于平面轮廓或平面区域的粗加工，刀具平行于工件底面进行多层铣削；型腔铣用于粗加工型腔轮廓或区域，根据型腔的形状不同，将要切除部位在深度方向上分成多个切削层进行切削，每层切削深度可不同。

提示

平面铣和型腔铣在切削时，刀轴与切削层的平面均垂直，这两种方法的主要区别在于：平面铣只能加工与刀轴垂直的几何体，常用于加工直壁平底的工件；型腔铣可加工侧壁以及底面上与刀轴不垂直的部位，适用于加工带有复杂曲面的零件。

➤ **车削加工**：车削加工也是最为常用的加工方式之一，多用于轴类和盘类回转体零件的加工，主要包括粗车加工、精车加工、中心孔加工和螺纹加工。

➤ **点位加工**：点位加工主要用于加工零件上的各种孔，常见的加工方法有钻孔、扩孔、镗孔、铰孔和攻螺纹等操作。

➤ **线切割加工**：线切割加工是通过金属丝的放电来进行金属切削加工，主要用于加工各种形状复杂和精密细小的工件，有双轴和四轴切割加工两种方式。

（二）UG NX 7.0 数控加工环境

在对某零件进行数控加工之前，需先进入数控加工模块，其操作方法如下。

1. 进入加工模块

打开要加工的零件，此处打开本书配套素材文件 "SC" > "ch08" > "1-3-2.prt"（如图 8-2 所示），然后单击 "标准" 工具条中的 "开始" 按钮 开始 ，在弹出的菜单中选择 "加工" 菜单项，打开 "加工环境" 对话框，如图 8-3 所示。在该对话框中选择合适的模板，然后单击 确定 按钮，即可进入加工模块。

图 8-3 所示 "加工环境" 对话框的 "要创建的 CAM 设置" 标签栏中，部分选项的含义如下。

➤ mill_planar：表示平面铣。
➤ mill_contour：表示型腔铣。
➤ drill：表示钻孔。
➤ turning：表示车削。

➤ wire_edm：表示电火花线切割。

素材："SC" > "ch08" > "1-3-2.prt"

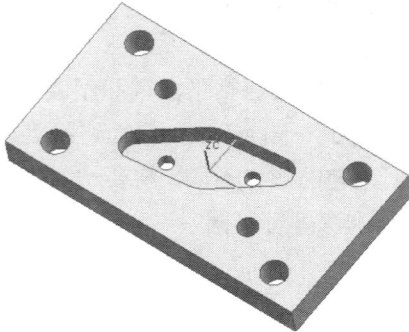

该列表框列出了系统提供的加工配置文件，其中"cam_general"定义了基本的加工环境，它提供了几乎全部的铣削加工、车削加工、孔加工和线切割等功能，是最常用加工环境

图 8-2　要加工的零件模型　　　　　　　　　图 8-3　"加工环境"对话框

2. 工作界面及工具条

进入 UG NX 7.0 加工模块后的工作界面如图 8-4 所示，该工作界面与建模模块的操作界面相似，由菜单栏、工具条、操作导航器等部分组成。

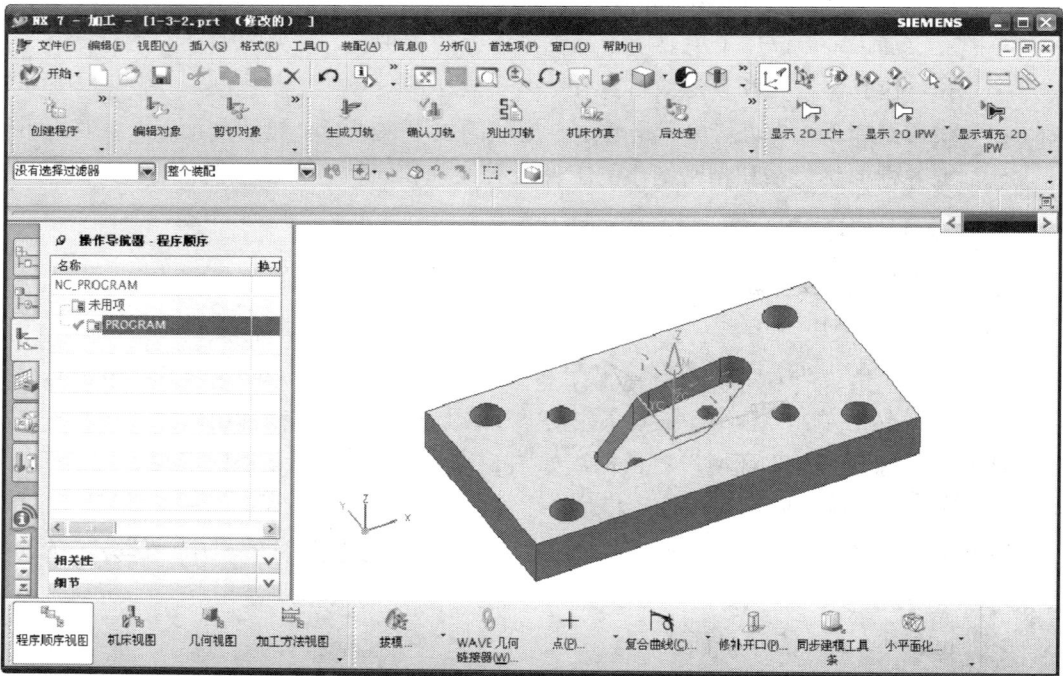

图 8-4　加工模块的工作界面

图 8-4 所示的加工模块的工作界面中，一些常用工具条及其作用如下。

> ➤ **"插入"工具条**：用于创建程序、刀具、几何体、方法和操作，如图 8-5 所示。
> ➤ **"导航器"工具条**：用于切换、过滤、折叠或展开操作导航器中的内容，分别单击该工具条中的"程序顺序视图"、"机床视图"、"几何视图"和"加工方法视图"按钮，操作导航器中将显示与之对应的内容，如图 8-6 所示。

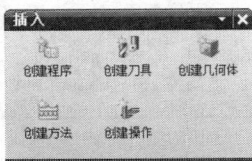

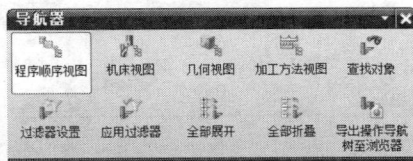

图 8-5　"插入"工具条　　　　　　图 8-6　"导航器"工具条

> ➤ **"操作"工具条**：用于生成、编辑、删除、重播、确认刀轨，以及后处理和车间文件的输出等，如图 8-7 所示。

图 8-7　"操作"工具条

> ➤ **"工件"工具条**：用于对加工工件的显示进行设置，如图 8-8 所示。
> ➤ **"操作"工具条**：用于对已创建的程序、刀具、几何体和加工方法等进行编辑、剪切、复制、删除和变换等操作，如图 8-9 所示。

图 8-8　"工件"工具条　　　　　　图 8-9　"操作"工具条

（三）操作导航器

　　操作导航器是加工操作中最常用的工具，单击资源条中的"操作导航器"按钮，可以打开操作导航器，如图 8-10 所示。在加工模块中所创建的刀具、程序、加工方法等，均会显示在该导航器中。

　　在操作导航器中的空白区域右击鼠标，可弹出图 8-10 所示的快捷菜单，在该快捷菜单中选择"程序顺序视图"、"机床视图"、"几何视图"或"加工方法视图"菜单项，可将操作导航器视图切换至与之对应的视图中。

　　例如，选择"机床视图"菜单项，其操作导航器中将显示该文件中所创建的所有刀具，以及包含该刀具的其他

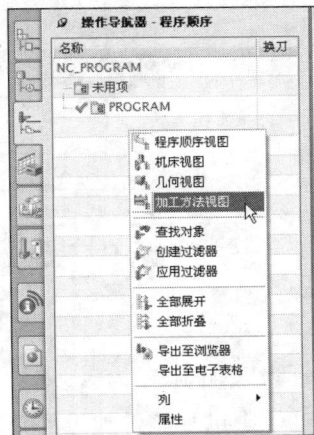

图 8-10　操作导航器及其快捷菜单

操作，如图 8-11 所示。

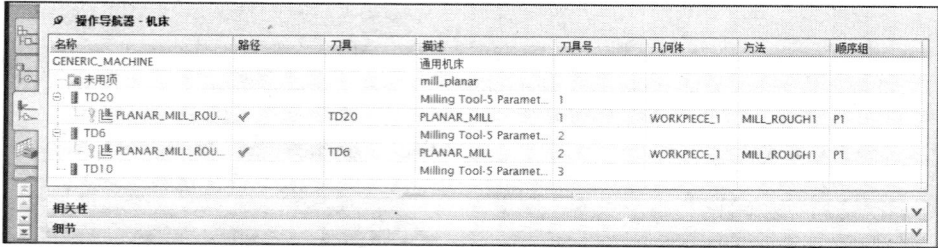

图 8-11　机床视图

提示

除了利用图 8-10 所示快捷菜单中的相关菜单项切换操作导航器外，单击"导航器"工具条中的相关按钮，也可切换操作导航器。读者可打开本书配套素材文件"SC">"ch08" > "1-3-3-end.prt"，查看上述四种操作导航器中所显示的内容。

选中操作导航器中已经创建的刀具或程序，然后单击鼠标右键，利用弹出的快捷菜单还可以对所选对象进行编辑修改。

（四）数控加工一般流程及操作

在 UG NX 7.0 中，虽然铣削、车削、点位和线切割等加工方式各具特点，但其加工流程都大致相同，即由创建程序组、创建刀具组、创建加工几何体、创建加工方法、创建操作和生成刀具轨迹等基本操作组成，如图 8-12 所示。

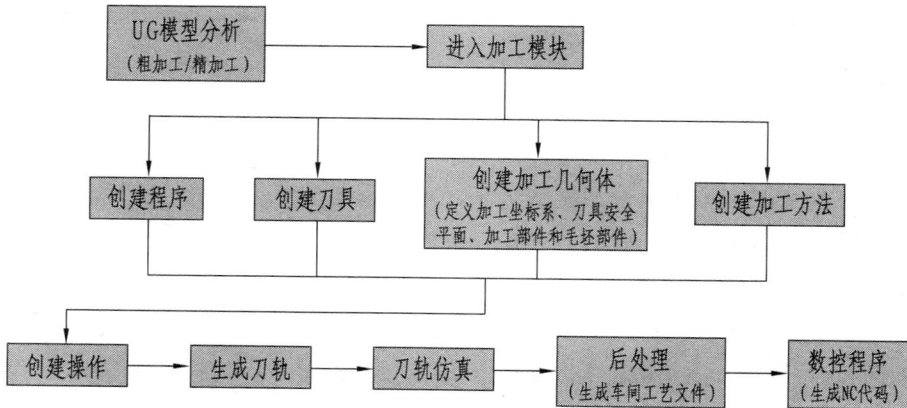

图 8-12　UG NX 7.0 数控加工的一般流程

进入加工环境后，就可以进行加工操作了。下面，以图 8-2 所示的零件为例，来讲解在 UG 中进行零件加工的基本思路及方法。

1. 创建程序组

程序组用于组织和排列加工程序。当零件的加工操作很多时，通过程序组来管理各种操作会很方便。例如，当一个较为复杂的零件需要在不同的机床上进行加工时，利用该功能就可以将在同一机床上的所有加工操作放在一个程序组，以便刀具路径的后处理。创建程序组的方法如下。

步骤1▶ 单击"插入"工具条中的"创建程序"按钮，打开"创建程序"对话框，在"类型"标签栏的下拉列表中选择所需加工环境，如平面铣加工"mill_planar"，如图8-13所示。

步骤2▶ "创建程序"对话框的"程序"下拉列表中提供了三种定义程序的父节点，选择不同的父节点，所建立的子程序将显示在不同程序的目录下。本例选择"NC_PROGRAM"选项。

步骤3▶ 在"名称"标签栏的编辑框中输入程序组的名称（如图8-13所示），单击 确定 按钮打开"程序"对话框，然后单击该对话框中的 确定 按钮，即可完成程序组的创建。创建好的程序组位于操作导航器中，如图8-14所示。

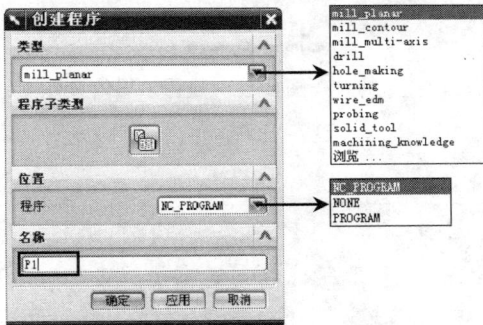

图8-13 "创建程序"对话框   图8-14 操作导航器

2. 创建刀具组

刀具的选择是数控加工的重要内容之一，读者可基于选定的CAM配置文件创建不同类型的刀具。刀具的选择会影响到加工零件的精度、表面质量和加工效率等。选择刀具的原则是：安装调整方便、刚性好、耐用度和精度高，在能够满足加工要求的前提下，尽量选择较短的刀柄以提高刀具加工的刚性。创建刀具的操作方法如下。

步骤1▶ 单击"插入"工具条中的"创建刀具"按钮，打开"创建刀具"对话框，在该对话框"类型"下拉列表中选择零件模板（不同模板具有不同的加工刀具的子类型）。本例选择能用于平面加工用途的刀具模板"mill_planar"，如图8-15所示。

步骤2▶ 在"刀具子类型"标签栏中选择圆鼻刀按钮，然后在"名称"标签栏的编辑框中输入刀具名称，如D10，单击 确定 按钮，系统将打开"铣刀-5参数"对话框。在该对话框中可设置所选刀具的参数，如图8-16所示。

图 8-15　选择刀具

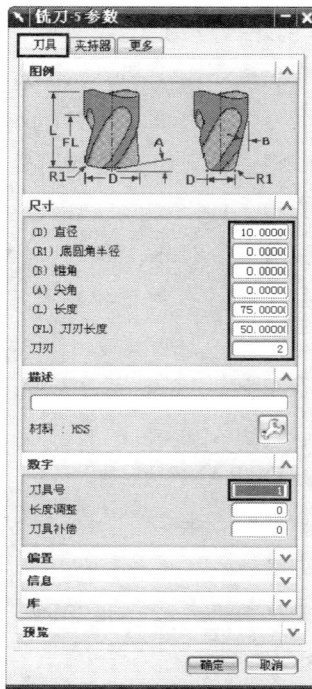

图 8-16　设置刀具的参数

提示

　　为了便于加工人员和编程人员识别，刀具的名称及图 8-13 中主程序的名称建议取直观且简单的名称。例如，刀具名称 D12R5，表示所选刀具的直径为 12，该刀具上的刀片为 R5。

　　刀具各部分的尺寸参数，如直径、底圆角半径、长度、刀刃长度等，要根据零件的加工形状和尺寸进行合理设置。

3. 设置加工坐标系和安全高度

　　加工坐标系是零件在加工时，所有刀位轨迹输出的参考点和定位基准。加工坐标系的原点在原则上可以随意指定，但为了加工方便，一般设置在毛坯上表面的几何中心处，可作为零件顶面操作的刀轨基准。加工坐标系的设置方法如下。

　　步骤 1▶ 单击"导航器"工具条中的"几何视图"按钮 ，然后双击几何视图操作导航器中的"MCS_MILL"选项，打开"Mill Orient"对话框，如图 8-17 所示。

　　步骤 2▶ 利用"机床坐标系"标签栏中的"CSYS 会话"按钮 ，将加工坐标系设置在零件上表面的中心处；在"间隙"标签栏的"安全设置选项"列表中选择"平面"选项（如图 8-17 所示），然后单击"指定安全平面"按钮 ，选取模型的上表面后在"偏置"编辑框中输入值"10"，如图 8-18 所示。

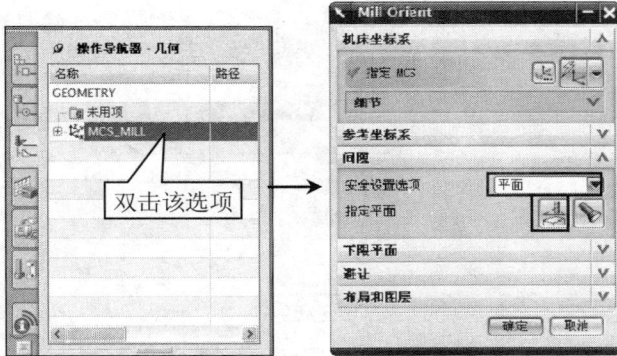

图 8-17 设置加工坐标系

图 8-18 指定安全高度

步骤 3▶ 依次单击 确定 按钮，完成加工坐标系和安全高度的设置，结果如图 8-19 所示。

4. 创建几何体

加工前，需要使用"几何体"命令来定义要加工的几何对象，即指定毛坯几何体和加工几何体。创建几何体组包括定义加工坐标系、工件、边界和切削区域等。

步骤 1▶ 单击"插入"工具条中的"创建几何体"按钮，在打开的"创建几何体"对话框中单击"WORKPIECE"按钮，在"位置"标签栏的"几何体"下拉列表中选择"WORKPIECE"选项，在"名称"标签栏的编辑栏中输入名称（如图 8-20 所示），然后单击 确定 按钮打开"工件"对话框，如图 8-21 所示。

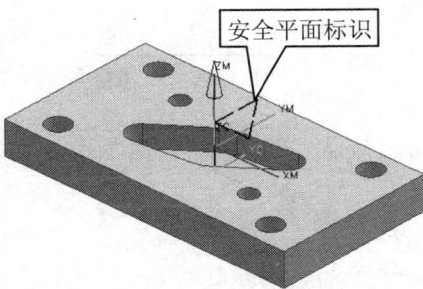

图 8-19 设置加工坐标系和安全平面

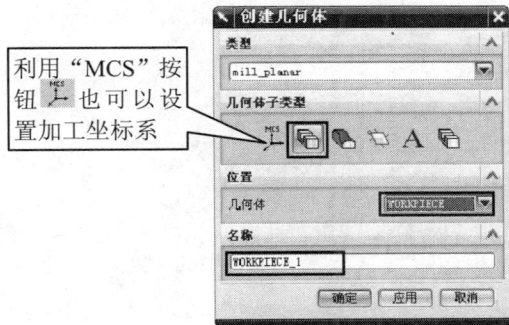

图 8-20 "创建几何体"对话框

提示

除了利用上述方法打开"工件"对话框外，展开几何视图操作导航器中"MCS_MILL"选项前的"+"号，然后双击其下的"WORKPIECE"选项，也可打开图 8-21 所示的"工件"对话框。

步骤 2▶ 单击"工件"对话框中的"指定部件"按钮，打开"部件几何体"对话

框（如图 8-22 所示），选中"几何体"单选钮，然后单击其中的"全选"按钮，系统自动
选中整个零件作为要加工部分，最后单击 **确定** 按钮返回"工件"对话框。

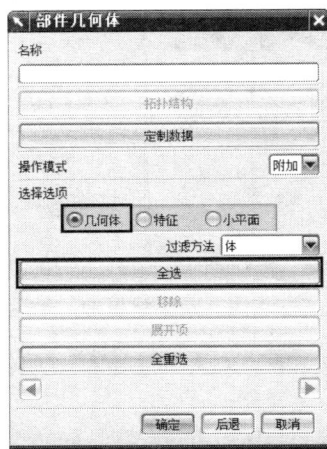

图 8-21　"工件"对话框　　　　　　图 8-22　"部件几何体"对话框

步骤 3▶　单击图 8-21 所示"工件"对话框中的"指定毛坯"按钮 ，打开"毛坯
几何体"对话框，选中"自动块"单选钮，系统以当前工件的形状自动生成毛坯几何体（如
图 8-23 所示），单击 **确定** 按钮返回"工件"对话框，最后单击 **确定** 完成部件几何体和
毛坯几何体的创建。

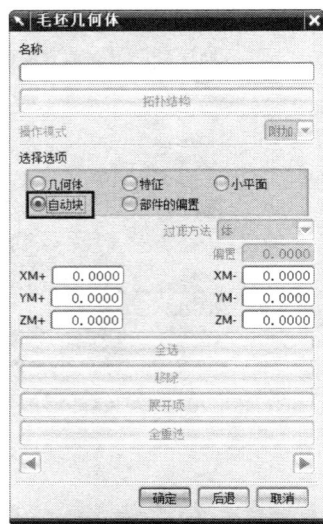

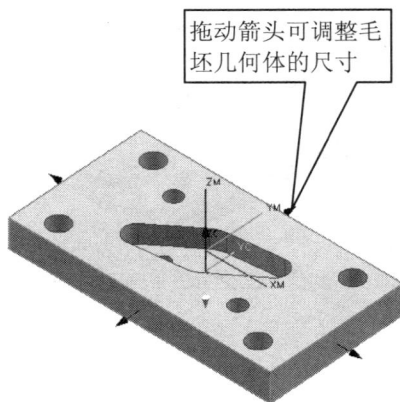

拖动箭头可调整毛
坯几何体的尺寸

图 8-23　创建毛坯几何体

5．创建加工方法

在加工零件的过程中，为了保证加工精度，需要进行粗加工、半精加工和精加工等多
个步骤。创建加工方法，其实就是为这些步骤指定加工公差、加工余量、主轴转速和进给

量等参数。创建加工方法的操作步骤如下。

步骤 1▶ 在"操作导航器"的树形结构图的任一空白处单击鼠标右键，从弹出的快捷菜单中选择"加工方法视图"选项，此时，我们可看到系统默认给出的四种加工方法，如图 8-24 所示。

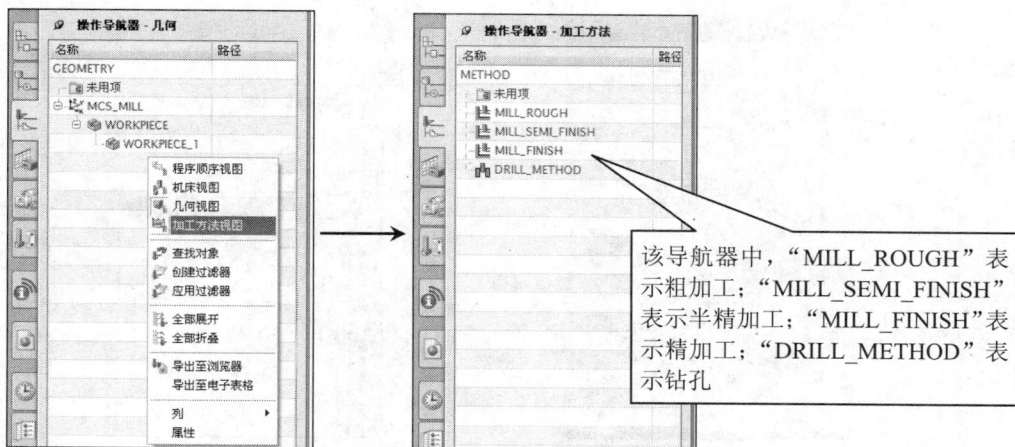

该导航器中，"MILL_ROUGH"表示粗加工；"MILL_SEMI_FINISH"表示半精加工；"MILL_FINISH"表示精加工；"DRILL_METHOD"表示钻孔

图 8-24　操作导航器

步骤 2▶ 单击"插入"工具条中的"创建方法"按钮，打开"创建方法"对话框，在该对话框中可设置加工方法的名称(如图 8-25 所示)，单击 确定 按钮后即可打开图 8-26 所示的"铣削方法"对话框。

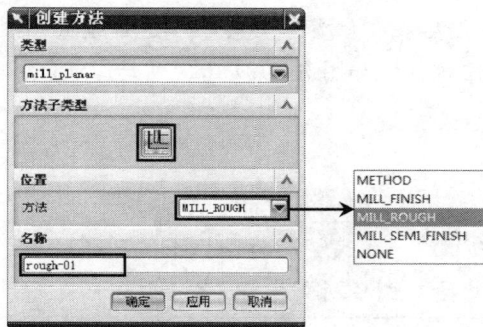

图 8-25　"铣削方法"对话框

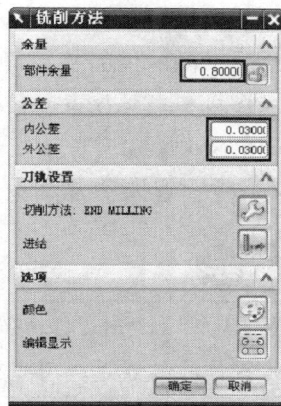

图 8-26　"创建方法"对话框

提示

当要加工零件中只需要进行一次粗加工、精加工或半精加工时，可在图 8-24 所示加工方法导航器中选中与之对应的加工选项，然后双击该选项，然后在打开的"铣削方法"对话框中设置部件余量和内、外公差。

步骤 3▶ 单击"铣削方法"对话框中的"进给"按钮 ，打开"进给"对话框，在该对话框中设置进给量、进给速度等参数（如图 8-27 所示），依次单击 确定 按钮完成加工方法的创建。此时，操作导航器的加工方法视图中将显示刚刚创建的加工方法，如图 8-28 所示。

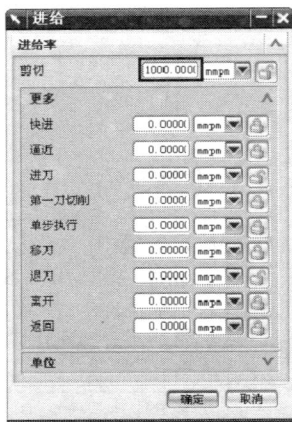

图 8-27　设置切削进行速度

图 8-28　加工方法视图

6. 创建加工刀路

根据零件加工要求创建了程序、刀具、几何体和加工方法后，就可基于已指定的刀具、几何体和加工方法等，创建刀具的加工路径。零件的结构形状不同，其刀路也不同。具体操作步骤如下。

步骤 1▶ 单击"插入"工具条中的"创建操作"按钮 ，打开"创建操作"对话框，在"操作子类型"标签栏中选择 按钮，然后在"位置"标签栏中选择前面所创建的程序、刀具、几何体和加工方法，并设置操作名称，如图 8-29 所示，然后单击 确定 按钮，打开"平面铣"对话框，如图 8-30 所示。

提示

图 8-30 所示"创建操作"对话框的"操作子类型"标签栏下罗列了可用于平面铣加工的各种加工方式，用户可根据这些图标选择所需按钮。

步骤 2▶ 单击该对话框中的"指定部件边界"按钮 ，打开"边界几何体"对话框，选取零件的上表面后单击 确定 按钮，返回至"平面铣"对话框，然后单击"指定毛坯边界"按钮 ，打开"边界几何体"对话框，如图 8-31 所示。

步骤 3▶ 在该对话框的"模式"列表框中选择"曲线/边…"选项，打开图 8-32 所示的"创建边界"对话框，然后选取图 8-33 的棱边，依次单击 确定 按钮，返回至"平面铣"对话框。

图 8-29　"创建操作"对话框　　　图 8-30　"平面铣"对话框　　　图 8-31　"边界几何体"对话框

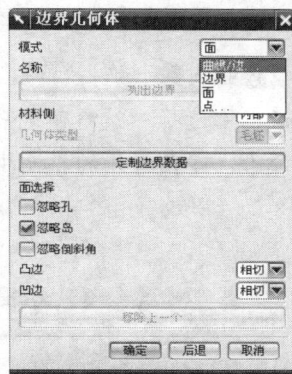

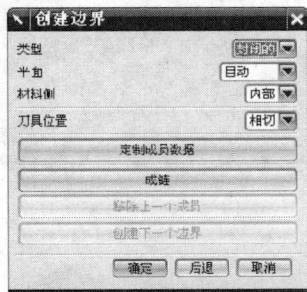

图 8-32　"创建边界"对话框　　　　　图 8-33　指定毛坯边界

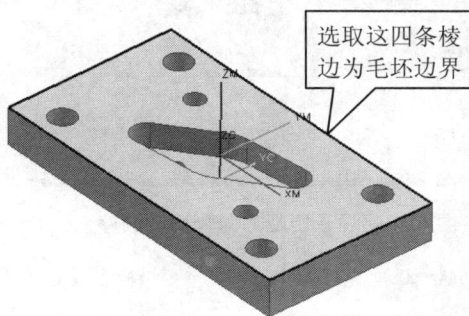

步骤 4▶ 单击"平面铣"对话框中的"指定底面"按钮，打开图 8-34 所示的"平面构造器"对话框，在工作区选取模型的底面并单击 确定 按钮。

步骤 5▶ 在"平面铣"对话框的"刀轨设置"标签栏中设置加工方法、切削模式等，如图 8-35 所示。在"刀轨设置"标签栏中单击"切削层"按钮，在打开的"切削深度参数"对话框中将切削的最大深度设置为 2 并单击 确定 按钮，如图 8-36 所示。

图 8-34 "平面构造器"对话框   图 8-35 设置刀轨参数   图 8-36 设置切削深度参数

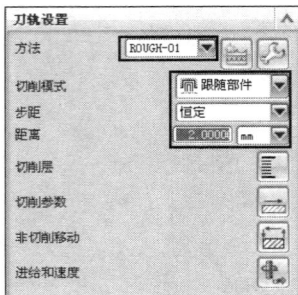

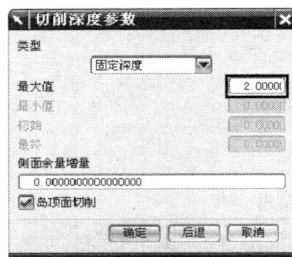

步骤 6▶ 单击"平面铣"对话框中的"切削参数"按钮，在打开的"切削参数"对话框中选择"策略"选项卡，设置切削方向和切削顺序，如图 8-37 所示；选择"余量"选项卡，可在打开的界面中可修改前面设置的粗加工时部件的加工余量、毛坯余量等，如图 8-38 所示。

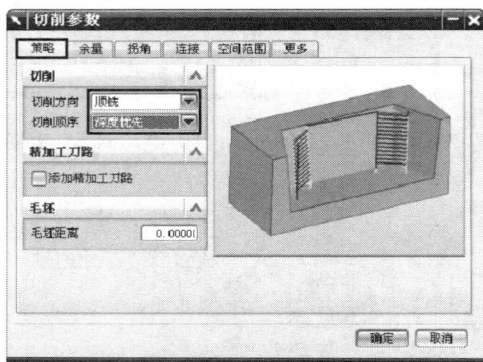

图 8-37 设置切削方向和切削顺序   图 8-38 设置余量

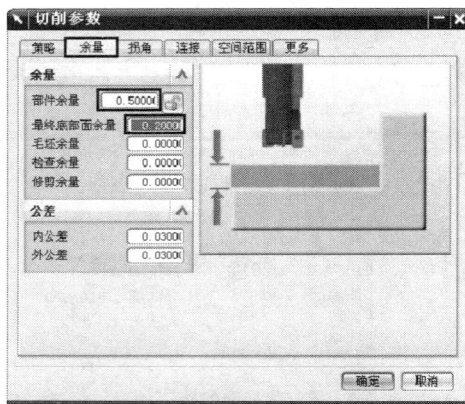

步骤 7▶ 单击"切削参数"对话框中的 确定 按钮，返回至"平面铣"对话框，单击该对话框中的"生成"按钮，可生成该刀路。此时，工作区中将出现刀具路径，如图 8-39 所示。

步骤 8▶ 单击"平面铣"对话框中的"确认"按钮，可在打开的"刀轨可视化"对话框中选择"3D动态"选项卡（如图 8-40 所示），单击"播放"按钮，可动态播放整个加工过程，其平面铣加工过程如图 8-41 所示。

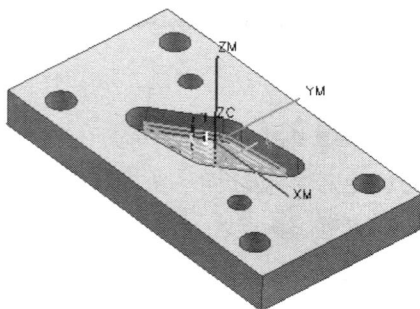

图 8-39 刀具路径

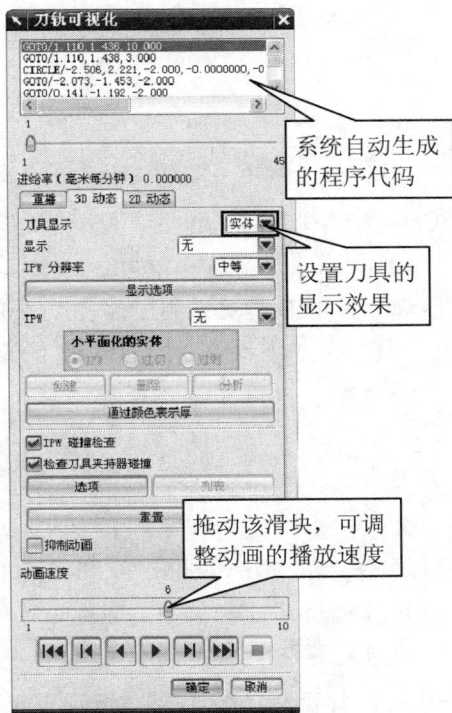

图 8-40 "刀轨可视化"对话框

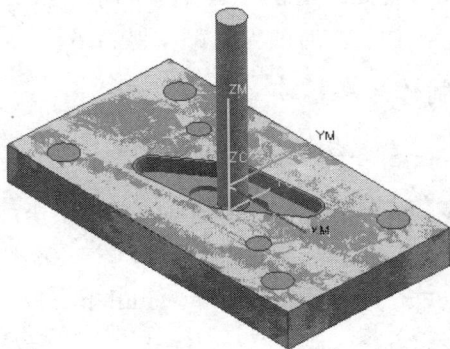

图 8-41 平面铣加工过程

7. 生成编程文件

经过前面的操作，并通过 3D 动态仿真确定所创建的加工正确无误后，单击"操作"工具条中的"后处理"按钮 ，打开图 8-42 所示的"后处理"对话框，在"输出文件"标签栏中单击 按钮，可设置程序文件的存储位置，选中"后处理器"列表框中的"MILL_3_AXIS"选项，然后单击 确定 按钮即可生成程序文件，如图 8-43 所示。

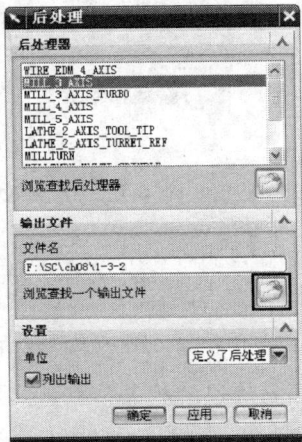

图 8-42 "后处理"对话框

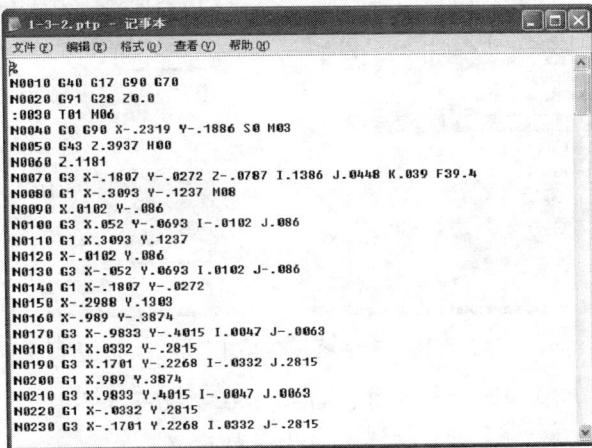

图 8-43 程序代码

四、任务实施

制作思路

➢ **模型分析**：该动模板主要由型腔和四个通孔组成，利用"实用工具"工具条中的"测量距离"按钮 ▦ 测量得出，该动模板的尺寸大小为 200 mm×200 mm×40 mm，最大加工深度为 25 mm，圆角半径为 10 mm，孔的直径为 15 mm。

➢ **加工思路及刀具分析**：根据模型分析可以确定，该模型可采用平面铣加工中心位置处的型腔，用钻孔方式加工四个通孔。其中，加工型腔时的刀具尺寸为 D10，加工孔时的刀具可以为 D15。

制作步骤

（一）平面铣加工

步骤 1▶ 进入加工模块。打开本书配套素材文件 "SC" > "ch08" > "8-1.prt"，单击 "开始" 按钮 ▦ 开始，选择 "加工" 菜单项，打开图 8-44 所示的 "加工环境" 对话框，分别选中 "cam_general" 和 "mill_planar" 选项，单击 ▦ 确定 按钮进入加工模块。

步骤 2▶ 创建程序。单击 "创建程序" 按钮 ▦，打开 "创建程序" 对话框，参照图 8-45 所示在该对话框中设置类型和程序名称，单击 ▦ 确定 按钮完成程序组的创建。

步骤 3▶ 创建刀具。单击 "创建刀具" 按钮 ▦，在打开的 "创建刀具" 对话框中参照图 8-46 所示选择刀具类型，然后将其名称设置为 "D20"（表示直径为 20 圆鼻刀），然后单击 ▦ 确定 按钮，打开 "铣刀-5 参数" 对话框。

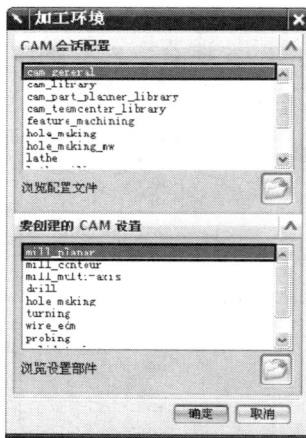

图 8-44 "加工环境" 对话框　　图 8-45 "创建程序" 对话框　　图 8-46 "创建刀具" 对话框

步骤 4▶ 参照图 8-47 所示在 "铣刀-5 参数" 对话框中设置铣刀的相关参数，然后单击 ▦ 确定 按钮，完成刀具参数的设置。

步骤 5▶ 设置加工坐标系。单击 "导航器" 工具条中的 "几何视图" 按钮 ▦，打开几何视图导航器，双击导航器中的 MCS_MILL 图标，打开"Mill Orient"对话框，如图 8-48 所示。单击该对话框中的"CSYS 会话"按钮 ![icon]，打开"CSYS"对话框，如图 8-49 所示。

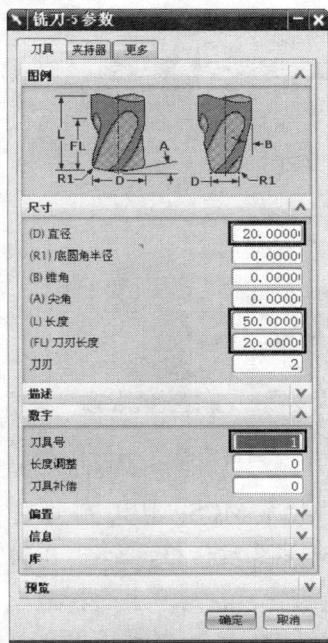

图 8-47 设置刀具的参数

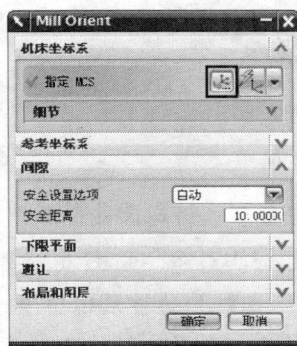

图 8-48 "Mill Orient"对话框

图 8-49 "CSYS"对话框

步骤 6▶ 单击"CSYS"对话框中"操控器"标签栏中的"点对话框"按钮 ![icon]，在打开的"点"对话框的"类型"列表框中选择"两点之间"选项（如图 8-50 所示），然后在工作区选取型腔上任意两条平行棱边的中点，即可指定坐系的位置，如图 8-51 所示。依次单击 确定 按钮，返回至"Mill Orient"对话框。

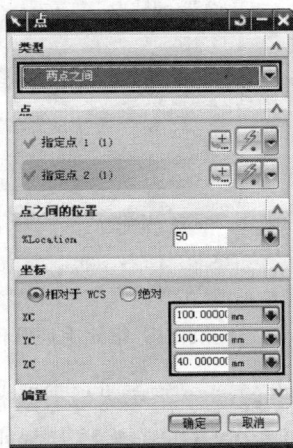

图 8-50 "点"对话框

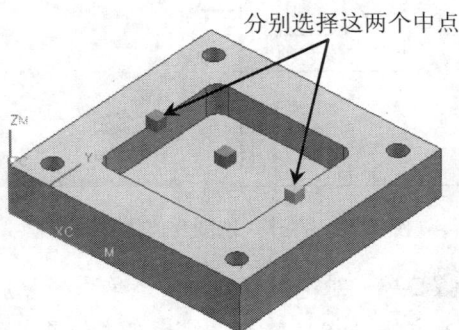

图 8-51 指定加工坐标系的位置

步骤7▶ 设置安全高度。在"Mill Orient"对话框的"间隙"标签栏中选择"平面"选项，然后单击出现的"指定平面"按钮⬚，打开"平面构造器"对话框，选取图 8-52 所示模型的上表面，然后在"偏置"编辑框中输入值 10（如图 8-53 所示），依次单击 确定 按钮，完成加工坐标系和安全高度的设置。

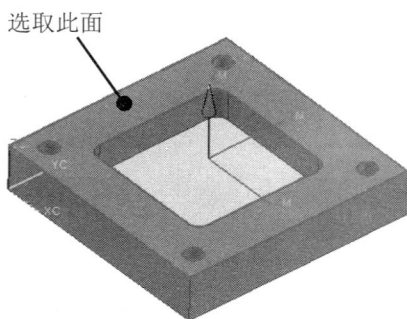

图 8-52　选择平面

图 8-53　"平面构造器"对话框

步骤8▶ 创建切削几何体。单击几何视图导航器中加工坐标系 MCS_MILL 前的节点⊞，然后双击其中的"WORKPIECE"选项，打开"铣削几何体"对话框，如图 8-54 所示。单击"指定部件"按钮⬚，在打开的对话框中单击"全选"按钮；单击"指定毛坯"按钮⬚，在打开的对话框中单击"自动块"单选钮（如图 8-55 所示），最后依次单击 确定 按钮，完成部件几何体和毛坯几何体的创建。

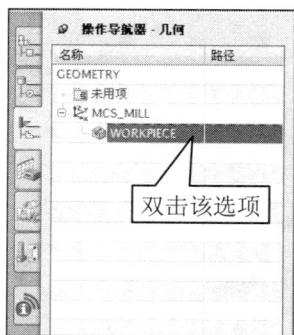

图 8-54　打开"铣削几何体"对话框

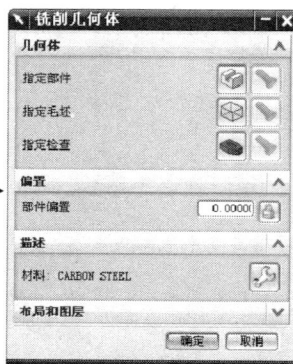

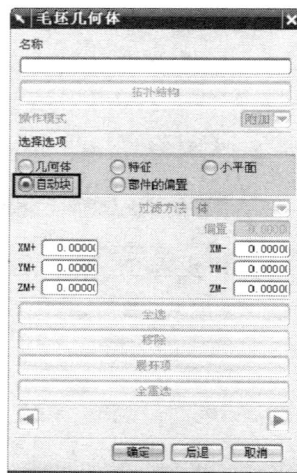

图 8-55　指定毛坯几何体

步骤9▶ 创建粗加工方法。单击"导航器"工具条中的"加工方法视图"按钮⬚，打开加工方法操作导航器，然后双击该导航器中的"MILL_ROUGH"选项，打开"铣削方法"对话框，在该对话框中设置部件余量及内、外公差，如图 8-56 所示；单击"铣削方法"对话框中的"进给"按钮，参照图8-57所示"进给"对话框设置进给参数。

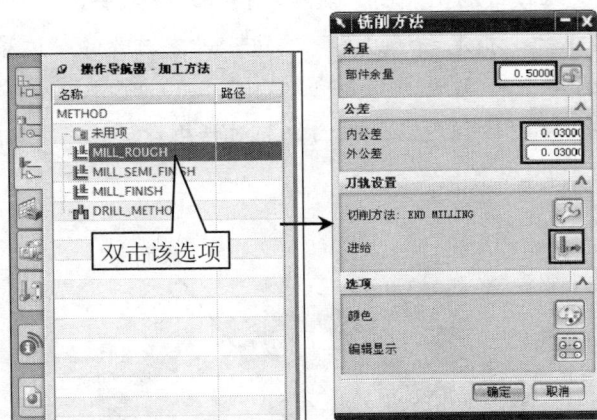

图 8-56 打开"铣削方法"对话框

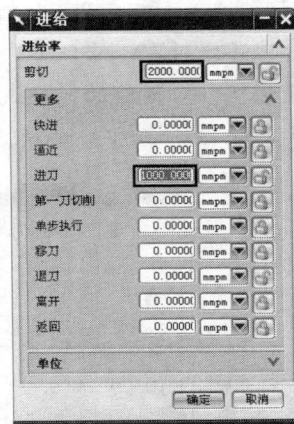

图 8-57 设置进给量

步骤 10▶ 创建平面铣操作。单击"创建操作"按钮，打开"创建操作"对话框，参照图8-58所示设置相关参数，然后单击 确定 按钮，打开"平面铣"对话框，如图8-59所示。

图 8-58 "创建操作"对话框

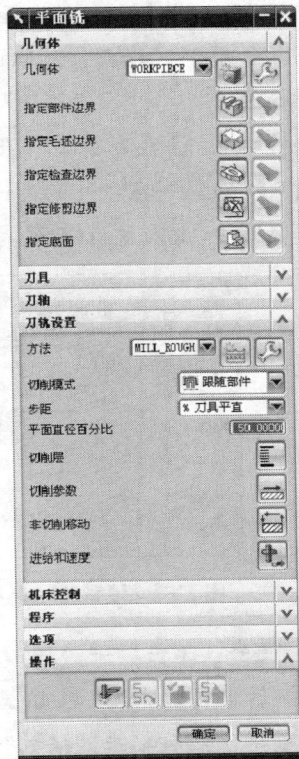

图 8-59 "平面铣"对话框

步骤 11▶ 指定铣削边界和毛坯边界。单击"平面铣"对话框中的"指定部件边界"按钮，打开"边界几何体"对话框，选取模型的上表面，然后单击 确定 按钮。

步骤 12▶ 单击"平面铣"对话框中的"指定毛坯边界"按钮，在打开的"边界几何体"对话框的"模式"下拉列表中选择"曲线/边···"选项（如图 8-60 所示），依次选取图 8-61 所示的棱边，然后依次单击 确定 按钮返回"平面铣"对话框。

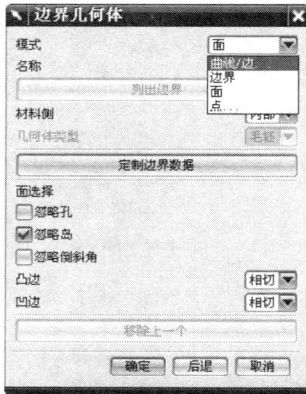

图 8-60 "创建边界"对话框

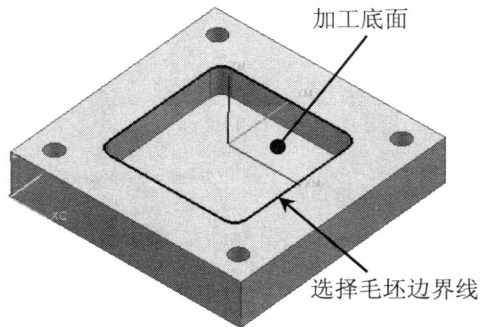

图 8-61 指定毛坯边界

步骤 13▶ 指定加工的底面。单击"平面铣"对话框中的"指定底面"按钮，打开"平面构造器"对话框，选取图 8-61 所示的型腔底面，然后单击 确定 按钮返回"平面铣"对话框。

步骤 14▶ 设置刀轨。参照图 8-62 所示设置切削模式和刀轨的其他参数，然后单击"切削层"按钮，在打开的对话框中将最大切削深度设置为"3"，如图 8-63 所示；单击"切削参数"按钮，在打开的对话框中将切削顺序设置为"深度优先"，如图 8-64 所示。

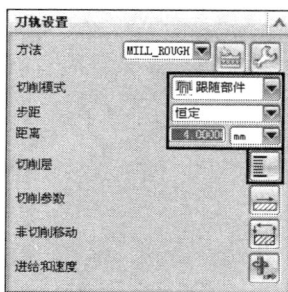

图 8-62 设置刀轨参数

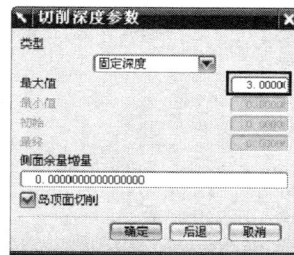

图 8-63 设置切削深度

步骤 15▶ 单击"平面铣"对话框中"操作"标签栏中的"生成"按钮，生成刀具轨迹，然后单击"确认"按钮，打开"刀轨可视化"对话框，选择该对话框中的"3D动态"选项卡，然后单击"播放"按钮，可进行加工仿真，如图 8-65 所示。最后依次单击 确定 按钮完成型腔的粗加工操作。

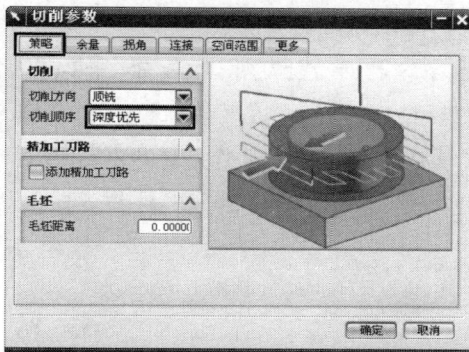

图 8-64　设置切削顺序

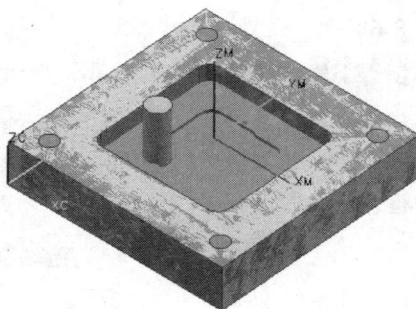

图 8-65　型腔平面铣仿真

提示

　　完成粗加工后，可接着进行精加工，其精加工方法与粗加工类似，只是部分参数设置不同，如部件余量、进给率、步进距离和切削深度等有所不同。读者可根据粗加工方法，自行进行精加工。

（二）钻孔加工

　　步骤1▶　创建刀具。单击"创建刀具"按钮，打开"创建刀具"对话框，在"类型"列表框中选择"drill"选项，然后参照图 8-66 所示选择刀具，并设置其名称；单击 确定 按钮，打开"钻刀"对话框，然后参照图 8-67 所示设置刀具的参数。

图 8-66　创建刀具

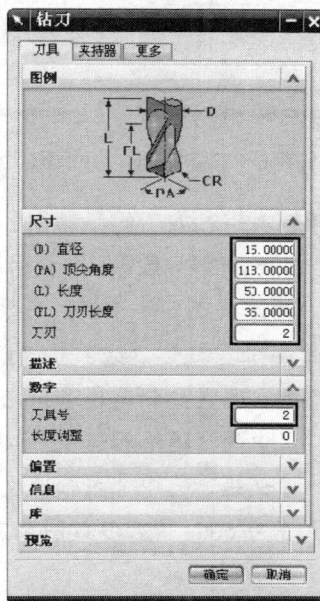

图 8-67　设置刀具的参数

步骤2▶ 创建钻孔操作。单击"创建操作"按钮，打开"创建操作"对话框，参照图 8-68 所示设置相关参数，然后单击 确定 按钮，打开"钻"对话框，如图 8-69 所示。

步骤3▶ 指定要加工的孔。单击"钻"对话框中的"指定孔"按钮，打开图 8-70 所示的"点到点几何体"对话框，单击其中的"选择"按钮，在工作区依次按顺时针或逆时针方向依次选取要加工孔的轮廓线（如图 8-71 所示），依次单击 确定 按钮返回至"钻"对话框。

图 8-68 "创建操作"对话框　　图 8-69 "钻"对话框　　图 8-70 "点到点几何体"对话框

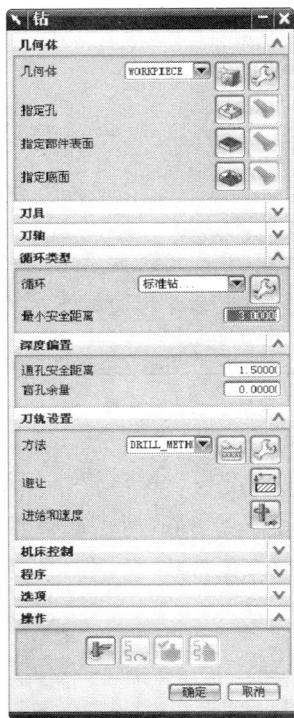

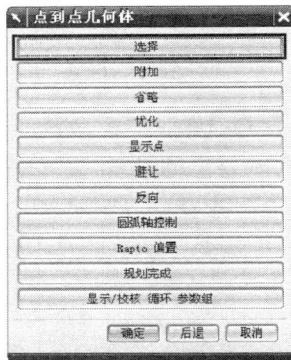

步骤4▶ 指定加工的起始面和结束面。单击"指定部件表面"按钮，打开"部件表面"对话框，选取模型的上表面并单击 确定 按钮；单击"指定底面"按钮，选择模型的底面，单击 确定 按钮返回至"钻"对话框。

步骤5▶ 设置主轴速度和进给率。单击"刀轨设置"标签栏中的"进给和速度"按钮，打开"进给和速度"对话框，选中"主轴速度"复选框，并将主轴速度设置为 600，然后参数图 8-72 所示设置进给率，最后单击 确定 按钮。

步骤6▶ 单击"钻"对话框中"操作"标签栏

依次选择这四个孔的棱边

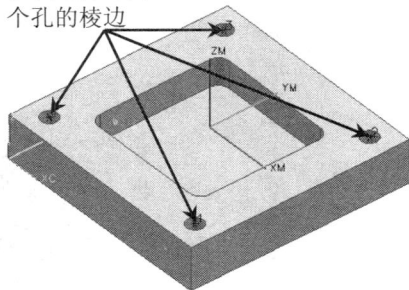

图 8-71 选择要加工的孔

中的"生成"按钮 📝，系统将自动生成刀具轨迹（如图 8-73 所示），单击"确认"按钮 📊，打开"刀轨可视化"对话框，选择该对话框中的"3D 动态"选项卡，然后单击"播放"按钮 ▶，可进行加工仿真（如图 8-74 所示），最后依次单击 确定 按钮完成钻孔加工。

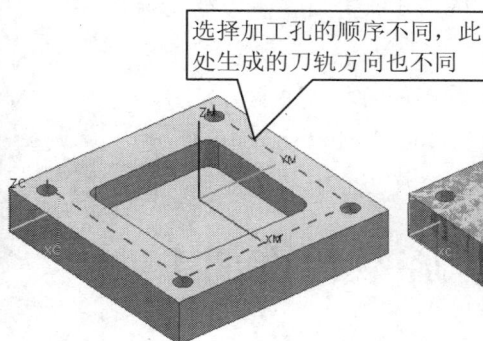

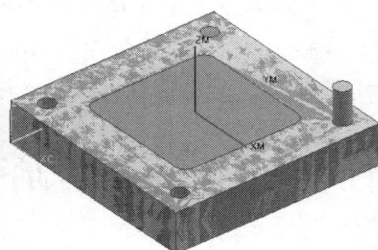

图 8-72　设置主轴速度和进给率　　　图 8-73　刀具轨迹　　　图 8-74　钻孔仿真

步骤 7▶　至此，动模板的数控加工已经完成，单击【Ctrl + S】快捷键，可将加工程序保存。

五、巩固练习——支座零件数控铣削编程

参照动模板的数控加工方法，对图 8-75 所示的支座零件进行平面铣削加工。

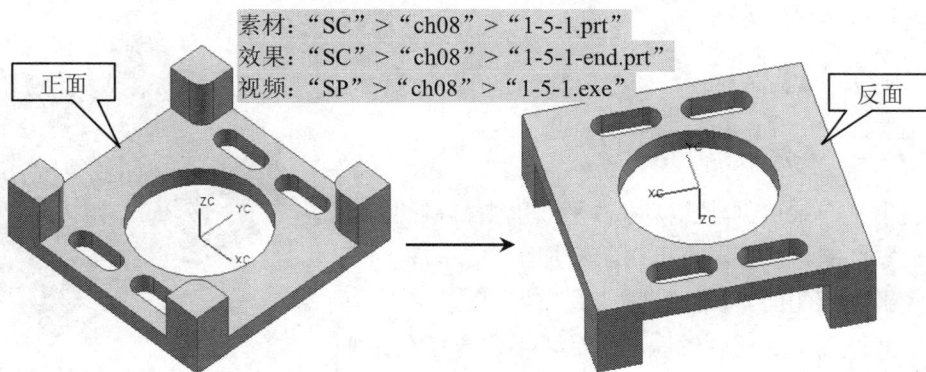

素材："SC" > "ch08" > "1-5-1.prt"
效果："SC" > "ch08" > "1-5-1-end.prt"
视频："SP" > "ch08" > "1-5-1.exe"

图 8-75　支座零件模型

提示:

采用平面铣加工时,可先粗铣出图 8-76 所示部分,然后再铣出孔和槽,最后再进行精加工。

(1)创建刀具和加工坐标系。由于该零件的尺寸为 80 mm × 80 mm × 25 mm,最小圆弧半径为 4,因此,粗铣时可分别使用尺寸为 D20 和 D6 的圆鼻刀,精铣时使用尺寸为 D6 的圆鼻刀,加工坐标系如图 8-76 所示。

(2)粗加工。粗加工时部件的加工余量为 0.5,内、外公差值为 0.03,进给率为 1600,进刀量为 600。加工图 8-76 所示部分时,每刀的切削深度为 1.6。

(3)精加工。精加工时部件的加工余量为 0,内、外公差值为 0.01,进给率为 3000,进刀量为 1000,切削模式为轮廓,每刀的切削深度为 0.2。

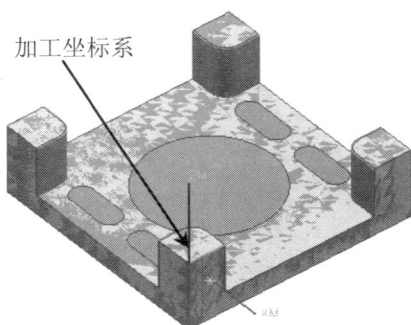

图 8-76　粗加工效果

任务二　旋钮型腔数控铣加工

一、任务目标

(1)了解平面铣和型腔铣的异同点,并能够合理选择切削刀具和切削参数。

(2)掌握型腔零件铣削加工工艺和方法。

二、任务设置

分析图 8-77 所示旋钮型腔模型,然后选择合理的切削刀具和切削参数,为该模型进行数控铣加工。

三、相关知识

(一)平面铣

利用平面铣可创建去除零件平面层中材料的刀轨,常用于零件的粗加工,也可用于精加工零件的表面及垂直于底平面的侧面。平面铣时,刀具轴垂直于 XY 平面,即在切削过程中机床两轴联动,而 Z 轴方向只在完成一层加工后进入下一层时才作单独动作。

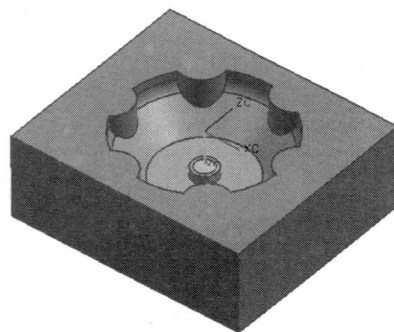

图 8-77　旋钮型腔模型

平面铣只能加工直壁平底的工件和直壁平底工件中有岛屿,且岛屿的顶面和槽腔的底面为平面的零件,如图 8-78 所示。创建平面铣操作时,必须在打开的图 8-79 所示的"平面铣"对话框中指定部件边界、毛坯边界和底平面等几何体。

读者可打开本书配套素材文件"SC">"ch08">"2-3-1.prt"，然后双击加工方法导航器中的"ROUGH-1"选项，在打开的图8-79所示的对话框中单击"确认"按钮，然后查看平面铣的加工过程。

素材："SC">"ch08">"2-3-1.prt"

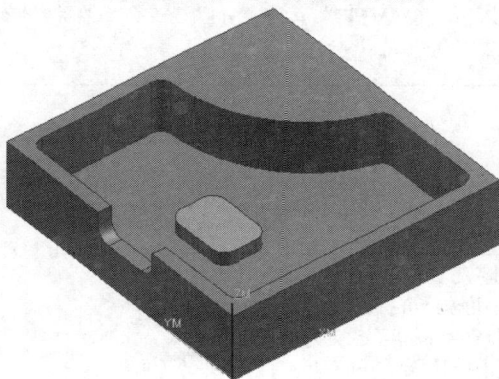

图8-78　零件模型

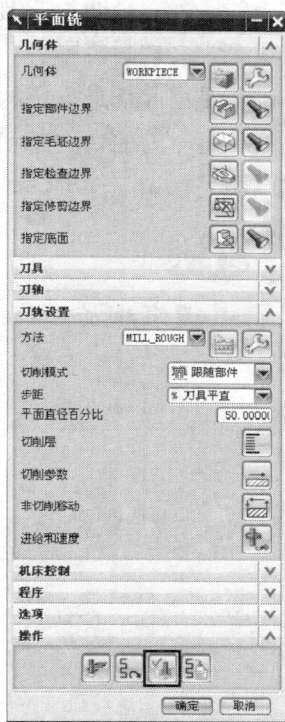

图8-79　"平面铣"对话框

图8-79所示的"平面铣"对话框中，"几何体"标签栏中部件按钮的功能如下。

➤ **"指定部件边界"按钮**：用于定义加工完成后的工件形状。对于平面铣，该边界可以是开放的，也可以是封闭的。

➤ **"指定毛坯边界"按钮**：用于定义被加工的材料范围。对于平面铣，毛坯边界必须是封闭的。当创建几何体时已定义部件边界和毛坯边界后，系统会根据毛坯边界和零件边界的共同区域定义刀具运动的范围。可以不定义毛坯边界。

➤ **"指定检查边界"按钮**：用于定义刀具不能碰撞的区域，该区域必须是封闭边界。可以不定义检查边界。

➤ **"指定修剪边界"按钮**：用于裁剪指定边界内侧或外侧的刀轨，修剪边界必须是封闭边界。可以不定义修剪边界。

> "指定底面"按钮▣：用于定义平面铣加工最低的切削面，且必须被定义。如果不定义底面，系统将无法计算切削深度。

（二）型腔铣

型腔铣适用于非直壁的、岛屿的顶面和槽腔的底面为平面或曲面零件的加工，如图 8-80 所示。对于模具的型腔，以及其他带有复杂曲面的零件的粗加工，多选用岛屿的顶平面和槽腔的底平面之间为切削层，在每一个切削层上，根据切削层平面与毛坯和零件几何体的交线来定义切削范围。

切削层是型腔铣最重要的参数，是创建型腔铣的关键。型腔铣中，切削层可分为总的切削深度和每一刀的切削深度。每一刀的切削深度可通过定义全局切削深度，或定义某个切削范围的局部切削深度，如图 8-81 所示。

提示

型腔铣的创建方法与平面铣类似，读者可打开本书配套素材文件"SC">"ch08">"2-3-2.prt"，然后双击加工方法导航器中的"CAVITY_ROUGH"选项，在打开的图 8-82 所示的对话框中单击"确认"按钮▣，查看型腔铣的加工过程。

素材："SC">"ch08">"2-3-2.prt"

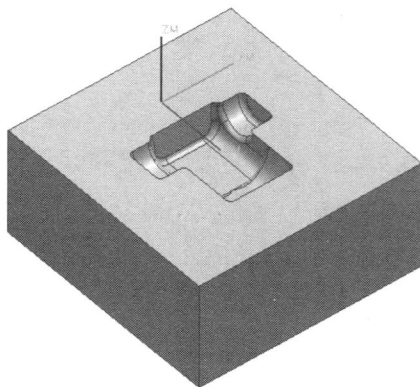

单击"型腔铣"对话框中的"切削层"按钮▣，可打开该对话框。利用该对话框可定义为某个切削范围的局部切削深度

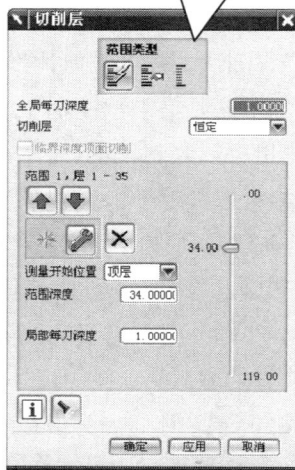

图 8-80 零件模型　　图 8-81 设置切削层　　图 8-82 "型腔铣"对话框

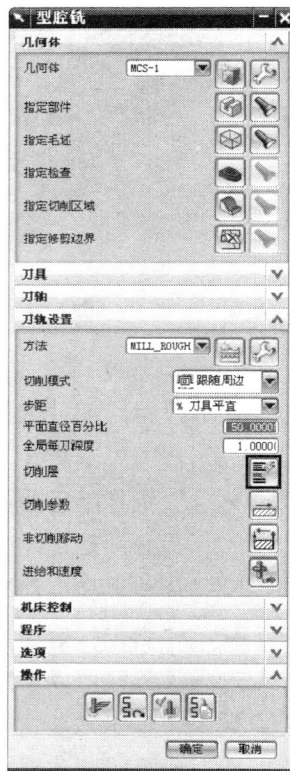

四、任务实施

制作思路

> **模型分析**：该模型为旋钮的型腔，利用"实用工具"工具条中的"测量距离"按钮 ⊟ 测量得出，该模型的长宽高尺寸为 150 mm×130 mm×55 mm，最大加工深度为 30 mm，圆角半径为 10 mm。

> **加工思路及刀具分析**：根据模型分析可采用如下加工工艺：① 型腔铣开粗，使用尺寸为 D15R5 的圆鼻刀；② 型腔铣二次开粗，使用尺寸为 D8 的圆鼻刀；③ 对整个旋钮型腔进行精加工，使用尺寸为 R4 的球头铣刀；④ 最后使用尺寸为 R2 的球头铣刀加工零件的拐角处（球头铣刀一般用字母"R"选项，如 R4 表示球头铣刀，其直径尺寸为 4）。

制作步骤

（一）加载模型并进行相关设置

步骤 1▶ 打开本书配套素材文件"SC">"ch08">"8-2.prt"，单击"开始"按钮 🗂开始▾，选择"加工"菜单项，打开图 8-83 所示的"加工环境"对话框，分别选中"cam_general"和"mill_contour"选项，单击 确定 按钮进入加工模块。

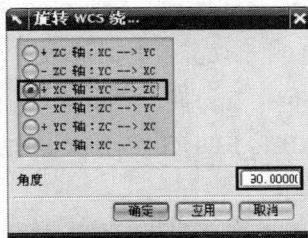

步骤 2▶ 设置加工坐标系。选择"格式">"WCS">"旋转"菜单，利用打开的图 8-84 所示的"旋转 WCS 绕…"对话框，将坐标系沿 +XC 轴旋转 90°；单击"导航器"工具条中的"几何视图"按钮 🔳，然后双击几何视图操作导航器中的 MCS_MILL 选项，打开"Mill Orient"对话框，如图 8-85 所示。

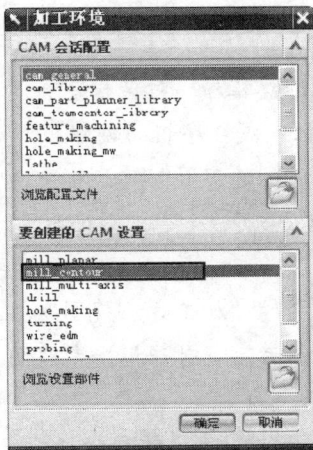

图 8-83　"加工环境"对话框　　　　图 8-84　旋转零件坐标系　　　图 8-85　"Mill Orient"对话框

步骤 3▶ 单击该对话框中的"CSYS 会话"按钮 🔳，选中工作区中动态坐标系上的

旋转点并拖动，调整坐标系的方向，使模具坐标系与零件坐标系各坐标轴的方向相同，如图 8-86 所示。

步骤 4▶ 设置安全高度。在图 8-85 所示对话框的"间隙"标签栏中选择"平面"选项，然后单击出现的"指定平面"按钮 🖳，选取模型的上表面，然后在"偏置"编辑框中输入值 15，如图 8-87 所示，依次单击 确定 按钮，完成加工坐标系和安全高度的设置。

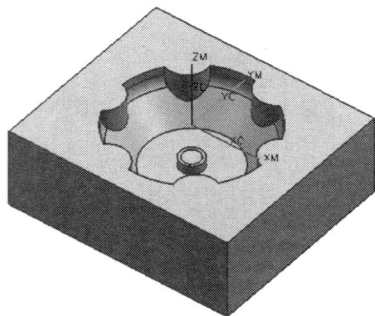

步骤 5▶ 设置铣削几何体。单击几何视图操作导航器中 MCS_MILL 选项前的"＋"号，然后双击 WORKPIECE 选项，打开图 8-88 所示的"铣削几何体"

图 8-86　旋转加工坐标系

对话框。单击"指定部件"按钮 🖳，将整个模型作为部件；单击"指定毛坯"按钮 🖳，在打开的对话框中单击"自动块"单选钮，距离均为 0，依次单击 确定 按钮即可。

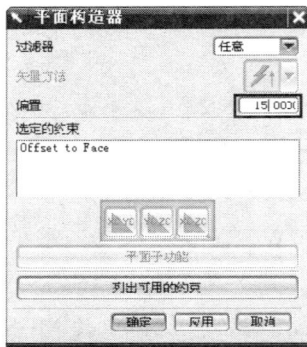

图 8-87　设置安全高度

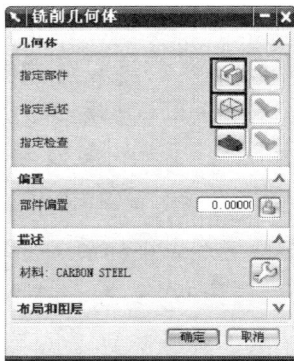

图 8-88　"铣削几何体"对话框

（二）开粗

步骤 1▶ 创建程序组。单击"创建程序"按钮 🖳，打开"创建程序"对话框，参照图 8-89 所示在该对话框中设置类型和程序名称，单击 确定 按钮完成程序组的创建。

步骤 2▶ 创建刀具。单击"创建刀具"按钮 🖳，在打开的"创建刀具"对话框中选择圆鼻刀 🖳，然后将其名称设置为"D15R5"，如图 8-90 所示，单击 确定 按钮，打开"铣刀-5 参数"对话框，参照图 8-91 所示设置刀具的参数。

步骤 3▶ 设置粗加工余量和公差。单击"导航器"工具条中的"加工方法视图"按钮 🖳，然后双击导航器中的"MILL_ROUGH"图标，打开"铣削方法"对话框，参照图 8-92 所示设置粗加工的相关参数。

步骤 4▶ 创建平面铣操作。单击"创建操作"按钮 🖳，打开"创建操作"对话框，参照图 8-93 所示设置操作内容及名称，然后单击 确定 按钮，打开"型腔铣"对话框，参照图 8-94 所示设置刀轨的参数；单击"切削参数"按钮 🖳，在打开的对话框中将切削顺序设置为"深度优先"，如图 8-95 所示。

图 8-89 "创建程序"对话框　　图 8-90 设置刀具名称及类型　　图 8-91 设置刀具参数

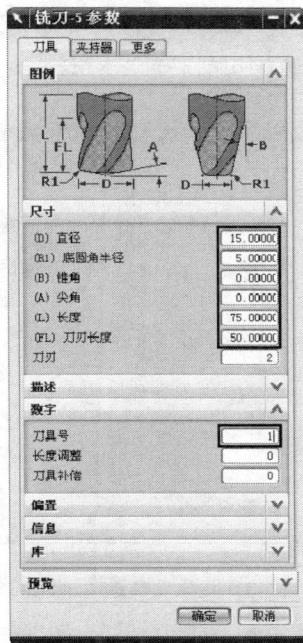

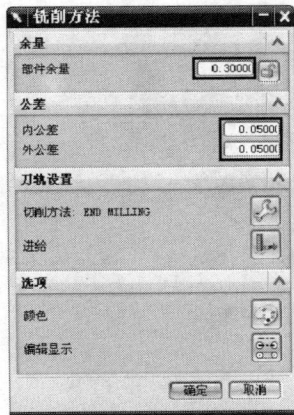

图 8-92 设置粗加工余量和公差　　图 8-93 "创建操作"对话框　　图 8-94 "型腔铣"对话框

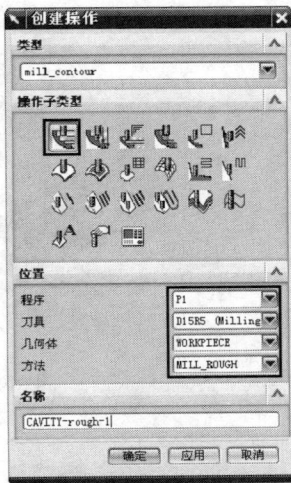

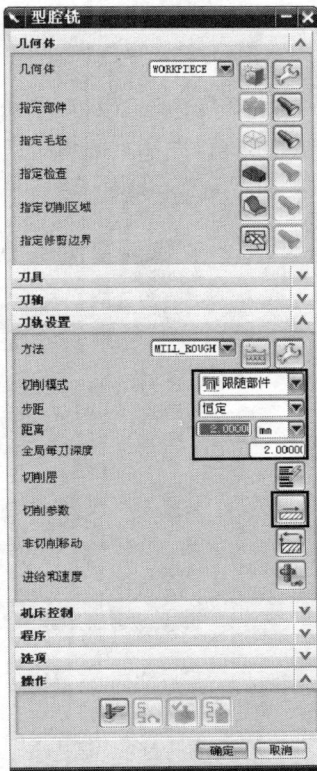

步骤 5▶ 修改非切削参数。单击"型腔铣"对话框中的"非切削移动"按钮，打开"非切削移动"对话框，参照图 8-96 所示设置相关参数。

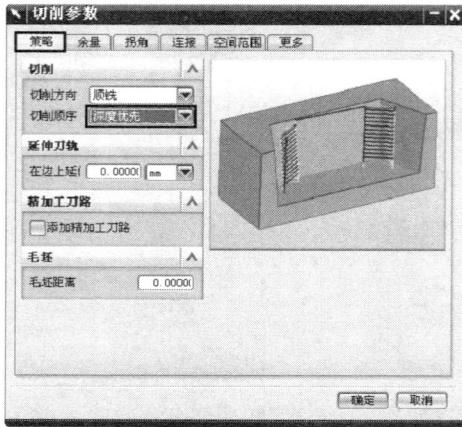

图 8-95 设置切削方向和顺序

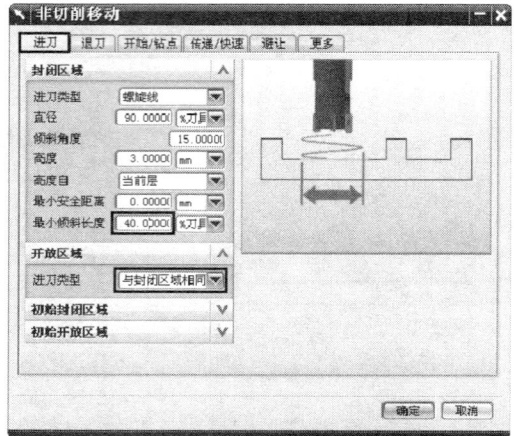

图 8-96 设置非切削参数

步骤 6▶ 设置进给率和速度。单击"型腔铣"对话框中的"进给和速度"按钮，打开"进给和速度"对话框，将主轴速度设置为 1000，切削速度设置为 1500，如图 8-97 所示。

步骤 7▶ 单击"型腔铣"对话框中"操作"标签栏中的"生成"按钮，系统将自动生成刀具轨迹，然后单击"确认"按钮，打开"刀轨可视化"对话框，选择该对话框中的"3D 动态"选项卡，然后单击"播放"按钮，可进行加工仿真（如图 8-98 所示），最后依次单击 **确定** 按钮完成型腔铣的粗加工。

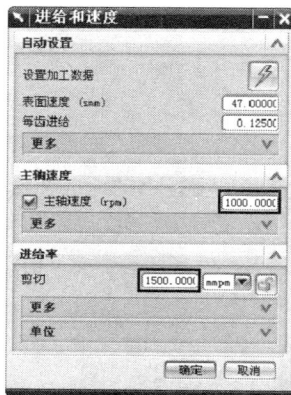

图 8-97 设置进给率和速度

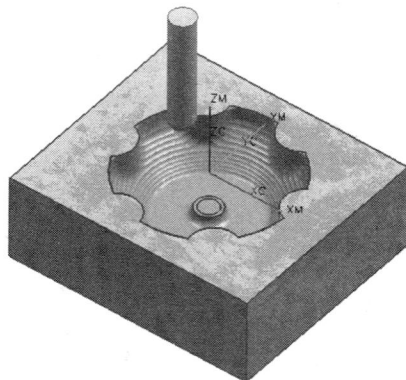

图 8-98 粗加工效果

（三）二次开粗

步骤 1▶ 创建程序组。单击"创建程序"按钮，打开"创建程序"对话框，采用默认设置，然后输入程序名称 P2，单击 确定 按钮完成程序组的创建。

步骤 2▶ 创建刀具。单击"创建刀具"按钮，打开"创建刀具"对话框，采用默认选中的圆鼻刀，输入刀具名称"D8"后单击 确定 按钮，打开"铣刀-5 参数"对话框，将刀具的直径设置为 8，然后输入刀具号 2，其他采用默认设置。

步骤 3▶ 复制开粗刀路。在加工方法导航器中选择前面所创建的粗开选项"CAVITY_ROUGH-1"并右击，从弹出的快捷菜单中选择"复制"选项（如图 8-99 所示），接着单击鼠标右键，从弹出的快捷菜单中选择"粘贴"选项。

步骤 4▶ 修改刀具参数。双击上步复制所得到的"CAVITY_ROUGH-1_COPY"选项，打开"型腔铣"对话框；在"刀具"标签栏的"刀具"列表框中选择刀具"D8"，然后将全局每刀深度设置为 0.5，如图 8-100 所示。

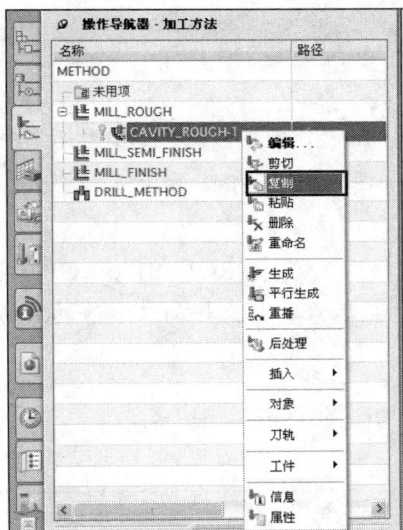

图 8-99　复制开粗刀路　　　　图 8-100　修改刀具和刀轨参数

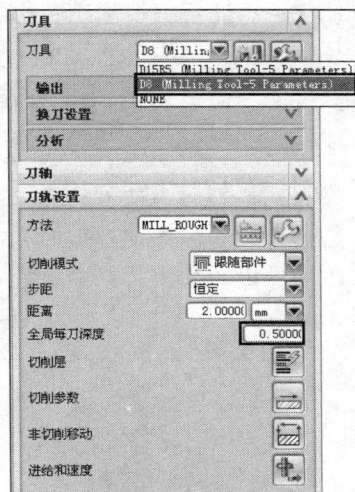

步骤 5▶ 设置切削余量和非切削参数。在"型腔铣"对话框中单击"切削参数"按钮，在打开的对话框中将部件侧面余量设置为"0.35"，如图 8-101 所示；单击"型腔铣"对话框中的"非切削移动"按钮，打开"非切削移动"对话框，参照图 8-102 所示设置相关参数。

提示

在二次粗开时，部件侧面余量应比前一次粗开时的侧面余量稍大一些，否则刀杆容易碰到侧壁，造成撞刀事故。

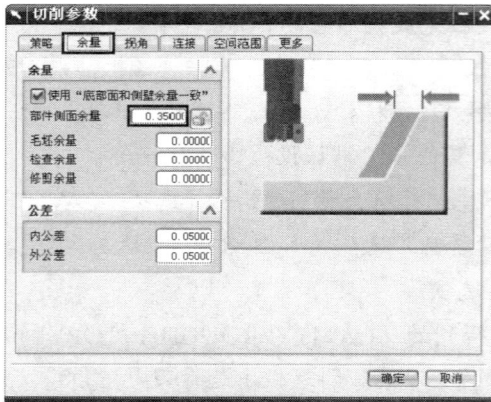

图 8-101　修改切削余量

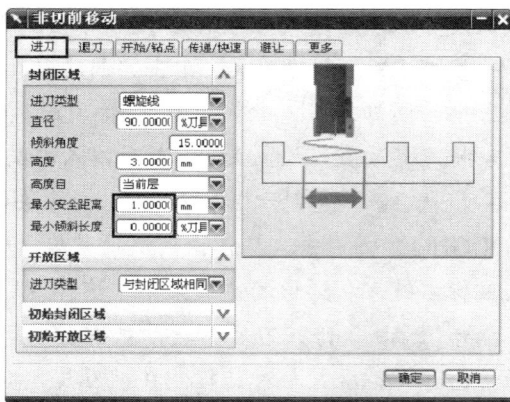

图 8-102　设置非切削参数

步骤 6▶ 设置主轴速度和切削速度。单击"型腔铣"对话框中的"进给和速度"按钮，打开"进给和速度"对话框，将主轴速度设置为 2000，切削速度设置为 1500。

步骤 7▶ 单击"型腔铣"对话框中的"生成"按钮，生成刀具轨迹，然后单击"确认"按钮，采用 3D 动态方式进行加工仿真，结果如图 8-103 所示，最后依次单击 确定 按钮完成型腔铣的二次粗加工。

步骤 8▶ 修改名称。在加工方法导航器中选择"CAVITY_ROUGH-1_COPY"选项并右击，从弹出的快捷菜单中选择"重命名"选项，然后修改二次粗加工方法的名称，如图 8-104 所示。

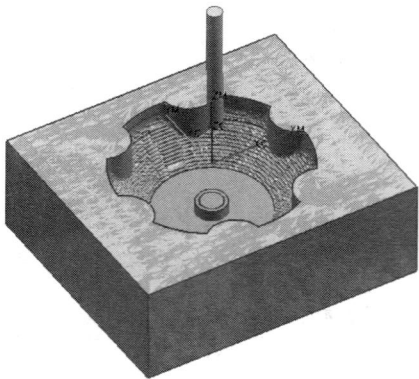

图 8-103　二次开粗效果

图 8-104　修改二次粗加工方法的名称

（四）精加工

参照前面的方法，创建程序 P3，创建直径尺寸为 4 的球头铣刀，将精加工的余量和公差（如图 8-105 所示），然后进行型腔铣加工。其中，主轴速度为 2000，切削速度为 1500，"型腔铣"对话框中"刀轨设置"标签栏中的设置如图 8-106 所示，最后生成刀路。

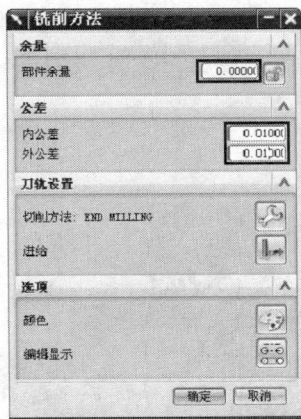

图 8-105　设置精加工余量和公差

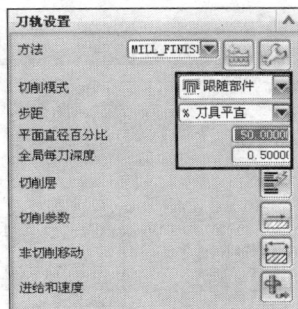

图 8-106　精加工刀轨设置

（五）清根处理

参照前面的方法，创建程序 P4，创建直径尺寸为 2 的球头铣刀 ，然后按照以下步骤操作。

步骤1▶　单击"创建操作"按钮 ，打开"创建操作"对话框，参照图 8-107 所示设置刀轨的相关参数，然后单击 确定 按钮，打开"轮廓区域"对话框。

步骤2▶　清根设置。在"轮廓区域"对话框的"驱动方法"标签栏中选择"清根"选项（如图 8-108 所示），然后在打开的"清根驱动方法"对话框的"驱动设置"标签栏中设置清根类型和步距，如图 8-109 所示。

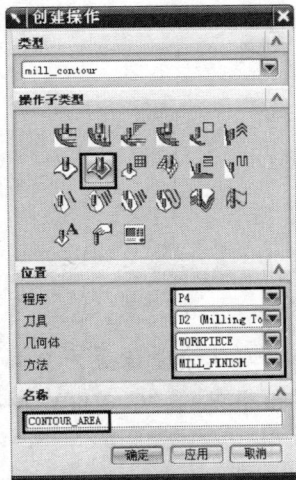

图 8-107　"创建操作"对话框

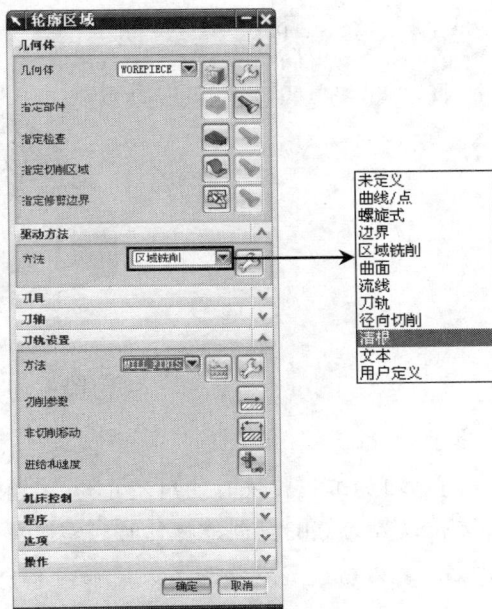

图 8-108　"轮廓区域"对话框

步骤 3▶ 设置主轴转速和进给速度，并生成刀路。将主轴转速设置为 3500，进给速度设置为 800，然后单击"轮廓区域"对话框中"生成"按钮，生成刀具轨迹，如图 8-110 所示。

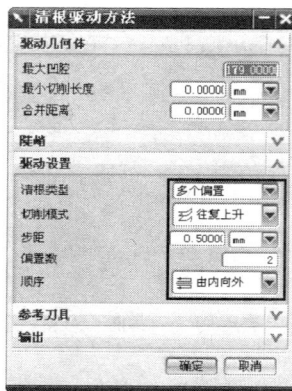

图 8-109　设置清根类型和步距

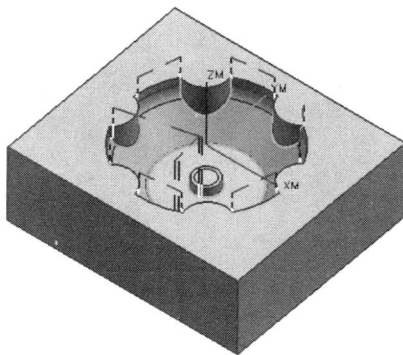

图 8-110　清根刀具轨迹

步骤 4▶ 至此，动模板的数控加工已经完成。

五、巩固练习——某模具成型零件数控铣加工

参照旋钮型腔的加工方法，利用本任务所学知识，为图 8-111 所示成型零件进行型腔铣削加工。

素材："SC" > "ch08" > "2-5-1.prt"
效果："SC" > "ch08" > "2-5-1-end.prt"
视频："SP" > "ch08" > "2-5-1.exe"

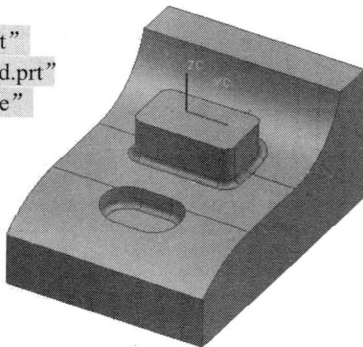

图 8-111　某模具成型零件

提示：

（1）粗加工。粗铣时使用尺寸为 D20R3 的圆鼻刀，将加工余量设置为 0.3，内、外公差值设置为 0.03。创建操作时，需选中"创建操作"对话框中的"CAVITY_MILL"按钮，其刀轨设置及粗加工效果如图 8-112 所示。

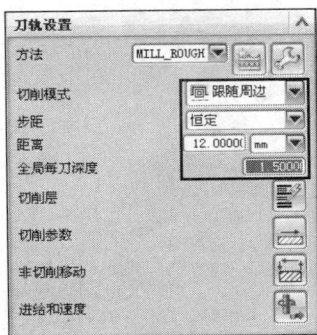

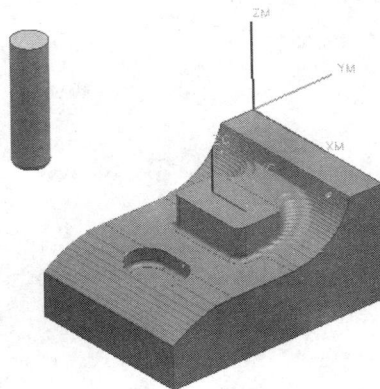

图 8-112 刀轨设置及粗加工效果

（2）精加工。精铣时使用尺寸为 D10R5 的球头铣刀 ▨ 。创建操作时，需选中"创建操作"对话框中的"FIXED_CONTOUR"按钮▧；采用"边界"驱动方法，其"边界驱动方法"对话框中的设置及驱动几何体边界如图 8-113 所示。

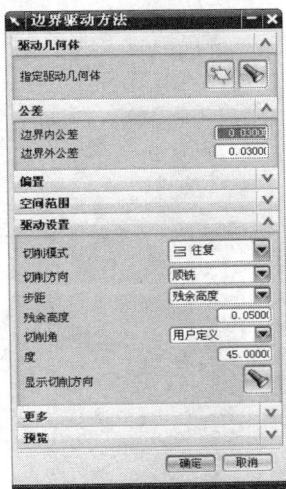

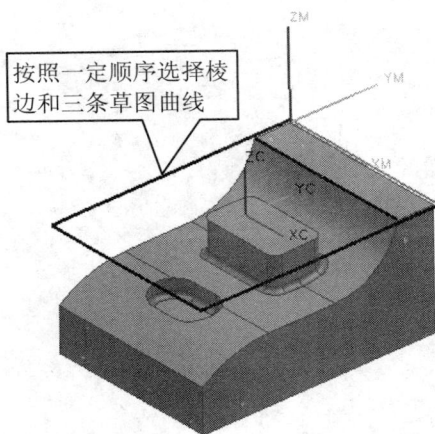

图 8-113 设置边界驱动方法及驱动边界

（3）清根处理。清根时使用尺寸为 D6R3 的球头铣刀 ▨ 。创建操作时，需选中"创建操作"对话框中的"FLOWCUT_SINGLE"按钮▨ ，其切削模式为"往复"。